计算机网络安全

理论及应用

周德荣　田关伟　宋凌怡　编著

中国水利水电出版社
www.waterpub.com.cn

内 容 提 要

本书是作者结合多年的经验,吸取了国内外大量同类书刊的精华,并结合近年来计算机网络安全技术的发展而完成。本书系统地介绍了计算机网络攻防技术与安全管理,内容包括计算机网络安全概述、数字信息加密与认证技术、虚拟专用网与访问控制技术、无线网络安全、操作系统安全、电子邮件安全、防火墙、入侵检测技术与发展、计算机病毒及其防治、网络安全管理与评审等。

图书在版编目(CIP)数据

计算机网络安全理论及应用 / 周德荣, 田关伟, 宋
凌怡编著. -- 北京 : 中国水利水电出版社, 2016.2(2022.10重印)
 ISBN 978-7-5170-4044-6

Ⅰ. ①计… Ⅱ. ①周… ②田… ③宋… Ⅲ. ①计算机
网络－安全技术 Ⅳ. ①TP393.08

中国版本图书馆CIP数据核字(2016)第019291号

策划编辑:杨庆川　责任编辑:陈 洁　封面设计:崔 蕾

书　　名	计算机网络安全理论及应用
作　　者	周德荣　田关伟　宋凌怡　编著
出版发行	中国水利水电出版社
	(北京市海淀区玉渊潭南路1号D座 100038)
	网址:www. waterpub. com. cn
	E-mail:mchannel@263. net(万水)
	sales@mwr.gov.cn
	电话:(010)68545888(营销中心)、82562819(万水)
经　　售	北京科水图书销售有限公司
	电话:(010)63202643、68545874
	全国各地新华书店和相关出版物销售网点
排　　版	北京鑫海胜蓝数码科技有限公司
印　　刷	三河市人民印务有限公司
规　　格	184mm×260mm　16开本　17印张　420千字
版　　次	2016年2月第1版　2022年10月第2次印刷
印　　数	3001-4001册
定　　价	60.00元

前　　言

网络安全是一门涉及计算机科学、网络技术、通信技术、密码技术、信息安全技术、应用数学、数论、信息论等多种学科的综合性学科。随着计算机网络技术的发展,网络的安全问题越来越受到关注,网络安全已关系到国家安全和社会稳定等重要问题。

现如今计算机网络安全已引起世界各国的广泛关注,我国也在不断增加计算机网络安全方面的基础知识和网络安全技术应用知识等方面的研究投入。随着网络高新技术的不断发展,社会经济的建设与发展越来越依赖于计算机网络。与此同时,网络中的不安全因素对国民经济的威胁,甚至对国家和地区的威胁也日益严重。加快培养网络安全方面的应用型人才、广泛普及网络安全知识和掌握网络安全技术就突显重要。

本书是在广泛调研和充分论证的基础上,结合当前应用最为广泛的网络攻防技术,并通过研究实践完成。本书内容共分为 10 章,第 1 章为计算机网络安全概述,第 2 章为数字信息加密与认证技术,第 3 章为虚拟专用网与访问控制技术,第 4 章为无线网络安全,第 5 章为操作系统安全,第 6 章为电子邮件安全,第 7 章为防火墙,第 8 章为入侵检测技术与发展,第 9 章为计算机病毒及其防治,第 10 章为网络安全管理与评审。本书在介绍网络安全理论及其基础知识的同时,突出计算机网络安全方面的管理操作手法和手段,并尽量跟踪网络安全技术的最新成果与发展方向。

全书由周德荣、田关伟、宋凌怡撰写,具体分工如下:

第 2 章、第 6 章、第 7 章、第 9 章:周德荣(四川民族学院);

第 1 章、第 8 章、第 10 章:田关伟(四川民族学院);

第 3 章～第 5 章:宋凌怡(四川民族学院)。

由于网络安全的内容非常丰富,本书以“必需、够用”为基本原则,加强理论研究,为读者充分理解网络安全的基础理论以及培养读者解决网络安全问题的能力打下基础。本书讲究知识性、系统性、条理性、连贯性;力求激发读者兴趣,注重提示各知识之间的内在联系;精心组织内容,做到由浅入深,由易到难,删繁就简,突出重点。

本书的特点是文字简明、图表准确、通俗易懂,用循序渐进的方式叙述网络安全知识,对计算机网络安全的原理和技术难点的介绍适度,内容安排合理,逻辑性强。

本书在编撰时参考了大量的同类书籍和资料,对这些作者表示衷心的感谢。由于作者经验水平有限,加之计算机网络技术发展日新月异,书中疏漏不妥之处在所难免,恳请广大读者批评指正。

作者

2015 年 11 月

目　　录

第1章　计算机网络安全概述

1.1　计算机网络安全的威胁

1.1.1　计算机网络安全

计算机网络安全所代表的含义较为广泛,所有关系到网络设备、网络信息以及网络安全方面的知识内容都属于计算机网络安全的范畴。计算机网络安全已经被计算机网络安全国际标准化组织(International Organization of Standards,IOS)定义[①]。

计算机网络安全是指对某个自动化信息系统的保护措施,其目的在于实现计算机网络系统资源的完整性可用性以及机密性(包括硬件、软件、固件、信息/数据、电信)。

这个定义包括三个关键的目标,它们组成了计算机网络安全的核心内容。

(1)机密性

维持施加在数据访问和泄露上的授权限制,包括保护个人隐私和私有信息的措施。机密性损失是指非授权的信息泄露。这个术语涵盖了如下两个相关的概念:

①数据机密性:保证私有的或机密的信息不会被泄露给未经授权的个体。

②隐私性:保证个人可以控制和影响与之相关的信息,这些信息有可能被收集、存储和泄露。

(2)完整性

防范不当的信息修改和破坏,包括保证信息的认证与授权。完整性损失是指未经授权的信息修改和破坏。这个术语涵盖了如下两个相关的概念:

①数据完整性:保证只能由某种特定的、已授权的方式来更改信息和代码。

②系统完整性:保证系统正常实现其预期功能,而不会被故意或偶然的非授权操作控制。

(3)可用性

保证及时且可靠地获取和使用信息,保证系统及时运转,其服务不会拒绝已授权的用户。可用性损失是指对信息或信息系统访问或使用的中断。

这三个概念组成了 CIA 三元组。它们体现了对于数据和信息计算服务的基本安全目标。例如,NIST(美国国家标准与技术研究院)的联邦信息的安全分级标准与信息系统(FIPS199)指出,机密性、完整性和可用性是信息和信息系统的三个安全目标。

1.1.2　计算机网络安全威胁

一般来讲,对上述 CIA 三元组在进行合法使用时对其进行攻击或者对其本身造成了损害的行为或者危害(一般通过攻击的行为方式来实现)都称之为计算机网络安全的威胁。

---

①　计算机网络安全是指网络系统的硬件、软件及其系统中的数据受到保护,不因偶然的或者恶意的原因而遭受到破坏、更改、泄露,系统连续可靠正常地运行,网络服务不中断。

对于计算机或网络安全性的攻击,一般是通过在提供信息时查看计算机系统的功能来记录其特性。当信息从信源向信宿流动时,如图 1-1 所示列出了信息正常流动和受到各种类型攻击的情况。

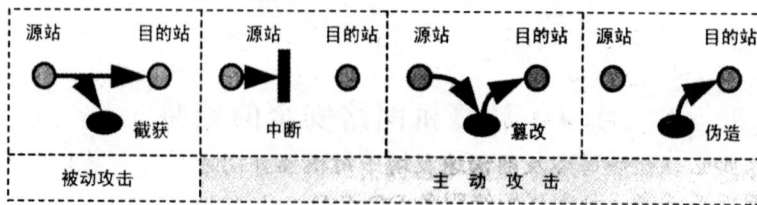

图 1-1 安全攻击

①中断是指系统资源遭到破坏或变得不能使用。

②截获是指未授权的实体得到了资源的访问权,这是对保密性的攻击。未授权实体可能是一个人、一个程序或一台计算机。

③篡改是指未授权的实体不仅得到了访问权,而且还篡改了资源,这是对完整性的攻击。

④伪造是指未授权的实体向系统中插入伪造的对象,这是对真实性的攻击。

几种威胁网络安全的方式如下所示:

(1)否认或抵赖

网络用户虚假地否认发送过的信息或接收到的信息。威胁源可以是用户和程序,受威胁对象是用户。

(2)破坏完整性

对正确存储的数据和通信的信息流进行非法的篡改、删除或插入等操作,从而使得数据的完整性遭到破坏。

(3)破坏机密性

用户通过搭线窃听、网络监听等方法非法获得网络中传输的非授权数据的内容,或者通过非法登录他人系统得到系统中的明文信息。

(4)信息量分析

攻击者通过观察通信中信息的形式,如信息长度、频率、来源地、目的地等,而不是通信的内容,来对通信进行分析。

(5)重放

攻击者利用身份认证机制中的漏洞,先把别人有用的密文消息记录下来,过一段时间后再发送出去,以达到假冒合法用户登录系统的目的。

(6)重定向

网络攻击者设法将信息发送端重定向到攻击者所在计算机,然后再转发给接收者。例如,攻击者伪造某个网上银行域名,用户却以为是真实网站,按要求输入账号和口令,攻击者就能获取相关信息。

(7)拒绝服务

攻击者对系统进行非法的、根本无法成功的大量访问尝试而使系统过载,从而导致系统不能对合法用户提供正常访问。

（8）恶意软件

通过非法篡改程序的方式来破坏操作系统、通信软件或应用程序，从而获得系统的控制权。恶意软件主要有病毒、蠕虫、特洛伊木马、间谍程序以及其他黑客程序等。

（9）社会工程

所谓社会工程（Social Engineering），是指利用说服或欺骗的方式，让网络内部的人（如安全意识薄弱的职员）来提供必要的信息，从而获得对信息系统的访问。它其实是高级黑客技术的一种，往往使得看似处在严密防护下的网络系统出现致命的突破口。

除上述安全威胁之外，还可将网络安全威胁分为如图 1-2 所示的种类。

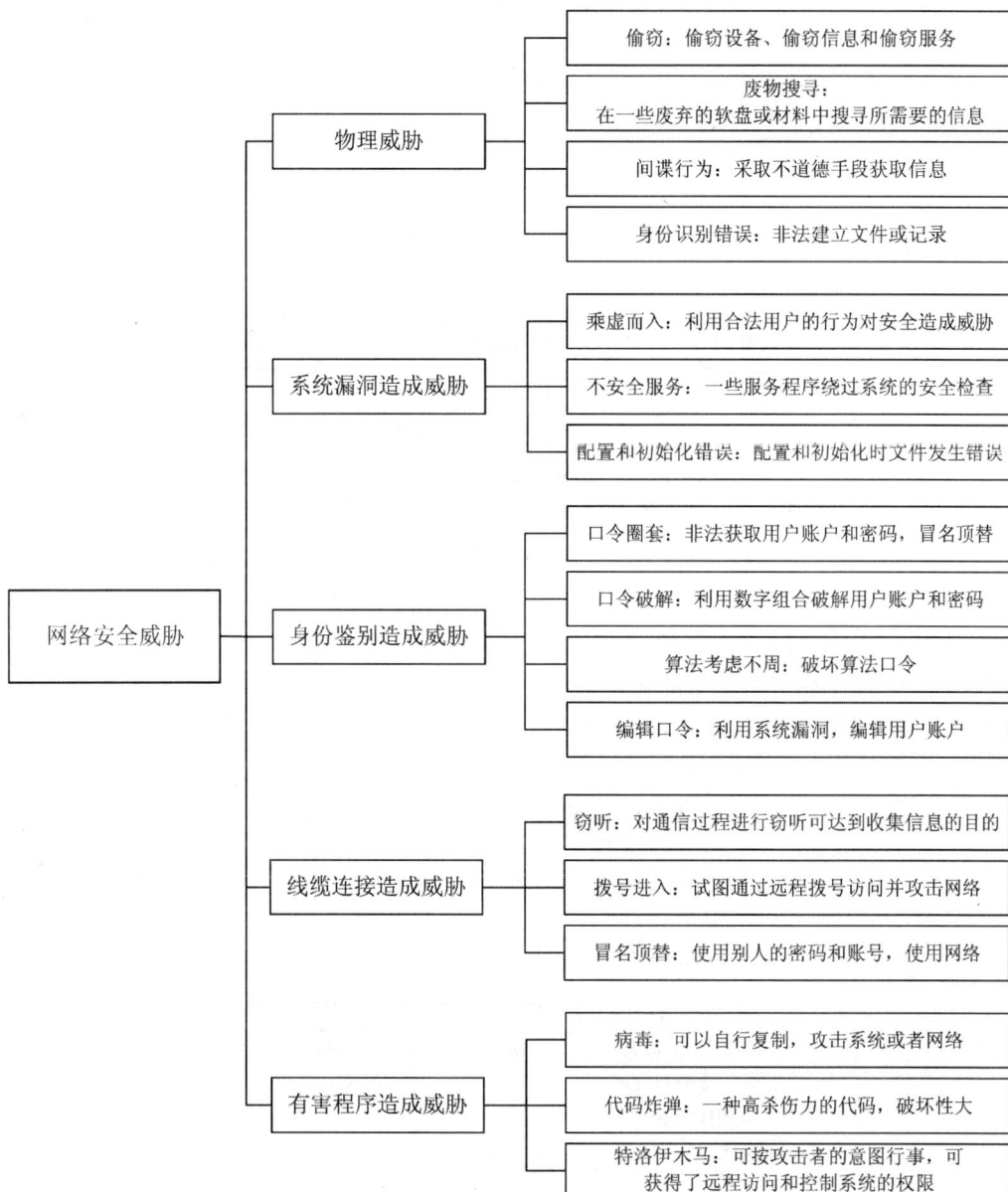

图 1-2　网络安全威胁的种类

1.2　计算机网络安全的体系结构与模型

计算机网络安全通常是由一系列安全机制来实现的。所谓安全机制,是指将安全技术实现逻辑抽象而成的一系列的模式。

在计算机网络安全领域,人们提出的高层机制主要有六种:预警、防护、检测、响应、恢复、反击。它们的关系如图 1-3 所示。

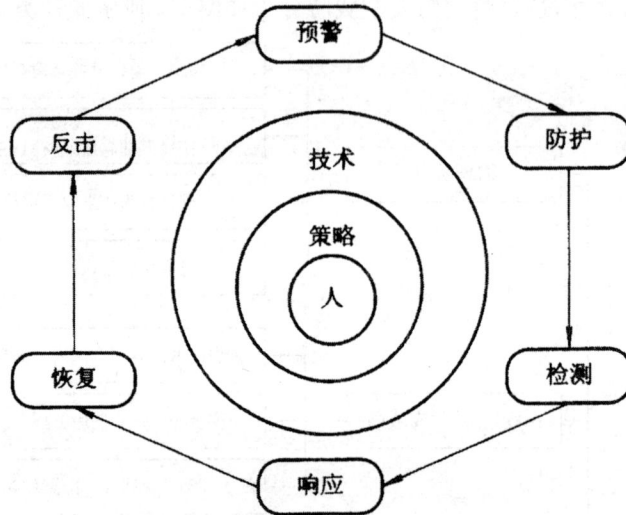

图 1-3　安全机制之间的关系

计算机网络安全中层机制有:身份认证、授权、加密、网络隔离、高可用性、内容分析等。

计算机网络安全基础应用域包括:网络基础设施安全、边界安全和局域网安全。计算机网络安全具体应用域有:防火墙应用、入侵检测、反病毒软件等。

安全服务(安全任务)、安全机制和安全应用域是计算机网络安全系统的三要素,它们的关系可以用一个三维坐标进行表述,如图 1-4 所示。

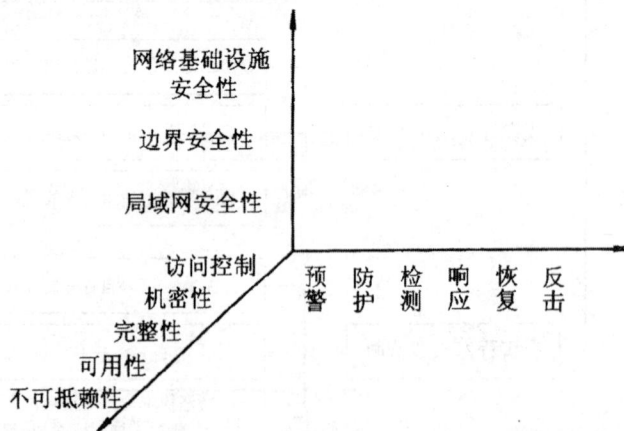

图 1-4　安全服务、安全机制和安全应用域之间的关系

1.2.1　计算机网络的安全体系结构

1. 安全体系结构框架

计算机网络安全体系结构框架如图 1-5 所示。

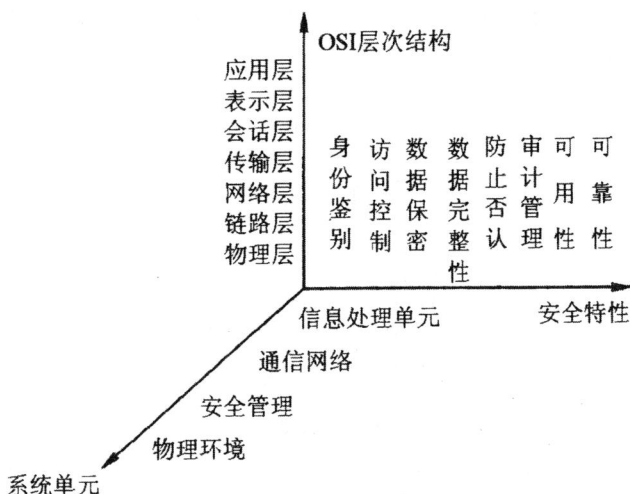

图 1-5　三维信息系统安全体系结构框架

由图 1-5 可以看出安全体系结构中安全特性以及系统单元的内容,其中系统单元包括如下四个部分:

①信息处理单元安全主要考虑计算机系统的安全,通过物理和行政管理的安全机制提供安全的本地用户环境,保护硬件的安全;通过防干扰、防辐射、容错检错等手段,保护软件的安全;通过用户身份鉴别、访问控制、完整性等机制保护信息的安全。

②通信网络安全为传输中的信息提供保护。通信网络安全涉及安全通信协议、密码机制、安全管理应用进程、安全管理数据库、分布式管理系统等内容。

③安全管理包括安全域的设置和管理、端系统的安全管理、安全服务管理和安全机制管理等。

④物理环境安全包括人员管理、物理环境管理和行政管理,还涉及环境安全服务配置以及系统管理员职责等。

最后的 OSI(Open System Interconnect,开放式系统互联)参考模型的结构层次是指各信息系统单元需要在 OSI 模型的各层次上采取不同的安全服务和安全机制,以满足不同的安全需求。

2. OSI 安全体系结构

网络体系的不同层次的主体和客体及其控制是不同的。在确立了安全服务和安全机制以后,根据信息系统的组成和 OSI 参考模型,就可以建立具体的安全框架。框架的确定主要反映在不同功能的安全子系统之中。通常,网络信息安全体系结构框架包括身份认证、授权管理、安全防御、安全检测和加密 5 个子系统。

对于管理员来说，OSI安全体系结构作为一种组织提供安全服务的途径是非常有效的。更为重要的是，因为这个结构用作国际标准，计算机和通信厂商已经开发出符合这个结构化服务和机制标准的产品和服务安全特性。

OSI安全模型为本书将要涉及的许多概念提供了一种有效的、简要的概览。OSI安全模型关注安全攻击、机制和服务。

如图1-6所示给出了OSI网络层次、安全服务和安全机制之间的逻辑关系，定义了五大类安全服务，提供这些服务的八大类安全机制以及相应的开放系统互联的安全管理。

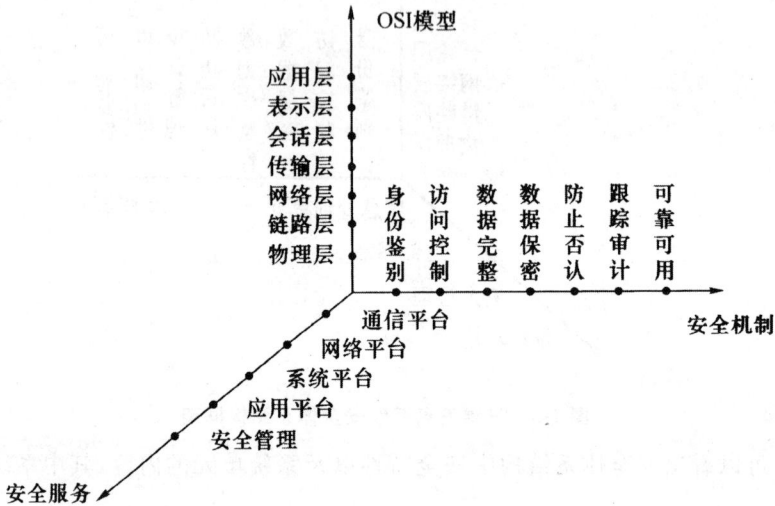

图1-6　OSI三维模型

1.2.2　计算机网络安全模型

消息将通过某种类型的互连网络从一方传输到另一方。这两方都是事务的主体，必须合作以便进行消息交换。可以通过在互连网络上定义一条从信息源到信息目的地之间的路由以及两个信息主体之间使用的某种通信协议（例如TCP/IP），来建立一条逻辑信息通道。如图1-7所示。

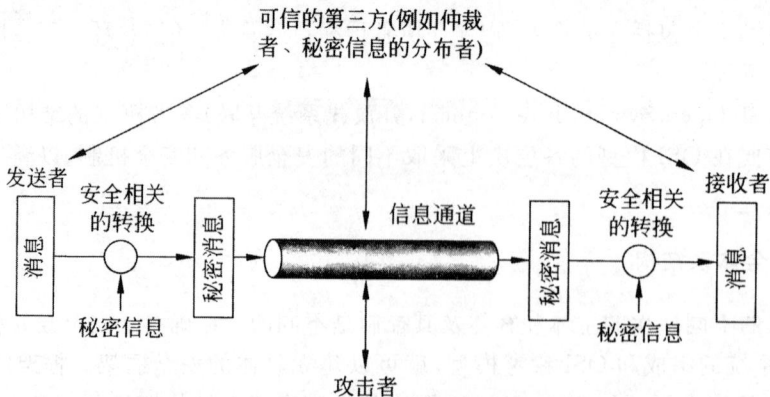

图1-7　网络安全模型

当需要或者希望防范可能对信息机密性、真实性等产生威胁的攻击者的时候,安全方面的因素便会起作用。所有用于提供安全性的技术都包含以下两个主要部分:

①对待发送信息进行与安全相关的转换。其示例包括消息加密,它打乱了消息,使得对于攻击者而言该消息不可读;以及建立在消息内容上面的附加码,它可以用来验证发送者的身份。

②两个主体共享一些不希望被攻击者所知的秘密信息。其示例包括在消息变换中使用的加密密钥,它在传输之前用于打乱消息而在接收之后用于恢复消息。

1. P2DR 安全模型

网络信息系统包含的范围广泛,随着网络安全威胁的种类不断地增多,网络安全的范畴已经不单指信息的安全,已经扩展到整个网络信息系统的安全。因此,对网络系统的反应能力、响应能力都需要进行检测以便采取对应的保护措施。

目前,安全模型的趋势早已从被动防御转变为现在的主动防御,强调系统的防范攻击的能力。20 世纪末,出现了一种 P2DR 安全模型,该模型是基于策略(Policy)、防护(Protection)、检测(Detection)和响应(Response)的安全模型,如图 1-8 所示。

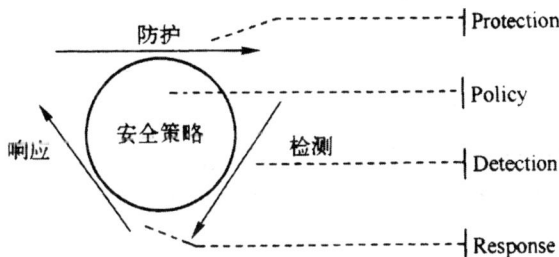

图 1-8　P2DR 安全模型

P2DR 模型的基本思想是使系统能达到一个最佳的状态:风险最低,防护能力最强。在安全策略的居中调度之下,综合运用防护工具,如防火墙、身份认证、加密技术等,结合系统检测工具,如入侵检测技术等全面评价系统的安全状态,并采取适当的措施和手段将系统调整至最佳状态。

(1)安全策略

安全策略是 P2DR 模型不可或缺的一部分,它不仅阐述了系统安全核心思想和指导方针,也是其他防护、检测、响应工具的依据。

(2)防护

防护就是根据系统的一系列性能,采取一定的技术提前预防可能遭受的安全攻击。防护技术主要分为主动防护技术和被动防护。主动防护技术主要有身份验证、访问控制等技术;被动防护技术主要有防护墙、入侵检测等技术。

(3)检测

防护技术并不能保证系统免受安全威胁,有时候一些攻击事件以及安全威胁是无法通过防护技术进行预防的。此时就需要检测技术将安全威胁检测出来。

（4）响应

系统一旦检测出有入侵行为，响应系统则开始响应，进行事件处理。P2DR 中的响应就是在已知入侵事件发生后进行的紧急响应（事件处理）。响应工作可由一个特殊部门负责，那就是计算机安全应急响应小组（Computer Emergency Response Team，CERT）。

通常情况下，系统的检测时间与响应时间越长，或对系统的攻击时间越短，则系统的暴露时间越长，系统就越不安全。因此系统要想达到安全状态，就需要尽量减少检测和响应时间。

2. 计算机网络安全防范模型

如图 1-9 显示了网络与信息安全防范模型。

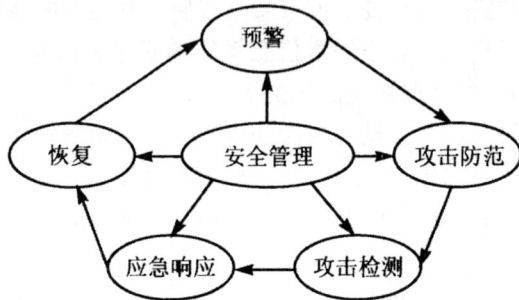

图 1-9　网络与信息安全防范模型

网络安全防御体系的工作流程大体上可以分为三个部分，即攻击前的防范、攻击过程中的防范以及攻击过程后的应对，如图 1-10 所示。

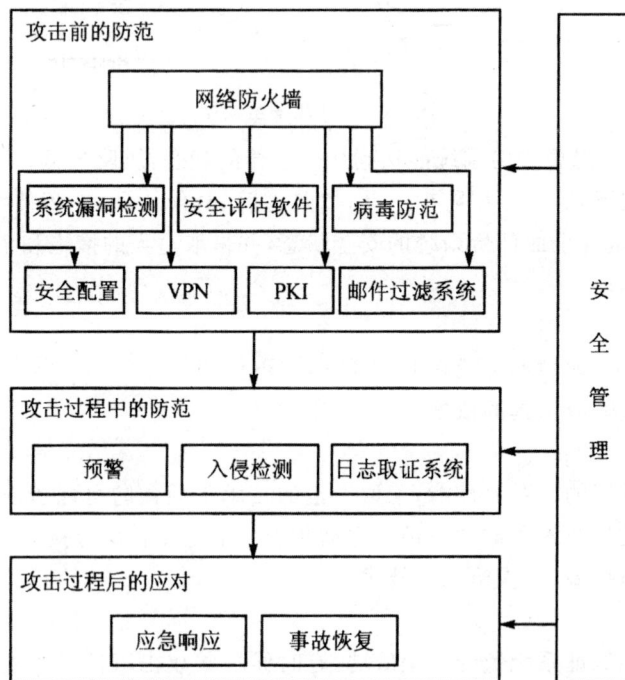

图 1-10　网络安全防御体系的工作流程

3. PDRR 网络安全模型

PDRR 是美国国防部提出的安全模型,它包含了网络安全的 4 个环节:Protection(防护)、Detection(检测)、Response(响应)和 Recovery(恢复),如图 1-11 所示。PDRR 模式是一种公认的比较完善也比较有效的网络信息安全解决方案,可以用于政府、机关、企业等机构的网络系统。

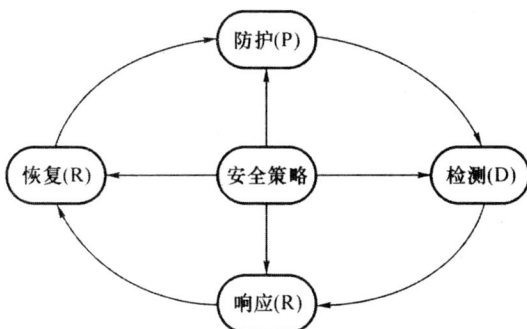

图 1-11　PDRR 安全模型

PDRR 模型与前述的 P2DR 模型有很多相似之处。其中 Protection(防护)和 Detection(检测)两个环节的基本思想是相同的,P2DR 模型中的 Response(响应)环节包含了紧急响应和恢复处理两部分,而在 PDRR 模型中 Response(响应)和 Recovery(恢复)是分开的,内容也有所扩展。

响应是在已知入侵事件发生后对其进行处理。在大型网络中,响应除了对已知的攻击采取应对措施外,还提供咨询、培训和技术支持。人们最熟悉的响应措施就是采用杀毒软件对因计算机病毒造成系统损害的处理。

恢复是 PDRR 网络信息安全解决方案中的最后环节。它是在攻击或入侵事件发生后,把系统恢复到原来的状态或比原来更安全的状态,把丢失的数据找回来。恢复是对入侵最有效的挽救措施。

P2DR 和 PDRR 安全模型都存在一定的缺陷。它们都更侧重于技术,而对诸如管理方面的因素并没有强调。模型中一个明显的不足就是忽略了内在的变化因素。

实际上,安全问题牵涉面广,除了涉及防护、检测、响应和恢复外,系统本身安全的"免疫力"的增强、系统和整个网络的优化以及人员素质的提升等,都是网络安全中应该考虑到的问题。网络安全体系应该是融合了技术和管理在内的一个可以全面解决安全问题的体系结构,它应该具有动态性、过程性、全面性、层次性和平衡性等特点。

1.3　计算机网络安全的现状和发展趋势

1.3.1　我国计算机网络安全的现状

1. 360 安全中心

360 互联网安全中心发布的《2015 年第三季度中国互联网安全报告》指出:

2015 年第三季度,360 互联网安全中心共截获 PC 端新增恶意程序样本 1.0 亿个,平均每天截获新增恶意程序样本 112.6 万个。截获安卓移动平台新增恶意程序样本 558 万个,平均每天截获新增手机恶意程序样本近 6.07 万个。

2015 年第三季度,360 互联网安全中心共拦截各类新增钓鱼网站 352200 个,虚假购物的占比最大,达到了 39.9%,其次是虚假彩票 13.5%。

2015 年第三季度,360 的 PC 和手机安全软件共为全国用户拦截钓鱼攻击 100.2 亿次,其中,PC 端拦截量为 80.2 亿次,占 80.0%,移动端为 20.0 亿次,占 20.0%。移动端的钓鱼拦截量和拦截占比均创历史新高。

在新增钓鱼网站中,虚假购物的占比最大,达到了 39.9%,其次是虚假彩票 13.5%、假冒银行 12.9%位列其后。而在钓鱼网站的拦截量方面,彩票钓鱼占到了 73.8%,排名第一,其次是虚假购物 9.3%、网站被黑 5.4%。

2015 年第三季度,360 网站卫士共拦截各类网站漏洞攻击 2.4 亿次,受到漏洞攻击的网站数量为 45.4 万个;拦截各类 DDoS 攻击 577.1Gb/s;拦截各类 CC 攻击 438.4 亿次。

2. 瑞星公司

瑞星 2015 年上半年中国信息安全报告指出,2015 年上半年新增病毒样本 1924 万余个,共有 2.1 亿人次网民被病毒感染,有 933 万台电脑遭到病毒攻击,人均病毒感染次数为 22.66 次。

2015 年 1 至 6 月,瑞星"云安全"系统截获挂马网站 272 万个(以网页个数统计),与 2014 年同期相比下降了 20.32%。在报告期内,瑞星"云安全"系统拦截挂马网站的攻击总计为 2 469 万余次,与 2014 年同期相比下降了 19.92%。

2015 年 1 至 6 月,瑞星"云安全"系统共截获钓鱼网站 337 万个,比 2014 年同期下降了 4.26%。在报告期内,瑞星"云安全"系统拦截钓鱼网站攻击 1.3 亿余人次,上半年平均每人访问钓鱼网站 1.46 次。

2015 年钓鱼网站攻击相较于 2014 年及以前的钓鱼攻击,在数量上有所增加,主要通过以下手段:

①利用网购节进行钓鱼,假冒淘宝、京东、苏宁等大型网购平台,要求消费者浏览指定网站,骗取用户的账号、密码、支付密码、网银账户等。

②利用邮件、弹窗等形式发送钓鱼网站链接,以投资理财、留学咨询、职业介绍等名目诱使网民登录浏览,骗取钱财。

③利用移动终端的短信、微博、微信,发送短链接进行钓鱼。随着移动终端的使用率逐渐上升,很多钓鱼攻击者利用该类终端缺少防护的特点进行钓鱼攻击。

④篡改教育、公共事业类网站,伪装成百度百科,进行热播综艺节目场外抽奖钓鱼。

由上述可以看出,新发现安全漏洞的数量每年都在成倍地增加,而且新类型的安全漏洞也不断出现。现在网络安全攻击的自动化程度和速度都在不断进行提高,工具也越来越复杂,例如恶意代码不仅能实现自我复制,还能自动攻击内外网上的其他主机,并以受害者为攻击源继续攻击其他网络和主机。这种情形之下不仅攻击行为变得更难发现,防范也变得越发困难,对网络基础产生的威胁越来越大。

1.3.2　计算机网络安全的发展趋势

1. 我国网络信息安全的发展趋势

（1）必须建立自主产权的软硬件系统

虽然我国已经跻身于 IT 产品生产和消费的大国之列，以联想、华为为代表的企业已成功地打入欧美市场，但应该看到其产品的核心部分几乎都是国外的技术。我国所使用的操作系统也几乎都是国外的产品。在这些产品中都不同程度地存在着"后门"，建立在软硬件系统之上的信息安全，无论从什么角度来讲，安全性都值得怀疑。正是基于此，我国才不遗余力地独立开发"龙芯"CPU 和自主产权操作系统。

（2）必须研制高强度的保密算法

信息安全从本质上说与信息加密息息相关，但目前加密的核心技术也掌握在欧美国家之手，我国所使用算法的加密强度远不如欧美国家，严重地影响着中国信息化的进程。因此，研究高强度的加密算法非常重要，信息安全建设应与加密算法研制同步。同时，密钥管理理论和安全性证明方法的研究也应该重点关注。

（3）需要研制新一代的防火墙和入侵检测系统

新一代的产品可针对每台主机进行适时监测，不但能监测来自外部的入侵，也能监测来自内部的入侵，并能克服防火墙的缺陷。

（4）需要研制新一代的防病毒软件

网络给人带来方便的同时，也带来了病毒。对普通用户来讲，使用杀毒软件清除病毒可能是唯一的办法，但目前的杀毒技术在与病毒攻击技术的较量中还处于被动之中，所以有必要开发新一代的防毒软件，改变目前的尴尬局面。

（5）整体考量，统一规划

信息安全取决于系统中最薄弱的环节，"一枝独秀"并不意味着系统的安全，真正的安全建立在统一的网络安全架构基础之上，安全策略要从整体考量，安全方案需要统一规划。

2. 国际上网络信息安全的研究

（1）基础技术研究

该项研究的方向是对传统的安全基础技术研究，侧重在针对特殊应用的实用算法的分析、提出或改进、实现的研究。研究目的是掌握传统信息安全的数学工具，并可将其灵活地应用在实际系统中。例如，对大素数分解问题的研究、对 SET 协议的分析与研究、对协议形式化证明的研究、对 SSL 协议的分析与研究等，都是在这一主题下的工作。

（2）入侵及防范技术研究

该项研究主要研究网络层的攻击与防范技术，主要的技术种类如图 1-12 所示。目的是为了解决网络入侵检测所面临的攻击复杂性以及预报准确性等难题，为计算机网络安全形式化研究提供基础。

（3）系统安全体系及策略研究

该项研究主要研究应用层基础服务系统的安全整体策略，基于受保护基础服务的特点，提出安全体系,分层、分级构筑安全屏障,包括服务系统的特殊性、相应的攻击手段特点、全面防范体系、系统恢复技术等。目的是提供完整的体系与策略来保障特定系统的安全,例如,对如何保护 Web 服务器、E-mail 服务器安全的研究,对如何保障内外网安全隔离的研究。目前已分别实现了针对这些需求的安全系统。

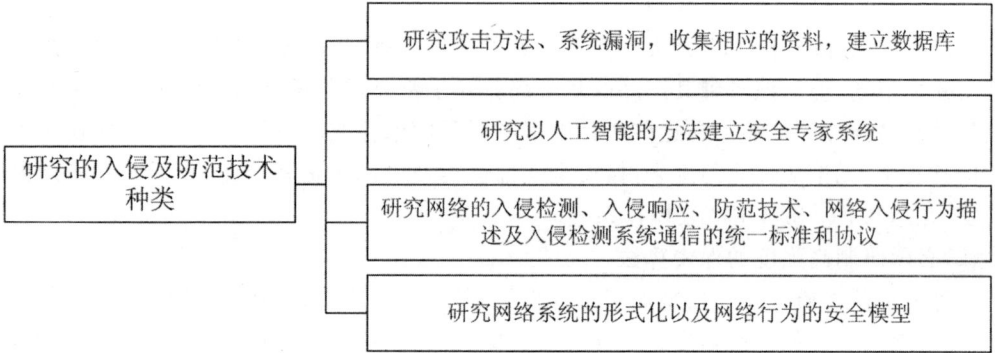

图 1-12　研究的入侵及防范技术的种类

（4）内容安全分析及保障技术研究

该项研究主要研究应用层对信息内容有安全要求的高层应用的安全性,包括:网络信息内容的获取技术,研究如何在大规模网络环境中快速获取各种协议的信息内容;大规模信息的存储技术,研究如何合理存放各种格式的信息内容,使其能被高效利用;信息内容分析处理技术,研究如何分析各种格式的信息以获得需要的内容;趋势预测与分析技术,研究网络信息内容的预测分析模型,提供对网络信息内容的预警;网络预报警技术,研究在发现目标时的报警技术,包括通过终端或移动通信设备报警;数字信息的版权保护技术,研究如何在网络传播环境下保护数字作品的版权不受侵害,控制非法复制与传播等。

第 2 章　数字信息加密与认证技术

2.1　密码学概述

密码学包括密码编码学（Cryptography）和密码分析学（Cryptoanalytics）两部分，这两部分既相互对立又相互促进。密码编码学是一种信息保护技术，主要研究如何编码及采用怎样的编码体制来改变被保护信息的形式，使得加密后的信息除指定接收者之外的其他人都不可理解。与密码编码学相对应的是密码分析学，密码分析学是一种破译密文的技术，主要研究在未知密钥的情况下从密文中推导出明文或密钥的技术。

2.1.1　密码学起源

公元前 2000 年，埃及人最早使用了加密，其提出是为了保证数据安全，具体其信息编码是借助于象形文字来实现的。随着时间的不断推移，为了保护各自的书面信息，巴比伦、美索不达米亚和希腊文明也发明了一些方法。

在最近一段时期，军事领域是使用加密技术比较多的领域，最广为人知的编码机器是 German Enigma 机。在第二次世界大战中，德国人利用它创建了加密信息。当初，计算机的研究就是为了破解德国人的密码，人们并没有想到因为计算机的出现在今天竟然改变了人们的工作、生活和娱乐。随着计算机运算能力的不断提高，计算机也面对更多的攻击和侵犯，这样的话，以往的加密就不再适用，新的数据加密方式被人们不断研究出来，如借助于 RSA 算法产生的私钥和公钥就是比较好的一种加密方式。

2.1.2　密码学基本概念

具体来说，编制密码和破译密码共同构成了密码学。

在信息交流过程中，作为一种重要的保密手段，密码保证了通信双方按照事先约定好的规则来进行通信。依照这些法则，所谓的加密变换即变明文为密文；所谓的解密交换即为将密文变为明文。在早期阶段，局限于技术的局限性，加解密的对象仅仅是文字或数码，随着科学技术的不断进步，可以实施加解密的对象还扩展到了语音、图像、数据等。

加密有载体加密和通信加密两种。密码学主要研究通信加密，而且仅限于数据通信加密。

要详细、深入地了解密码学，首先要掌握以下基本术语。

- 密码（Cipher）。用来检查对系统或数据未经验证访问的安全性的术语或短语。
- 加密（Encipher）。通过密码系统把明文变换为不可懂的形式的密文。
- 加密算法（Encryption Algorithm）。在此基础上，信息经过一系列的变换之后会变成密文。

- 解密(Decrypt)。已加密的文本在使用了适当密钥的基础上会被转换成明文。
- 密文(Ciphertext)。经过加密处理而产生的数据。
- 明文(Plaintext)。数据是可以理解的,其语义是有意义的。
- 公共密钥。公共密钥是加密系统的公开部分,只有所有者才知道私有部分的内容。
- 私有密钥。公钥加密系统的私有部分。私有密钥是保密的,不通过网络传输。
- 数字签名(Signature)。附加在数据单元上的一些数据,或是对数据单元所作的密码变换。
- 身份认证(Authentication)。验证用户、设备和其他实体的身份;验证数据的完整性。
- 机密性(Confidentiality)。这一性质使信息不泄露给非授权的个人、实体或进程,不为其所用。
- 数据完整性(Data Integrity)。信息系统中的数据与原文档相同,未曾遭受偶然或恶意的修改或破坏。
- 防抵赖(Non-Repudiation)。防止在通信中涉及的实体不承认参加了该通信的全部或一部分。

其中加密与解密是一对相反的概念,图 2-1 给出了加密与解密过程的示意图。

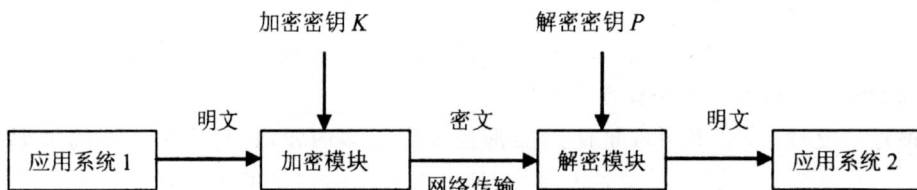

图 2-1　加密与解密过程示意图

2.1.3　密码学的分类

数据加密算法有很多种,密码算法的标准化是现代信息化社会发展的一个必然趋势。按照不同的标准,密码学的分类也有所不同,下面介绍几种常用的分类方法。

1. 古典密码学和现代密码学

按照密码学的历史发展阶段划分,密码学可以分为古典密码学和现代密码学两个阶段。

(1)古典密码学

古典密码学是密码学发展的第一个阶段,又称为传统密码学阶段。古典密码学主要依靠人工和机械进行信息的加密、传输和破译。古典密码学加密的对象是文字信息,其内容都是基于字母表(例如英文字母表、汉语拼音字母表等)。古典密码系统的加密算法主要有替代加密、置换加密等。

(2)现代密码学

这是密码学发展的第二个阶段,亦称为计算机密码学阶段。现代密码学利用计算机进行自动或半自动的加密、解密和传输。计算机密码学加密的对象是计算机系统所使用的数据,也就是普遍采用的二进制数据。以二进制的数字化信息为研究对象,并使用现代思想进行信息的保密,这是现代密码学的一个显著特点。现代密码学发展至今,根据密钥的使用方式又可分为对称密钥密码和非对称密钥密码两个发展方向。

2. 对称密钥密码和非对称密钥密码

(1)对称密钥密码(Symmetric Cryptography)

不管是在加密还是解密的过程,都需要有密钥的参与。如果用于加密数据的密钥和解密数据的密钥相同或者二者之间存在着某种明确的数学关系(即很容易由其中一个密钥推导出另外一个密钥),这样的密码体制就称为对称密钥密码体制。对称密钥密码体制又称为私密钥密码体制,它的加密密钥和解密密钥都是要保密的。

由于对称密钥密码体制所使用的加密密钥和解密密钥相同,也称为单钥密码体制。该类型密钥密码体制的主要算法有 DES、IDEA、TDEA、MD5、RC4 和 AES 等。

(2)非对称密钥密码(Asymmetric Cryptography)

如果用于加密数据的密钥与用于解密数据的密钥不相同,而且从加密的密钥无法推导出解密的密钥,这样的密码体制就称为非对称密钥密码体制。在非对称密钥密码体制中,往往其中一个密钥是公开的,另一个是保密的。

由于非对称密钥密码体制中有一个密钥是可以公开的,所以又可称为公开密钥密码体制。非对称密钥密码体制的主要算法有 RSA、Elgamal、Rabin、DH 和椭圆曲线等。

3. 分组密码和序列密码

按明文加密时的处理方法划分,密码体制可以分为分组密码(Block Cipher)体制和序列密码(Stream Cipher)体制两种。

(1)分组密码(Block Cipher)

如果在加密过程中,密文与被处理的明文数据段在整个明文(或密文)中所处的位置没什么关系,仅仅与给定的密码算法和密钥有一定的牵连,此种密码体制就是常说的分组密码体制。

在使用分组密码进行加密时,明文序列会被以固定长度(例如 32bit)进行分组,每组明文的变换是借助于相同的密钥和算法来实现的,最终获得一组密文。在分组密码中,单位是块,密文的取得是基于密钥的控制下经过一系列线性和非线性变换得到的。加密算法中重复地使用替代和移位两种基本的加密变换,使用打乱(替代)和扩散(移位)技术对信息进行隐藏。

(2)序列密码(Stream Cipher)

如果密文在与给定的密码算法和密钥有关系的同时,在整个明文(或密文)中,其还是被处理的明文数据段所处位置的函数,则这样的密码体制就称为序列密码体制,又称为流密码体制。序列密码的加密过程就是实现将原始信息到明文数据序列之间的转换,常见的原始信息不外乎报文、语音以及图像等,完成转换之后会与密钥序列共同进行异或运算,此后,接收者就会收到发来的密文序列。接收者为了使明文序列得以恢复,就需要借助于相同的密钥序列与密文序列再进行异或运算。

2.2　古典密码

2.2.1　代替密码

代替密码是古典密码中常用的两种基本处理技巧之一,它在现代密码学中依然得到了广泛应用。所谓代替,就是借助其他字母、数字或符号将明文中的字母代替掉所取代的一种方法。

单表代替密码和多表代替密码即为常见的代替密码技术。

1. 单表代替密码

单表代替密码对明文中的所有字母都使用同一映射,即 $\forall p \in P, f:P \rightarrow C, c=f(p)$。

为了明确解密的正确性,通常要求映射 f 是一一映射。在介绍单表代替密码之前先简单介绍一下凯撒(Caesar)密码。凯撒密码流行于古罗马时期,其实际上就是一种最为古老的对称加密体制,其具体实现是:加密和解密的实现需要借助于将字母移动一定的位数来进行的。例如,如果明文字母的位数在密钥的帮助下向后移动了3位的话,则位数就是凯撒密码加密和解密的密钥,这时,明文与密文的对应如表2-1所示。

表 2-1　凯撒密码明文与密文对照表

明文	a	b	c	d	e	f	g	h	i	j	k	l	m
对应数字	0	1	2	3	4	5	6	7	8	9	10	11	12
密文	D	E	F	G	H	I	J	K	L	M	N	O	P
明文	n	o	p	q	r	s	t	u	v	w	x	y	z
对应数字	13	14	15	16	17	18	19	20	21	22	23	24	25
密文	Q	R	S	T	U	V	W	X	Y	Z	A	B	C

表2-1给出的仅为向后移3位的凯撒移位,但显然从1~26个位置的移位都可以使用,将凯撒密码通用化就可以得到移位代替密码。

(1)移位代替密码

设:$P=C=K=Z_{26}$,这里,明文空间、密文空间、密钥空间和26个整数(对应的26个英文字母)组成的空间需要借助于 P、C、K、Z_{26} 分别表示出来。对于任意大小 $k \in K$,以下加密过程不难得出:

$$E_k(p)=p+k(\text{mod } 26)=c \in C \tag{2-1}$$

其中,p 为明文,c 为密文,k 为密钥。

解密过程如下:

$$D_k(c)=c-k(\text{mod } 26)=p \in P \tag{2-2}$$

移位代替密码算法的安全性能有限,由于模为26,所以只存在26个可能的密钥,即需要测试的密钥仅为25次。它可被穷举密钥搜索所分析。另外,26个英文字母在文字信息中的出现有一定的统计规律,单表替代密码算法由于没有把不同字母出现的频率隐藏起来,破译起来比较容易,在明文统计特性的攻击面前就显得能力有限。

【例 2-1】　对于凯撒密码,当 $k=3$ 时,代替表如表 2-1 所示。

若明文为 $p=$ casear cipher is a shift substitution 时,密文为 $c=$ FDVHDU FLSKHU LV D VKLIW VXEVWLWXWLRQ。

解密时只需要用密钥 $k=3$ 的加密密钥对密文 c 进行解密运算就可以恢复出原文。

这种密码是将明文字母表中字母位置下标与密钥 k 进行模 26 加法运算,所得的结果作为密文字母位置下标,相应的字母即为密文字母。

(2)乘法代替密码

已知 $p=c=k=z_{26}$,k 是满足 $0<k<n$ 的正整数,要求 k 与 n 互素。

加密算法如下:
$$c=E(k,p)=(pk)(\bmod n) \tag{2-3}$$

解密算法如下:
$$p=D(k,c)=k^{-1}c(\bmod n) \tag{2-4}$$

需要注意的是,乘法代替算法要求 k 与 n 互素的原因是仅当 $\gcd(k,n)=1$ 时,才存在两个整数 x,y 使得 $xk+yn=1$,才有 $xk=1 \bmod n$,进而有 $p=xc \bmod n$,明文和密文才是一一对应的,密码才能正确解密。

【例 2-2】　英文字母表 $n=26$,$k=9$,则有乘法代替密码的明文与密文字母对应表,如表 2-2 所示。

表 2-2　乘法代替密码明文与密文对照表

明文	a	b	c	d	e	f	g	h	i	j	k	l	m
密文	A	J	S	B	K	T	C	L	U	D	M	V	E
明文	n	o	p	q	r	s	t	u	V	w	x	y	z
密文	N	W	F	O	X	G	P	Y	H	Q	Z	I	R

对照表 2-2,若明文为 $p=$ multiplicative cipher,则其对应的密文为 $c=$ YVPUFVUSAPU-HKSUFLKX。

(3)仿射密码

仿射密码即为乘法密码和加法密码二者的结合。仿射密码是一种线性变换。对于 $p=c=k=z_{26}$,且 $K=\{(a,b)\in z_{26}\times z_{26},\gcd(a,b)=1\}$,对于任意的 $k=(k_1,k_2)\in K$,加密算法如下:
$$c=E(k,p)=k_1 p+k_2(\bmod 26) \tag{2-5}$$

解密算法如下:
$$p=D(k,c)=k_1^{-1}(c-k_2)(\bmod 26) \tag{2-6}$$

其中,式(2-6)中的"-1"表示"逆"。显然,当 $k_1=1$ 时,仿射密码为对应为凯撒密码。仿射密码共有($26\times 12=312$)个可能的密钥,其中 12 是满足 $\gcd(a,26)=1$ 的 a 的个数。

【例 2-3】　设 $k=(k_1,k_2)=(5,3)$,可以计算得到:$5^{-1}(\bmod 26)=21$;仿射密码的加密函

数为 $c=5p+3\pmod{26}$；相应的解密函数为 $p=21(c-3)\pmod{26}=21c-11\pmod{26}$。

若要加密明文 Cipher，首先转换字母 C、i、p、h、e、r 成数字 2、8、15、7、4、17，然后进行加密：

$$5\times\begin{bmatrix}2\\8\\15\\7\\4\\17\end{bmatrix}+\begin{bmatrix}3\\3\\3\\3\\3\\3\end{bmatrix}=\begin{bmatrix}13\\43\\78\\38\\23\\88\end{bmatrix}\bmod 26=\begin{bmatrix}13\\17\\0\\12\\23\\10\end{bmatrix}=\begin{bmatrix}N\\R\\A\\M\\X\\K\end{bmatrix}$$

即在该密钥下，Cipher 经仿射加密后得到的密文是 NRAMXK。

解密：

$$21\times\begin{bmatrix}13\\17\\0\\12\\23\\10\end{bmatrix}-\begin{bmatrix}11\\11\\11\\11\\11\\11\end{bmatrix}=\begin{bmatrix}262\\346\\-11\\241\\472\\199\end{bmatrix}\bmod 26=\begin{bmatrix}2\\8\\15\\7\\4\\17\end{bmatrix}=\begin{bmatrix}C\\I\\P\\H\\E\\R\end{bmatrix}$$

由此可见，原始消息 Cipher 已得到恢复。

2. 多表代替密码

单表代替密码通常其密钥空间很小，因此在穷举搜索攻击面前就显得能力不足。此外，在该加密方式中，明文字母出现的统计概率并没有被掩盖住，这么做是为了避免频率分析攻击的发生。这里所说的频率分析攻击是指在某种语言中，由于不同字符出现频率的差异所呈现出来的统计规律。

隐藏字母出现的频率分布以及提高代替密码强度的一种方法是采用多个密文字母表，使密文中的每一个字母有多种可能的字母来代替。多表代替密码有多个单字母密钥，一个明文字母的加密需要借助于一个密钥来实现。每个密钥所加密明文的字母顺序是一一对应的。在用完密钥之后，就不得不循环使用密钥。

已知明文序列为 $p=p_1p_2\cdots$，$f=f_1f_2\cdots$ 为映射序列，则对应的密文为：

$$C=E(k,p)=f_1(p_1)f_2(p_2)\cdots \tag{2-7}$$

在上式中，若 f 代表的是非周期的无限序列，则相应的密码称为非周期多表代替密码。在此类加密模式中，在加密所有的明文字母过程中，都是借助于不同的代替表（或密钥）来实现的，故称其为一次一密密码（One-time Pad Cipher），从理论的角度来看，若想要破解该加密几乎是不可能的。相对于其他加密方式，对明文来说此种加密可以实现完全隐蔽，此种加密方式无法被广泛推广，是因为需要的密钥量和明文信息的长度相同这点是很难做到的。

在多表代替下，原来明文中的统计特性通过多个表的平均作用而被隐蔽了起来。多表代替密码的破译要比单表代替密码破译的难度要大得多。但是多表代替中的平均结果会使密文的统计特性与明文的统计特性明显不同，随着多表代替周期的加大，这种差别也就更加明显，由此入手就可以破译多表代替密码。Vigenère 密码、Playfair 密码、滚动密钥密码、弗纳姆密码以及 Hill 密码都属于这一类密码。

（1）Vigenère 密码

1568 年，由法国密码学家 Blaise de Vigenere 提出了 Vigenère 密码，它是知名度最广的一种多表代替密码，它是一种以移位代替为基础的周期代替密码、多表简单加法密码。Vigenère 密码使用一个词组作为密钥，每一个密钥字母都和一个代替表保持一一对应关系。在此种加密方式中，需要循环使用密钥。

已知明文 $p = p_1 p_2 \cdots p_n$，m 为一个固定的正整数，对于一个密钥 $k = k_1 k_2 \cdots k_m$，则加密算法如下：

$$C = E(p, k) = (p_1 + k_1 (\bmod\ 26), p_2 + k_2 (\bmod\ 26), \cdots, p_i + k_i (\bmod\ 26), \cdots) \qquad (2\text{-}8)$$

解密算法如下：

$$P = D(c, k) = (c_1 - k_1 (\bmod\ 26), c_2 - k_2 (\bmod\ 26), \cdots, c_i - k_i (\bmod\ 26), \cdots) \qquad (2\text{-}9)$$

Vigenère 密码使用 26 个密文字母表，像加法密码一样，他们是一次将明文字母表循环右移 0、1、2、$\cdots$、25 位的结果。选一个词组或者短语作为密钥，以密钥字母控制使用哪一个密文字母表。

【例 2-4】　已知明文 $p =$ polyalphabetic cipher，密钥 $k =$ RADIO，即周期 $d = 5$，则

明文：$p =$ polyalphabetic cipher；

密钥：$k =$ RADIO；

密文：$c =$ GOOGOCPKIPVTLK QZPKMF。

其中，同一明文字母 p 在不同的位置被加密成不同的字母 G 和 P。

（2）Playfair 密码

Playfair 密码将明文中的双字母组合作为一个单元进行处理，并将每一个单元转换成双字母的密文组合。一个 5×5 矩阵是 Playfair 密码的基础，该矩阵采用一个关键词作为密钥来构造。构造的方法为：按从左至右、从上至下的顺序依次首先填入关键词中非重复的字母，然后再将字母表中剩余的字母按顺序填入矩阵（其中字母 I 和 J 被看作是一个字母）。

对于每一对明文 p_1 和 p_2，其加密方法如下：

①若 p_1 和 p_2 在同一行时，则密文 c_1 和 c_2 分别是紧靠 p_1、p_2 右端的字母。其中第一列看作是最后一列的右方。

②若 p_1 和 p_2 在同一列时，则密文 c_1 和 c_2 分别是紧靠 p_1、p_2 下方的字母。其中第一行看作是最后一行的上方。

③若 p_1 和 p_2 不在同一行也不在同一列时，则密文 c_1 和 c_2 是由 p_1 和 p_2 确定矩形的其他两角的字母，并且 c_1 和 p_1、c_2 和 p_2 同行。

④若 $p_1 = p_2$，则插入一个字符（例如 Q）于重复字母之间。

⑤若明文字母为奇数时，将空字母 Q 加在明文的末端。

【例 2-5】　密钥是 EXAMPLE FOR PLAYFAIR，则构造的字母矩阵如表 2-3 所示。

表 2-3 字母矩阵表

E	X	A	M	P
L	F	O	R	Y
I/J	B	C	D	G
H	K	N	Q	S
T	U	V	W	Z

如果明文是 p=chinese student

先将明文每两个分为一组:ch in es es tu de nt

按照加密规则,对应的密文为:IN CH PH PH UV IM HV

Playfair 密码相对于单表代替密码进步明显,具体体现在以下两个方面:第一,由于是双字母组合,共有(26×26=676)种组合的可能,双字母组合的识别难度更大;第二,各个字母组合的频率比单字母呈现出大得多的范围,导致频率分析的难度加大。即便如此,Playfair 密码的攻破还是相对要容易一些的,因为在密文中仍然存在许多明文语言的结构可被密码分析者利用。

(3)滚动密钥密码

对于周期多表代替密码,保密性将随周期 d 的加大而增加,当 d 的长度和明文一样长时就变成了滚动密钥密码。如果其中所采用的密钥不重复就是一次一密体制。一般地,密钥可取一本书或一篇报告作为密钥源,可由书名、章节号及标题来限定密钥的起始位置。

(4)弗纳姆密码

当字母表字母数 q=2 时,滚动密钥密码就变成了弗纳姆密码。

选择随机二元数字序列作为密钥,以 $k=k_1 k_2 \cdots k_i (k_i \in F_2)$ 表示,其中 F_2 表示只有两个元素构成的二元空间,明文字母编成二元向量后也可以表示为二元序列 $m=m_1 m_2 \cdots m_i (m_i \in F_2)$,则加密过程就是将 k 和 m 的相应位逐位地模 2 加,即:

$$c_i = m_i \oplus k_i \quad i=1,2\cdots \tag{2-10}$$

译码时,用同样的密钥对密文逐位地模 2 加,明文的二元数字序列即可恢复,即:

$$m_i = c_i \oplus k_i \quad i=1,2\cdots \tag{2-11}$$

这种加密方式若使用电子器件实现就是一种序列密码。

(5)Hill 密码

将 m 个明文字母通过线性变换将它们转换为 m 个密文字母即为 Hill 加密算法的基本思想。解密只要做一次逆变换就可以了。密钥就是变换矩阵本身。假设 m=3,则

$$\begin{cases} c_1 = k_{11} p_1 + k_{12} p_2 + k_{13} p_3 \\ c_2 = k_{21} p_1 + k_{22} p_2 + k_{23} p_3 \\ c_3 = k_{31} p_1 + k_{32} p_2 + k_{33} p_3 \end{cases} \tag{2-12}$$

可用列向量和矩阵来表示:

$$\begin{bmatrix} c_1 \\ c_2 \\ c_3 \end{bmatrix} = \begin{bmatrix} k_{11} & k_{12} & k_{13} \\ k_{21} & k_{22} & k_{23} \\ k_{31} & k_{32} & k_{33} \end{bmatrix} \begin{bmatrix} p_1 \\ p_2 \\ p_3 \end{bmatrix} \tag{2-13}$$

即加密过程为：

$$C = KP \bmod 26 \tag{2-14}$$

其中，C 和 P 代表密文和明文向量，K 是密钥矩阵。

解密则为：

$$P = K^{-1}C \tag{2-15}$$

【例 2-6】　加密明文为 july，密钥矩阵为 $k = \begin{bmatrix} 11 & 3 \\ 8 & 7 \end{bmatrix}$，则加密过程为：

先将明文分为两个组 ju(9,20) 和 ly(11,24)，加密算法如下：

$$c_1 = \begin{bmatrix} 11 & 3 \\ 8 & 7 \end{bmatrix} \begin{bmatrix} 9 \\ 20 \end{bmatrix} = \begin{bmatrix} 3 \\ 4 \end{bmatrix}, c_2 = \begin{bmatrix} 11 & 3 \\ 8 & 7 \end{bmatrix} \begin{bmatrix} 11 \\ 24 \end{bmatrix} = \begin{bmatrix} 11 \\ 22 \end{bmatrix}$$

因此，加密后的密文为 DELW。

解密算法如下：

密钥矩阵的逆矩阵 $k^{-1} = \begin{bmatrix} 7 & 23 \\ 8 & 11 \end{bmatrix}$，则

$$p_1 = \begin{bmatrix} 7 & 23 \\ 18 & 11 \end{bmatrix} \begin{bmatrix} 3 \\ 4 \end{bmatrix} - \begin{bmatrix} 9 \\ 20 \end{bmatrix}, p_2 = \begin{bmatrix} 7 & 23 \\ 18 & 11 \end{bmatrix} \begin{bmatrix} 11 \\ 22 \end{bmatrix} = \begin{bmatrix} 11 \\ 24 \end{bmatrix}$$

因此，解密后得到原始密文 july。

2.2.2　换位密码

变位密码也是以采用字母移位为基础进行加密的，它的加密原理是不改变明文字母本身，而仅将明文字母的位置重新排列，在这种加密方法中明文未被隐藏。列变位密码和矩阵变位密码即为常见的换位密码。

(1) 列变位密码

在列变位密码中，选择一段不含任何重复字母的单词或词组作为密钥，将密钥中的字母按照 26 个字母的顺序标出序号，然后将明文字母依次排列，按照密钥的字母长度来分别将明文字母并列在密钥下方，生成若干行，最后一行排不满的用"ABC……"来填充，最后，按照密钥字母的序号顺序将对应列中的字母进行排列，密文得以有效生成。

例如，一段明文为 HELLOWORLD，选择密钥为 MANY，其中 MANY 的字母排序为 AMNY，按照上述方法进行排列后，排序见表 2-4，最后一行到"D"时还不满一行，用 A 和 B 填充。按照密钥 A、M、N、Y 的顺序，将密钥对应的一列依次排列出来，如 A 对应列为 EWD、M 对应的列为 HOL……生成的密文见表 2-5。

表 2-4　列变位密码

密钥	M	A	N	Y
序　号	2	1	3	4
明　文	H	E	L	L
	O	W	O	R
	L	D	A	B

表 2-5　明文与密文对照表

明　文	HELLOWORLD
密　文	EWDHOLLOALRB

（2）矩阵变位密码

矩阵变位密码是将明文的字母按照给定的顺序安排在一个 $m \times n$ 的矩阵中，一种基于列（或行）号的变位方案就会被选用，打乱矩阵列（或行）号原来的顺序，重新排列矩阵，最后，按列（或行）号对应的字母重新排列生成的即为密文。

例如，一段明文为 HELLOWORLD，按顺序排列在一个 3×4 的矩阵中，最后不满一行的用 A、B 填充，见表 2-6。

给定一个基于列号的变位方案：$f = (123)(312)$，即将第 3 列排在第 1 列的位置、第 1 列排在第 2 列的位置、第 2 列排在第 3 列的位置，变位后见表 2-7。按照新的列排列方式，将对应的列中的字母进行排列，表 2-8 中即为生成的密文。

表 2-6　变位前的矩阵

	1	2	3
1	H	E	L
2	L	O	W
3	O	R	L
4	D	A	B

表 2-7　变位后的矩阵

	1	2	3
1	L	H	E
2	W	L	O
3	L	O	R
4	B	D	A

表 2-8　明文与密文对照表

明文	HELLOWORLD
密文	LHEWLOLORBDA

2.3　对称密钥加密与非对称密钥加密

2.3.1　对称密钥加密

1. 实现原理

在对称加密算法中,通常情况下,对输入信息的处理是以"块"或"流"的方式进行的。DES、3DES、CAST 和 Blowfish 等这些都是块加密算法中使用频率比较高的算法,在这些算法中,其一次处理的数据块仅有一个。实际操作中,具体是由算法本身决定块的大小,更多时候 64 位的块长度是在系统中使用比较多的。实际上,所谓加密算法的"处理单位"即为处理一个块。另一方面,一个位(这里的"位"指二进制的位)流的形成是在完成以下步骤之后:①数据的一个位(或者一个字节)将是流加密算法处理的对象;②借助于一个键值完成种子化处理。

跟加密采用的是块或者是流的方式无关,在进行批量信息的加密处理过程中不会受到任何影响。可借助于不同的模式实现块加密算法,同一密钥在所有加密中均可用一种模式;另一种模式是,当前操作会接收到上一次操作的结果,在此基础上就可有效连接数据块。如果想要使一种加密算法的"健壮性"更加强大,在遇到攻击时具有更加强大的免疫力的话,就可以考虑综合运用这些模式了。例如,电子密码本(Electronic Code Book,ECB)模式即可称得上是块加密算法的一种基本应用。每个明文块都会借助于一定的加密算法后被加密成一个密文块,相同的明文块使用了相同密钥会被加密成相同的密文块,所以对一段已知的明文来说,一个密码本构建完之后,全部密文组合就会囊括其中。若是已经获知加密处理了一个 IP 数据包的话,那么 IP 头将是由密文的头 20 个字节所代表着的,想要推断出真实密钥的话,就需要借助于一个密码本来实现了。

在块加密算法的具体应用中,需要根据具体模式来在一定程度上填充输入,这么做是因为输入数据的长度正好为一个密码块长度的整数倍这一点是无法得到保证的。也就是说,在假如块的长度是 64 位,而 48 位仅仅是最后一个输入块的大小的话,想要执行加密(或解密)运算的话,就不得不将最后一个输入块增添 16 位的填充数据才可以。

在加密块链接(CBC)模式中,可以得到前一个密文块,在加密处理下一个明文块前,XOR 运算是要执行两次的,如图 2-2 所示。假如是第一个块,一个初始化矢量(Initialization Vector,IV)将是与它进行 XOR 运算的对象。为了保证完全一致的明文产生的密文不会完全一致,"健壮"的伪随机特性将是 IV 需要具备的。与加密过程正好相反,解密过程为:解密全部块,并在对前一个块进行解密之前,需要对两者实现一次 XOR 运算才可以。即使是第一个块的解密,与 IV 进行 XOR 运算也是很有必要的。目前,可以说块加密算法囊括了全部的加密算法,其运行采用的也是 CBC 模式。

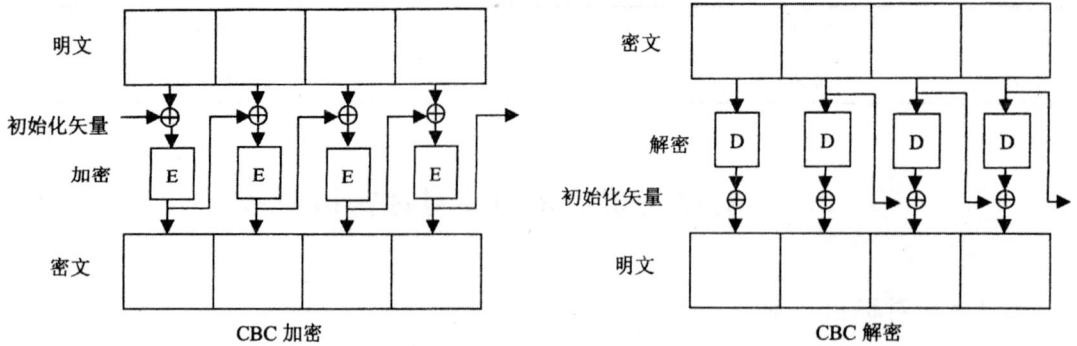

图 2-2 加密块链接方式

其他流行的模式包括加密回馈模式(Cipher Feedback Mode,CFB)和输出回馈模式(Output Feedback Mode,OFB),前者的前一个密文块会借助于一定的加密算法被加密,且还需实现与当前的明文块之间的 XOR 运算(第一个明文块只与 IV 进行 XOR 运算);一种加密状态会被后者一直维持下去,且与明文块也能够跟前者一样进行 XOR 运算,这样的话,密文(IV 代表初始的加密状态)就得以生成。

2. DES 算法

一种随处可见、使用最多的对称密钥算法当属数据加密标准(Data Encryption Standard,DES)。1975 年,由 IBM 发明并公开发表了 DES 算法,在接下来的一年,该算法又被批准成为美国政府标准。DES 算法广泛应用于 POS、ATM、磁卡及智能卡(IC 卡)、加油站、高速公路收费站等领域,能够有效完成关键数据的保密,其能够实现加密传输信用卡持卡人的 PIN,完成 IC 卡与 POS 之间的双向认证、完成 MAC 校验金融交易数据包等,这些均会用到 DES 算法。

DES 算法的处理速度比较快。根据 RSA 实验室提供的数据,当 DES 完全由软件实现时,它至少比 RSA 算法快 100 倍。如果由硬件实现,DES 比 RSA 快 1000 甚至 10000 倍。因为 DES 使用 S 盒(或称选择盒,是一组高度非线性函数。在 DES 中,S 盒像一组表是 DES 真正执行加密、解密运算的函数部分)运算,只使用简单的表查找功能,而 RSA 则建立在非常大的整数运算上。

DES 使用相同的加密、解密算法,密钥是任意一个 64 位的自然数。只有 56 位有效(8 位用作校验)是由算法的工作方式决定的。NIST 授权 DES 成为美国政府的加密标准,但只适用于加密"绝密级以下信息",尽管 DES 被认为十分安全,但它的攻破也不是不可能的。

通过穷尽搜索密钥空间,提供 2^{56}(大约 7.2×10^{16})个可能的密钥。如果每秒能检测一百万个密钥,则需 2000 年。但有一组 Internet 用户,花费了 4 个多月时间分工合作解决了 RSADES 挑战并最终攻破了这一算法。

该小组在检验了大约 18×10^{15} 个密钥后找到了正确的密钥,并恢复了如下明文。

strong cryptography makes the world a safer place.

该小组采用"强行攻击(Brute-Force)"的技术,即所有参加这一挑战的计算机搜索所有可能的密钥,一共有超过 72057594037927936 个密钥。当把这一正确密钥报告给 RSA Data Security 公司时,该小组已经搜索了大约所有可能密钥的 25%。强行攻击是破译 DES 密码的通用方法,通过不同的加密分析,可以将密钥数量降至 2^{47} 个,但这工作量依然很大。如果 DES 使用长度超过 56 位的密钥,那么破译它的可能性几乎为零。

图 2-3 很好地展示了 DES 数据加密算法的基本流程。下面分别对其进行分析。

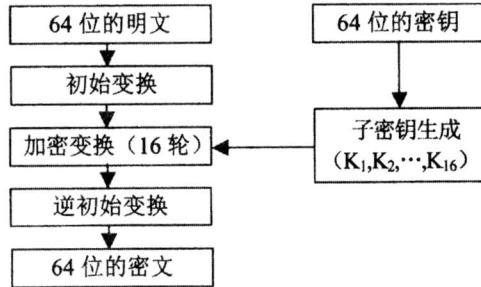

图 2-3　DES 数据加密算法的基本流程

(1)加密处理过程

1)初始变换

加密处理的第一步是,借助于表 2-9 所示的初始换位表 IP,即可实现 64 位明文的变换。输入位被置换后新位的位置是由表中的数值表示出来的。

表 2-9　初始换位表 IP

58	50	42	34	26	18	10	2
60	52	44	36	28	20	12	4
62	54	46	38	30	22	14	6
64	56	48	40	32	24	16	8
57	49	41	33	25	17	9	1
59	51	43	35	27	19	11	3
61	53	45	37	29	21	13	5
63	55	47	39	31	23	15	7

2)加密处理

上述换位处理的输出,16 层复杂的加密变换是中间必须要经过的。实际上,下一步的输入就是初始换位的 64 位的输出,此 64 位分成左、右两个 32 位,分别记为 L_0 和 R_0,从 L_0、R_0 到 L_{16}、R_{16} 共进行 16 轮加密变换。换完之后,若左右 32 位在经过第 n 轮的处理后分别为 L_n 和 R_n,则 L_n 和 R_n 可做如下的定义。

$$L_n = R_n - 1 \tag{2-16}$$

$$R_n = L_{n-1} \oplus f(R_{n-1}, K_n) \tag{2-17}$$

这里，K_n 是向第 n 轮输入的 48 位的子密钥；L_{n-1} 和 R_{n-1} 分别是第 $n-1$ 轮加密的输出；f 是 Mangler 函数。

3）最后换位

L_{16} 和 R_{16} 在经过 16 轮的加密变换之后会被合成 64 位的数据，再依据表 2-10 所示的最后换位表完成 IP^{-1} 的换位，最终将会获得一个 64 位的密文，其也是 DES 加密的结果。

表 2-10　最后换位表

40	8	48	16	56	24	64	32
39	7	47	15	55	23	63	31
38	6	46	14	54	22	62	30
37	5	45	13	53	21	61	29
36	4	44	12	52	20	60	28
35	3	43	11	51	19	59	27
34	2	42	10	50	18	58	26
33	1	41	9	49	17	57	25

（2）加密变换

在 DES 算法中，其他部分都是线性的，而 $f(R, K)$ 变换是非线性的，因此，强度很高的密码得以顺利产生。

32 位的 R 先按表 2-11 所示的扩展换位表 E 进行扩展换位处理，得到 48 位的 R'。将这 48 位的 R' 和 48 位的密钥 K 进行异或运算，并分成 6 位的 8 个分组，输入 S1～S8 的 8 个 S 盒中，S1～S8 称为选择函数，这些 S 盒输入 6 位，输出 4 位。S 盒如表 2-12 所示。

表 2-11　扩展换位表 E

32	1	2	3	4	5
4	5	6	7	8	9
8	9	10	11	12	13
12	13	14	15	16	17
16	17	18	19	20	21
20	21	22	23	24	25
24	25	26	27	28	29
28	29	30	31	32	1

表 2-12　S 盒替换表

列＼行		0	1	2	3	4	5	6	7	8	9	10	11	12	13	14	15
S1	0	14	4	13	1	2	15	11	8	3	10	6	12	5	9	0	7
	1	0	15	7	4	14	2	13	1	10	6	12	11	9	5	3	8
	2	4	1	14	8	13	6	2	11	15	12	9	7	3	10	5	0
	3	15	12	8	2	4	9	1	7	5	11	3	14	10	0	6	13
S2	0	15	1	8	14	6	11	3	4	9	7	2	13	12	0	5	10
	1	3	13	4	7	15	2	8	14	12	0	1	10	6	9	11	5
	2	0	14	7	11	10	4	13	1	5	8	12	6	9	3	2	15
	3	3	8	10	1	3	15	4	2	11	6	7	12	0	5	14	9
S3	0	10	0	9	14	6	3	15	5	1	13	12	7	11	4	2	8
	1	13	7	0	9	3	4	6	10	2	8	5	14	12	11	15	1
	2	13	6	4	9	8	15	3	0	11	1	2	12	5	10	14	7
	3	1	10	13	0	6	9	8	7	4	15	14	3	11	5	2	12
S4	0	7	13	14	3	0	6	9	10	1	2	8	5	11	12	4	15
	1	13	8	11	5	6	15	0	3	4	7	2	12	1	10	14	9
	2	10	6	9	0	12	11	7	13	15	1	3	14	5	2	8	4
	3	3	15	0	6	10	1	13	8	9	4	5	11	12	7	2	14
S5	0	2	12	4	1	7	10	11	6	8	5	3	15	13	0	14	9
	1	14	11	2	12	4	7	13	1	5	0	15	10	3	9	8	6
	2	4	2	1	11	10	13	7	8	15	9	12	5	6	3	0	14
	3	11	8	12	7	1	14	2	13	6	15	0	9	10	4	5	3
S6	0	12	1	10	15	9	2	6	8	0	13	3	4	14	7	5	11
	1	10	15	4	2	7	12	9	5	6	1	13	11	0	11	3	8
	2	9	14	15	5	2	8	12	3	7	0	4	10	1	13	11	6
	3	4	3	2	12	9	5	15	10	11	14	1	7	6	0	8	13
S7	0	4	11	2	14	15	0	8	13	3	12	9	7	5	10	6	1
	1	13	0	11	7	4	9	1	10	14	3	5	12	2	15	8	6
	2	1	4	11	13	12	3	7	14	10	5	6	8	0	5	9	2
	3	6	11	13	8	1	4	10	7	9	5	0	15	14	2	3	12

续表

列\行		0	1	2	3	4	5	6	7	8	9	10	11	12	13	14	15
S8	0	13	2	8	4	6	15	11	1	10	9	3	14	5	0	12	7
	1	1	15	13	8	10	3	7	4	12	5	6	11	0	14	9	2
	2	7	11	4	1	9	12	14	2	0	6	10	13	15	3	6	8
	3	2	1	14	7	4	10	8	13	15	12	9	0	3	5	6	11

用表 2-13 所示的单纯换位表 P 进行变换,这样就完成了 $f(R,K)$ 的变换。

表 2-13　单纯换位表 P

16	7	20	21
29	12	28	17
1	15	23	26
5	18	31	10
2	8	24	14
32	27	3	9
19	13	30	6
22	11	4	25

(3)子密钥的生成

下面说明子密钥 $K_1 \sim K_{16}$ 的 16 个子密钥的生成(Mangler 函数)过程,在 64 位的密钥中包含了 8 位的奇偶校验位,所以密钥的实际长度为 56 位,而每轮要生成 48 位的子密钥。

输入的 64 位密钥,首先通过压缩换位(PC-1)将校验位去掉,输出 56 位的密钥,每层分成两部分,上部分 28 位为 C_0,下部分为 D_0。C_0 和 D_0 依次进行循环左移操作生成了 C_1 和 D_1,将 C_1 和 D_1 合成为 56 位,再通过压缩换位(PC-2)输出 48 位的子密钥 K_1,再将 C_1 和 D_1 进行循环左移操作和 PC-2 压缩换位,得到子密钥 K_2……,以此类推,16 个子密钥即可有效获得。密钥压缩换位如表 2-14 所示。要注意的是,在产生子密钥的过程中,L_1、L_2、L_9、L_{16} 是循环左移 1 位,其余都左移 2 位,左移次数如表 2-15 所示。

表 2-14　密钥压缩换位

压缩换位 PC-1						压缩换位 PC-2						
57	49	41	33	25	17	9	14	17	11	24	1	5
1	58	50	42	34	26	18	3	28	15	6	21	10
10	2	59	51	42	35	27	23	19	12	4	26	8
19	11	3	60	52	44	36	16	7	27	20	13	2

续表

压缩换位 PC-1						压缩换位 PC-2						
63	55	46	39	31	23	15	41	52	31	37	47	55
7	62	54	46	38	30	22	30	40	51	45	33	48
14	6	61	53	45	37	29	44	49	39	56	34	53
21	13	5	28	20	12	4	46	42	50	36	29	32

表 2-15　密钥生成时循环左移次数

密钥层次	移位次数	密钥层次	移位次数
1	1	9	1
2	1	10	2
3	2	11	2
4	2	12	2
5	2	13	2
6	2	14	2
7	2	15	2
8	2	16	1

(4)解密处理

从密文到明文的解密处理过程可采用与加密完全相同的算法。不过,解密使用的是加密的逆变换,也就是把上面的最后换位表和初始换位表完全倒过来变换,即第 1 次用第 16 个密钥 K_{16},第 2 次用 K_{15}……,依此类推。另外,在 16 轮的变换处理中,由于 $R_{n-1}=L_n$ 和 $L_{n-1}=R_n \oplus f(L_n, K_n)$,因此要求出 R_{n-1} 和 L_{n-1},只要知道 L_n、R_n 和 K_n,并使用函数 f 所表示的变换即可实现。从而在各层的变换中,如果采用与加密时相同的 K_n 来处理就可实现解密。具体来说,输入 DES 算法中的密文,经过初始换位得到 L_{16} 和 R_{16},第 1 层处理时的密钥是逆序的,用 K_{16} 求出 L_{15} 和 R_{15},然后用 K_{15} 求出 L_{14} 和 R_{14},依此类推即可完成解密处理。

3. 其他对称加密算法

(1)国际数据加密算法(IDEA)

国际数据加密算法(IDEA)是由中国学者来学嘉博士与著名密码学家 James Massey 于 1990 年提出的,最初的设计无法承受差分攻击,1992 年进行了改进,抗差分攻击的能力有了明显提高。该加密算法是近年来提出的各种分组密码中最成功的。

1)IDEA 加密过程

IDEA 是利用 128 位的密钥对 64 位的明文分组,经过连续加密(8 次)产生 64 位密文分组的对称密码体制。它针对 DES 的 64 位短密钥,使用 128 位密钥,每次加密 64 位的明文块。通过增加密钥长度,IDEA 抵御强力穷举密钥攻击的能力有了明显提高。

　　IDEA 加密过程如图 2-4 所示,这里的加密函数有待加密明文和密钥这两个,其中明文长度是 64 位,密钥长度为 128 位。一个 IDEA 算法由 8 次循环和一个最后的变换函数组成。在该算法中,输入会被分为 4 个 16 位的子分组。最后的变换也产生 4 个子分组,这些子分组串接起来形成 64 位密文。每个循环也使用 6 个 16 位的子密钥,最后的变换使用 4 个子密钥,因此共有 52 个子密钥。

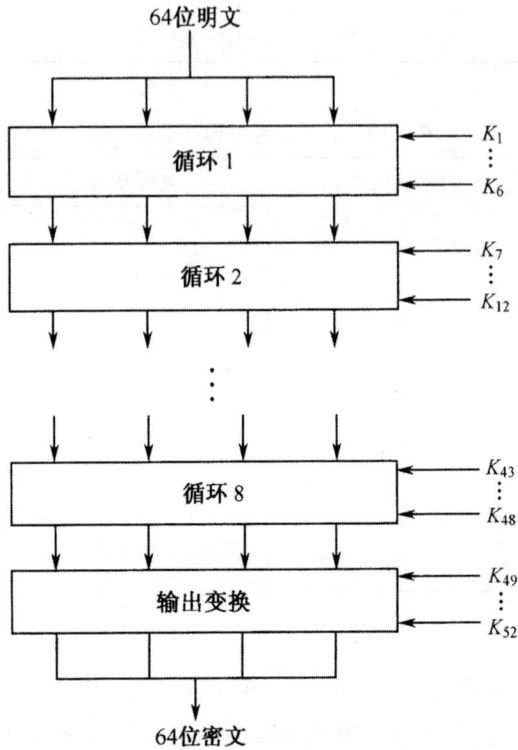

图 2-4　IDEA 加密过程

　　一个单循环的加密过程如图 2-5 所示。每个单循环又分为两部分。

　　①变换运算。首先,利用加法及乘法运算将 4 个 16 位的明文和 4 个 16 位的子密钥混合,4 个 16 位的输出得以产生;其次,这 4 个输出又两两配对,以"异或"运算将数据混合,产生两个 16 位的输出;最后,这两个 16 位的输出又连同另外两个子密钥作为第二部分(MA)的输入。

　　②MA 运算。MA(Multiplication/Addition)运算首先生成两个 16 位输出;接着这两个输出再与变换运算的输出以"异或"作用生成 4 个 16 位的输出。这 4 个输出将作为下一轮的输入。需要注意的是:这 4 个输出中的第 2、3 个输出(即 W_{12},W_{13})是经过位置交换得到的,目的是对抗差分攻击。

　　以上过程重复 8 次,在经过 8 次变换后,仍需要最后一次的输出变换才能形成真正的密文。最后的输出变换运算与每一轮的变换运算基本相同。

　　第 2、3 个输入在进行最后交换之前要经过互换位置,实际上是把第 8 轮所做的最后交换抵消掉,这是唯一差别。增加这个附加的目的是使解密具有和加密相同的结构,使设计和使用上的复杂性得以有效降低。另外,在最后一步的交换中仅需要 4 个子密钥。

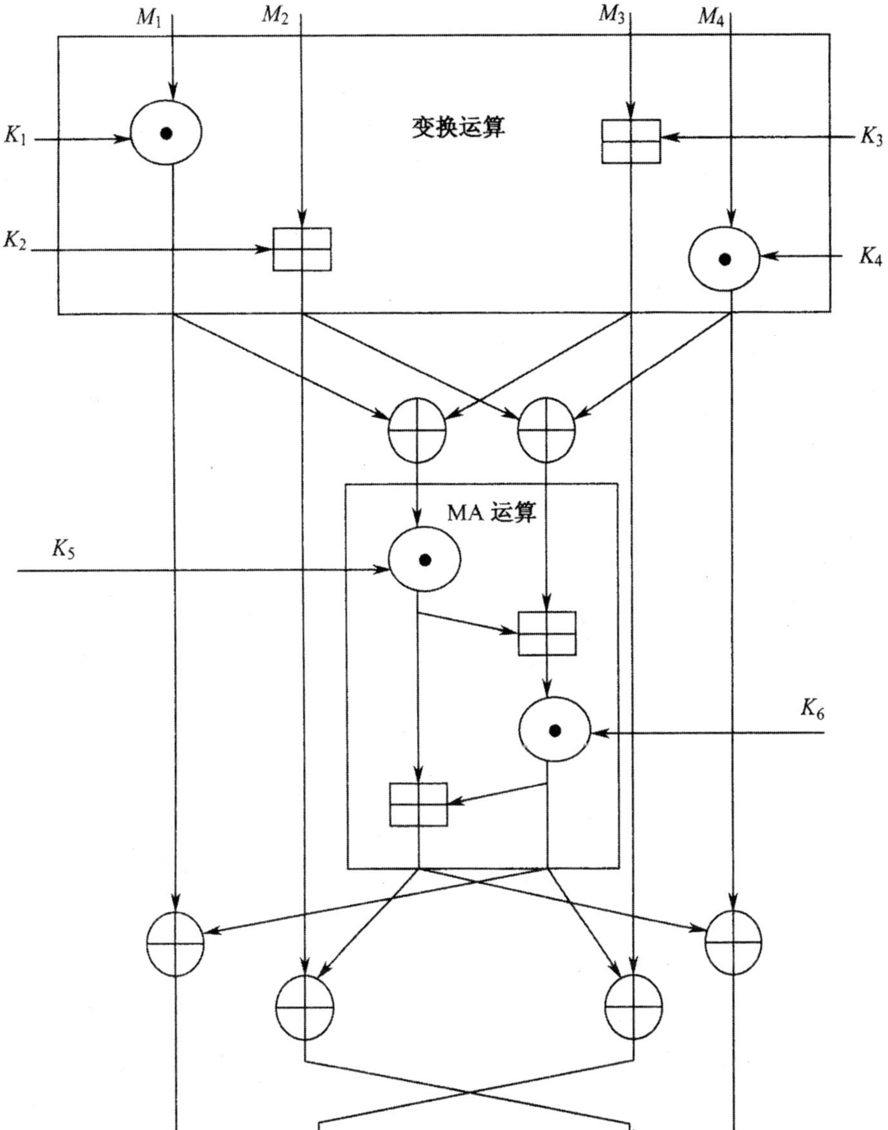

图 2-5　IDEA 一个单循环的加密过程

③子密钥的产生。56 个 16 位的子密钥从 128 位的密钥中生成。

2)解密过程

使用与加密算法同样的结构,可以将密文分组当作输入而逐步恢复明文分组。所不同的是子密钥的生成方法。

3)IDEA 算法的安全性分析

由于 IDEA 使用的密钥为 128 位,基本上是 DES 的两倍,穷举攻击要试探 2^{128} 个密钥,若用每秒 100 万次的加密速度进行试探,大约需要 10^{13} 年。此外,在 IDEA 的设计过程中,设计者根据差分析法在一定程度上得以有效改进,它能够抵抗差分攻击。该算法是目前已公开的最安全的分组密码算法,已经成功应用于 Internet 的 E-mail 加密系统 PGP(Pretty Good Privacy)。当然,在今后的时间里 IDEA 仍会遭受到许多新的挑战。

(2)高级加密标准(AES)

DES 的 56bit 密钥实在太小,虽然密钥长度的问题可由三重 DES 来解决,但是 DES 的设计主要针对硬件实现,而在当今许多领域,需要用软件方法来实现它,在这种情况下,它的效率相对较低。

AES 是 Rijndeal 算法的一个子集,其算法是 128 位块密码,支持 3 种不同大小的密钥:128 位、192 位和 256 位。最大优点是可以给出算法的最佳差分特征的概率及最佳线性逼近的偏差的界,由此,算法抵抗差分密码分析及线性密码分析的能力可以被有效分析。

2.3.2　非对称密钥加密

非对称加密也称为公钥加密。在对称加密系统中,加密和解密的双方使用的是相同的密钥。在实际情况下,怎么才能实现加密和解密的密钥一致呢? 一般有两种方式:事先约定和用信使来传送。如果加密和解密的双方对密钥进行了事先约定,就会给密钥的管理和更换带来极大的不便;如果使用信使来传送密钥,很显然,这种安全性能也是比较低的。另一种可行的方法是通过密钥分配中心(Key Distribution Center, KDC)来管理密钥,这种方法虽然安全性较高,但所需要的成本也会增大,而非对称加密可以解决此问题。

1. 非对称加密概述

非对称加密的出现,在密码学史上是一个重要的里程碑。非对称加密中使用的公开密钥(或公钥密钥)的概念是在解决对称加密的单密码方式中最难解决的两个问题时提出的,这两个问题是:密钥分配和数字签名。

在使用单钥密码进行加密通信时,对于密钥的分配和管理一般有两种方式:一种是通信双方拥有一个共享的密钥;另一种是借助于一个密钥分配中心。如果是前者,可用人工方式实现双方共享密钥的传送,其成本较高,而且安全性要由信使的可靠性来决定。如果是后者,则完全依赖于密钥分配中心的可靠性。第二个问题是数字签名。考虑的是如何对数字化的消息或文件提供一种类似于书面文件的手书签名方式。1976 年,W. Diffice 和 M. Hellman 为解决以上问题,提出了公钥密码体制。

非对称加密算法具有如下特点。

①用公开密钥加密的数据(消息),只有使用相应的私有密钥才能解密。这一过程称为加密。

②使用私有密钥加密的数据(消息),也只有相应的公开密钥才能解密。这一过程称为数字签名。

如图 2-6 所示,如果某一用户要给用户 A 发送一个数据,这时该用户会在公开的密钥中找到与用户 A 所拥有私有密钥对应的一个公开密钥,然后用此公开密钥对数据进行加密后发送到网络中传输。用户 A 在接收到密文后便通过自己的私有密钥进行解密,因为数据的发送方使用接收方的公开密钥来加密数据,所以只有用户 A 才能够读懂该密文。当其他用户获得该密文时,因为他们没有加密该信息的公开密钥对应的私有密钥,所以该密文就无法被读懂。

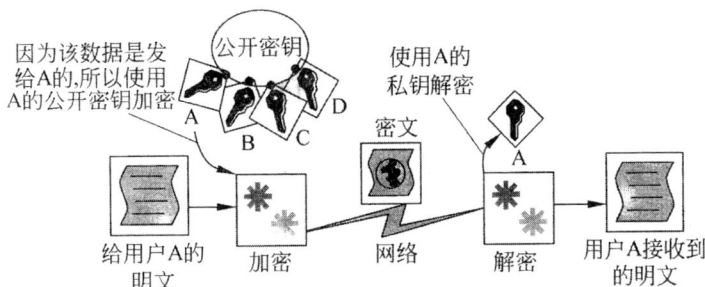

图 2-6　非对称密钥的加密和解密过程

在非对称加密中,所有参与加密通信的用户都可以获得每个用户的公开密钥,而每一个用户的私有密钥由用户在本地产生,无需事先分配。在一个系统中,只要能够管理好每一个用户的私有密钥,用户收到的通信内容就是安全的。任何时候,一个系统都可以更改它的私有密钥,并公开相应的公开密钥来替代它原来的公开密钥。

非对称加密方式可以使通信双方无需事先交换密钥就可以建立安全通信,其在身份认证、数字签名等信息交换领域有广泛应用。公开密钥体系是基于"单向陷门函数"的,即一个函数正向计算是很容易的,但是反向计算难度就相当大。陷门的目的是确保攻击者不能使用公开的信息得出秘密的信息。例如,计算两个质数 p 和 q 的乘积 $n=pq$ 是很容易的,但是要分解已知的 n 成为 p 和 q 是非常困难的。

2. RSA 算法

截止到目前,RSA 为使用最多的非对称密钥算法,它之所以被称为 RSA 是因为,其是由 Ron Rivest、Adi Shamir 以及 Leonard Adleman 发明的。若想要分解大质数的乘积因子的话是非常困难的,也就是因为这一点 RSA 才能够有效保密。在 RSA 中,加密使用的是一个密钥,解密使用的是另外一个密钥。也就是说,想要对一条信息进行加密的话,只有操作者有公共密钥即可,而若是需要对加密后的信息进行解密的话就需要他持有密钥。另外,密钥持有者也可用自己的私有密钥对任何东西进行加密,若想要将其解密的话,就需要操作者持有公共密钥了。这样做不可否认在数字签名中实际意义重大。

RSA 算法运用了数论中的 Euler 同余定理,即 a、r 是两个互质的自然数,则 $z^2=1(\bmod r)$,其中,z 为与 r 互质的且不大于 r 的自然数,即 z 为 r 的 Euler 指标函数(数论中记为 $\Phi(r)$)。以下为 RSA 的工作原理。

寻找两个大素数:p、q(保密)。

计算它们的积:

$$r=p*q(公开) \tag{2-18}$$

计算:

$$z=(p-1)*(q-1)(保密) \tag{2-19}$$

选取 e,使得:

$$\gcd(e,z)=1(公开) \tag{2-20}$$

计算 d，使得：

$$e*d=1(\bmod z)(保密)，\gcd(d,z)=1 \tag{2-21}$$

e 和 d 分别被称为公开指数和秘密指数。(e,r) 是公共密钥，(d,r) 是私有密钥，因子 p 和 q 必须保密或被销毁。

实施 RSA 算法的基本步骤为设计密钥、设计密文、恢复明文。下面通过一个简单例子来说明。

例如，只有完成以下操作，用户 A 才可以将明文信息"HI"借助于 RSA 加密实现到用户 B 的传递。

(1)设计密钥 (e,r) 和 (d,r)

令 $P=5$，$Q=11$，取 $e=3$；计算

$$r=P*Q=5*11=55$$

求

$$z=(P-1)*(Q-1)=(5-1)*(11-1)=40$$

由 $e*d=1(\bmod z)$，即 $3*d=1(\bmod 40)$，可得 $d=27$。

至此，得到公有密钥 (e,r) 为 $(3,55)$，私有密钥 (d,r) 为 $(27,55)$。

(2)设计密文

在完成明文信息的数字化后，可对其进行分组，具体是按照每块两个数字来进行的。假定明文编码为空格 $=00$，$A=01$……$Z=26$，则数字化后的明文信息为 08,09。

用加密密钥 $(3,55)$ 将明文加密。由 $C=M^e(\bmod r)$ 得：

$$C_1=M_1^e(\bmod r)=(08)^3(\bmod 55)=17$$
$$C_2=M_2^e(\bmod r)=(09)^3(\bmod 55)=14$$

因此，17,14 为最终得到的密文信息。

(3)恢复明文

在密文到达用户 B 手中之后，对其进行解密处理：$C=M^d(\bmod r)$，即

$$M_1=C_1^d(\bmod r)=17^{27}(\bmod 55)=08$$
$$M_2=C_2^d(\bmod r)=14^{27}(\bmod 55)=09$$

用户 B 得到的明文信息为 08,09。将其转化为源码即为"HI"。

据推测，由公共密钥 (e,r) 推导出私有密钥 d 的难度非常大，如果能够将 r 分解为 p 和 q，那么就能得到私有密钥 d。因此整个 RSA 的安全性建立在大数分解很难这一假设基础之上。

由两个大质数决定了 RSA 算法的安全性。因此一般这两个大质数超过 100 位(十进制)。为确认某数 n 是否为质数，用所有小于 sqrt(n) 的数去整除可以说是最简单有效的方法，然而此方法是没有任何意义的。因此，就需要考虑费马定理：

$$m^{P-1}=1(\bmod p) \tag{5-22}$$

其中，P 为质数。取大数 n(100 位以上的整数)和整数 $a<n$，计算 $a^{n-1}(\bmod n)$。若结果不为 1，则 n 必定不是质数(费马定理的逆否命题)；若结果为 1，则 n 不为质数的概率约为 10^{-13}。这对于许多应用来说，其风险已经足够小了，且相应的计算量就大大减小了。如果 n 不是质数，则意味着存在比 e、d 更小的等价密码对，这样就在一定程度上降低了算法的安全强度。

通过对 RSA 的研究发现，选择固定并较小的加密密钥(一般用于公有密钥)并不会对整个

系统的安全性产生任何影响,但却明显提高了加密运算的处理速度,如取 65537 作为公有密钥,私有密钥则可通过 Euler 算法得到。

RSA 的一个缺点是速度较慢,而且能处理的数据最多只能有它密钥的模数大小。例如,一个 1024 位的 RSA 公共密钥只能对少于或等于那个长度的数据进行加密(实际最多只能有 1013 位,因为用 RSA 定义如何加密时,还要进行编码,这又用去 11 位的长度)。RSA 算法的处理速度对进行大批量的数据加密是不适合的,而非常适用于密钥交换和数字签名这样的重要技术。

3. 其他非对称密钥加密算法

(1)Elamal 算法

除了 RSA 密码之外,ElGamal 密码是最有代表性的公开密钥密码。RSA 密码建立在大整数因子分解的困难性之上,而 ElGamal 密码建立在离散对数的困难性之上。大整数的因子分解和离散对数问题是目前公认较好的单向函数,因而 RSA 密码和 ElGamal 密码是目前公认的安全的公开密钥密码。

(2)Diffie-Hellman 算法

Diffie-Hellman 算法是一种"密钥交换"算法,它主要为对称密码的传输提供共享信道,而不是用于加密或数字签名。

(3)椭圆曲线密码

椭圆曲线密码(Elliptic Curve Cryptography,ECC)是自 RSA 后出现的一个非常有竞争力的公开密钥算法。椭圆曲线密码系统的安全强度不但依赖在椭圆曲线上离散对数的分解难度,曲线的选择也会对其产生一定的影响。椭圆曲线离散对数问题(ECDLP)是椭圆曲线密码学的基础。

4. 混合加密算法

由前文可知,对称密钥密码体制中的 DES 算法具有可靠性较高(16 轮变换,增大了混乱性和扩散性,输出不残存统计信息)、加密/解密速度快、算法容易实现(可用软件和硬件实现,硬件实现速度快)以及通用性强等优点,但也存在密钥位数少、弱密钥和半弱密钥、易于遭受穷尽攻击以及密钥管理复杂等缺点。与 DES 算法相比,RSA 算法具有以下优点:

①密钥空间大。

②便于数字签名。

③密钥管理简单,网上每个用户仅保密一个密钥,无需密钥配送。

④可靠性较高,取决于分解大素数的难易程度。

加密/解密速度慢、算法复杂是 RSA 算法的缺点。如果 RSA 和 DES 结合使用,则正好弥补 RSA 的缺点。一种混合了非对称和对称加密算法的加密方式如图 2-7 所示。

这种混合加密方式的原理是:发送方 S 先使用 DES 或 IDEA 对称算法对数据进行加密,然后使用公钥算法 RSA 加密前者的对称密钥;接收方 R 先使用 RSA 算法解密出对称密钥,再用对称密钥解密被加密的数据。要加密的数据量通常很大,但因对称算法对每个分组的处理只需很短的时间便可完成,因此对大量数据的加密/解密,效率不用受到任何影响。

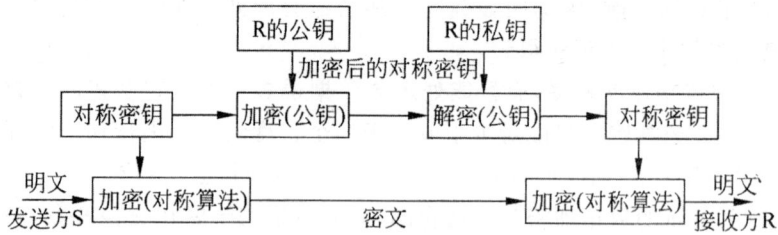

图 2-7　混合加密方式

双钥和单钥密码相结合的混合加密体制在实际网络中经常采用,即加/解密时采用单钥密码,密钥传输则采用双钥密码。

2.4　密钥管理

2.4.1　密钥的分类和作用

①初级密钥。把保护数据(加密和解密)的密钥叫作初级密钥(K),初级密钥又叫数据加密(数据解密)密钥。当初级密钥直接用于提供通信安全时,叫作初级通信密钥(KC)。在通信会话期间用于保护数据的初级通信密钥叫作会话密钥,但初级密钥用于直接提供文件安全时,叫作初级文件密钥(KF)。

②钥加密钥。对密钥进行保护的密钥称为钥加密钥,把保护初级密钥的密钥叫作二级密钥(KN),同样可以分为二级通信密钥(KNC)和二级文件密钥(KNF)。

③主机密钥。一个大型的网络系统可能有上千个节点或端用户,若要实现全网互通,每个节点就要保存用于与其他节点或端用户进行通信的二级密钥和初级密钥,这些密钥要形成一张表保存在节点(或端节点的保密装置)内,若以明文的形式保存,有可能会被窃取。为保证它的安全,通常还需要有一个密钥对密钥表进行加密保护,此密钥称为主机密钥或主控密钥。

④其他密钥。在一个系统中,除了上述密钥外,还可能有通播密钥、共享密钥等,它们也有各自的用途。

2.4.2　密钥长度

密钥长度一般是以二进制位(bit)为单位,也有以字节(Byte)为单位的,密钥的长度对密钥的强度有直接影响。密钥的长度涉及两个问题:多长的密钥才适合保密通信的要求;密钥系统对于对称/非对称密钥长度的匹配问题。

1. 密钥长度的要求

密钥长度的要求与信息安全需要的环境有关,表 2-16 列出了不同信息安全需要对于对称密钥尺度的要求。

表 2-16　不同信息安全需要对密钥尺度的要求

信息类型	时间	对称密钥的长度(bit)	公开密钥的长度(bit)
战场军事信息	数分钟/小时	56～64	384
产品发布、合并、利率	几天/小时	64	512
长期商业计划	几年	112	1792
贸易秘密	几十年	128	2304
氢弹秘密	>40 年	128	2304
间谍身份	>50 年	128	2304
个人隐私	>50 年	128	2304
外交秘密	>65 年	至少 128	至少 2304

2. 对称/非对称密钥长度的匹配

无论是使用对称密钥算法还是公开密钥算法,其设计的系统都应该对密钥长度有具体的要求,以防止穷举等攻击的破译。穷举攻击是指用所有可能的密钥空间中的密钥值破译加密信息。因此,表 2-16 表明,如果同时使用 64bit 的对称密钥算法和 384bit 的公开密钥算法是没有什么安全可言的,如果希望使用的对称算法的密钥长度是 128bit,那么使用的公开算法的密钥长度至少应为 2304 位。

如果使用更长密钥,就必须为密钥变长所需计算时间付出代价。通常,使密钥足够长,而计算所需的时间足够短。表 2-17 给出了公开密钥多长才安全的一些忠告。其中,每年度列出了 3 个密钥长度,分别针对个人、大公司和政府。

表 2-17　公开密钥长度的推荐值(bit)

年度	对于个人	对于大公司	对于政府
1995	768	1280	1536
2000	1024	1280	1536
2005	1280	1536	2048
2010	1280	1536	2048
2015	1536	2048	2048

2.4.3　密钥的产生技术

1. 密钥的随机性要求

密钥是数据保密的关键,应有足够的方法来产生密钥。作为密钥的一个基本要求是要具有良好的随机性。

在普通的非密码应用场合,人们只要求所产生出来的随机数呈平衡的、等概率的分布,而不要求它的不可预测性。而在密码技术中,特别是在密钥产生技术中,不可预测性成为随机性的一个最基本要求,因为那些虽然能经受随机统计检验但很容易预测的序列肯定是容易被攻破的。

2. 产生密钥的方法

现代通信技术中需要产生大量的密钥,以分配给系统中的各个节点和实体,如果产生密钥的方式很难适应大量密钥需求的现状,因此就需要实现密钥产生的自动化,不仅可以减轻人工产生密钥的工作负担,还可以消除人为因素引起的泄密。

(1)密钥产生的硬件技术

噪声源技术是密钥产生的常用方法,因为噪声源的功能就是产生二进制的随机序列或与之对应的随机数,它是密钥产生设备的核心部件。

如果噪声源的随机性不强,就会给破译带来线索,某些破译方法还特别依赖于加密者使用简单的或容易猜破的密钥。

噪声源输出的随机数序列按照产生的方法可以分为以下几种:伪随机序列、物理随机序列、准随机序列。

(2)密钥产生的软件技术

X9.17(X9.17-1985金融机构密钥管理标准,由ANSI—美国国家标准定义)标准定义了一种产生密钥的方法,如图2-8所示。

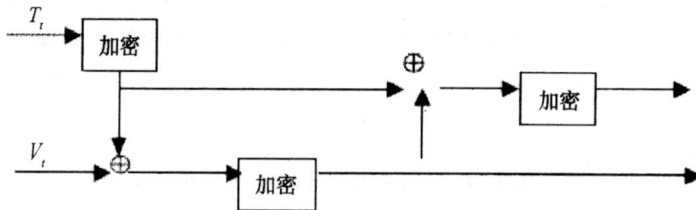

图 2-8 ANSI X9.17 密钥产生的过程

X9.17标准产生密钥的算法是三重DES,算法的目的并不是产生容易记忆的密钥,而是在系统中产生一个会话密钥或是伪随机数。其过程如下:

假设 $E_k(x)$ 表示用密钥 K 对比特串 x 进行的三重DES加密,K 是为密钥发生器保留的一个特殊密钥。V_0 是一个秘密的64位种子,T 是一个时间标记。欲产生的随机密钥 R_i 可以通过下面的两个算式来计算:

$$R_i = E_k(E_k(T_i) \oplus V_i) \qquad (2-22)$$
$$V_i = E_k(E_k(T_i) \oplus R_i) \qquad (2-23)$$

对于128bit或192bit密钥,可以通过以上方法生成几个64bit的密钥后,串接起来便可。

2.4.4 密钥的组织结构

一个密钥系统可能有若干种不同的组成部分,按照它们之间的控制关系,可以将各个部分划分为一级密钥、二级密钥、……、n 级密钥,组成一个 n 级密钥系统,如图2-9所示。

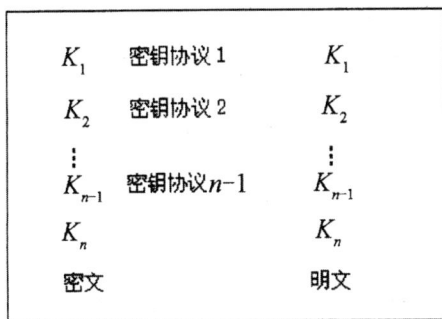

图 2-9　多层密钥系统机构示意图

其中,一级密钥用算法 f_1 保护二级密钥,二级密钥用算法 f_2 保护三级密钥,以此类推,直到最后的 n 级密钥用算法 f_n 保护明文数据。随着加密过程的进行,各层密钥的内容发生动态变化,而这种变化的规则由相应层次的密钥协议控制。其中每一层密钥又可以划分为若干种不同功能的成分,有的成分必须以密文的方式存在,有的则允许以明文的方式存在。

以上结构的基本思想就是使用密钥来保护密钥。f_i 层密钥 K_i 保护,f_{i+1} 层密钥 K_{i+1} 保护,同时它本身还受到 f_{i-1} 层密钥群 K_{i-1} 的保护。

最低层的密钥 K_n 也叫作工作密钥,用于直接加、解密数据,而所有上层的密钥均叫作密钥加密密钥。

最高层的密钥 K_1 也叫作主密钥。一般来说,主密钥是整个密钥管理系统中最核心、最重要的部分,应采用最保险的手段严格保护。

2.4.5　密钥分发

密钥管理需解决的另一个基本问题是密钥的定期更换问题。

显然,密钥应当尽可能地经常更换,更换密钥时应尽量减少人工干预,必要时一些核心密钥对操作人员也要保密,这就涉及密钥分发技术问题。

密钥分发技术中,最成熟的方案是采用密钥分发中心(Key Distribution Center,KDC),这是当今密钥管理的一个主流。

1. 对称密钥的分发

对称密码体制的主要特点是加/解密双方在加/解密过程中要使用完全相同的一个密钥。

对称密钥密码体制存在的最主要问题是,由于加/解密双方都要使用相同的密钥,因此在发送、接收数据之前,必须完成密钥的分发。由以上内容可以看出,该加密体系中的最薄弱、也是风险最大的环节就是密钥的分发。

由于公钥加密的安全性高,所以对称密钥密码体制多采用公钥加密的方法。发送方用接收方的公钥将要传递的密钥加密,接收方用自己的私钥解密传递过来的密钥,而其他人由于没有接收方的私钥,所以不可能得到传递的密钥,这样,对称密钥密码体制的密钥在传递过程中被破解的可能性大大降低。

用一个实例来说明对称密钥密码体制的密钥分发存在的问题。例如,设有 n 方参与通信,若 n 方都采用同一个对称密钥,这样密钥管理和传递容易,可是一旦密钥被破解,整个体系就会崩溃。若采用不同的对称密钥,则需 $n(n-1)$ 个密钥,密钥数与参与通信人数的平方数成正比,假设在某机构中有 100 个人,如果任何两个人之间需要不同的密钥,则总共需要 4950 个密钥,而且每个人应记住 99 个密钥。如果机构的人数是 1000、10000 人或更多,管理密钥将是一件可怕的事情。

2. 公钥的分发

非对称密钥密码体制,即公开密钥密码体制能够验证信息发送人与接收人的真实身份,对所发出/接收信息在事后具有不可抵赖性,能够保障数据的完整性。这里有一个前提就是要保证公钥和公钥持有人之间的对应关系。因为任何人都可以通过多种不同的方式公布自己的公钥,如个人主页、电子邮件和其他一些公用服务器等,由于其他人无法确认它所公布的公钥是否就是他自己的,所以也就无法认可他的数字签名。

在实际操作中,尽管是采用非对称密码技术,仍旧无法完全保证保密性,那么如何才能准确地得到别人的公钥呢? 这时就需要一个仲裁机构,或者说是一个权威机构,它能准确无误地提供他人的公钥,这就是 CA(Certification Authority,认证机构或认证中心)。

2.4.6 密钥的保护

密钥保护技术涉及密钥的装入、存储、使用、更换、销毁等多个方面,以下简要讨论密钥保护中的几个基本问题。

1. 密钥的装入

加密设备里的最高层密钥(主密钥或一级密钥)通常都需要以人工的方式装入。把密钥装入到加密设备经常采用的方式有键盘输入、软盘输入、专用的密钥装入设备(即密钥枪)输入等。密钥除了正在进行加密操作的情况以外,应当一律以加密保护的形式存放。密钥的装入过程应有一个封闭的工作环境,所有接近密钥装入工作的人员应当是绝对安全的,不存在可被窃听装置接收的电磁波或其他辐射。

2. 密钥的存储

在密钥装入以后,所有存储在加密设备里的密钥都应以加密的形式存放,而对这些密钥解密的操作口令应该由密码操作人员掌握。这样即使装有密钥的加密设备被破译者拿到也可以保证密钥系统的安全。

3. 密钥的使用

不同的密钥应有不同的有效期,如电话就是把通话时间作为密钥有效期,当再次通话时就启动新的密钥。加密密钥无须频繁更换,因为它们只是偶尔进行密钥交换。而用来加密保存数据文件的加密密钥不能经常地交换,因为文件可以加密储藏在磁盘上数月或数年。公开密钥应用中,私人密钥的有效期是根据应用的不同而变化,用于数字签名和身份识别的私人密钥必须持续数年甚至终身。

4. 密钥的更换

一旦密钥有效期到,必须清除原密钥存储区,或者用随机产生的噪声重写。

密钥更换可以采用批密钥的方式,即一次性装入多个密钥,在更换密钥时可按照一个密钥生效,另一个密钥废除的形式进行,替代的次序可采用密钥的序号。如果批密钥的生效与废除是按顺序的,那么序数低于正在使用的密钥的所有密钥都已过期,相应的存储区应清零。当为了跳过一个密钥而强制密钥更换,由于被跳过的密钥不再使用,也应执行清零。

5. 密钥的销毁

在密钥定期更换后,旧密钥就必须销毁。要安全地销毁存储在磁盘上的密钥,应多次对磁盘存储的实际位置进行写覆盖或将磁盘切碎,用一个特殊的删除程序查看所有磁盘,寻找在未用存储区上的密钥副本,并将它们删除。

2.5　数字签名

2.5.1　基本概念

数字签名(Digital Signature,又称公钥数字签名或电子签章)是一种类似写在纸上的普通的物理签名,其出现是为了有效鉴别数字信息,其具体实现是借助于公钥加密领域技术。通常情况下,还有两种互补的运算存在于一套数字签名中,一个用于签名,另一个是拿来实现验证的。很容易验证(无须骑缝章、骑缝签名,也无须笔迹专家)数字签名文件的完整性,而且数字签名的不可抵赖性也非常让用户满意。

目前基于公钥密码体制的数字签名是主流,包括普通数字签名和特殊数字签名。普通数字签名算法有 RSA、ElGamal、Fiat-Shamir、Guillou-Quisquarter、Schnorr、DES/DSA、Ong-Schnorr-Shamir 数字签名算法,另外还有椭圆曲线数字签名算法和有限自动机数字签名算法等。特殊数字签名有盲签名、代理签名、群签名、不可否认签名、公平盲签名、门限签名、具有消息恢复功能的签名等,它与具体应用环境密切相关。

2.5.2　常用的数字签名体制

关于 RSA 算法在非对称加密算法中已经具体介绍过,在此详细介绍 DSS 和 DSA 算法。

1. DSS

DSS 使用的是只提供数字签名的算法,与 RSA 不同的是,DSS 是一种公钥方法,但不能用于加密或密钥分配。图 2-10 对用 DSS 和 RSA 这两种数字签名的产生方法进行了对比。在 RSA 方法中,Hash 函数的输入是要签名的消息,输出是定长的 Hash 码,用发送方的私钥对该 Hash 码加密形成签名,然后发送消息及签名,接收方用发送方的公钥对签名进行解密,如果计算出的 Hash 码与解密出的结果相同,则认为签名是有效的。因为只有发送方拥有私钥,因此只有发送方能够产生有效的签名。

(a)RSA方法

(b)DSS方法

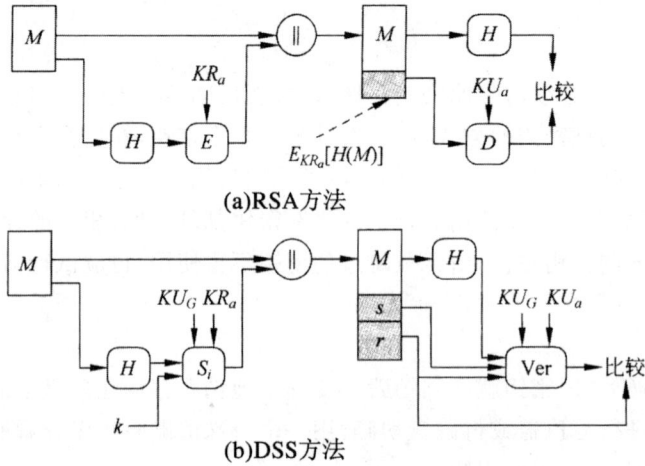

图 2-10　两种数字签名方法

DSS 方法也是用 Hash 函数，它产生的 Hash 值和为此次签名而产生的随机序列 k 作为签名函数的输入，签名函数依赖于发送方的私钥（KR_a）和一组参数，这些参数为通信多方所共有，可以认为这组参数构成的全局公钥（KU_a）签名由两部分组成，分别记为 s 和 r。

接收方对接收到的消息产生 Hash 码，这个 Hash 码和签名一起作为验证函数的输入，全局公钥和发送方公钥在一定程度上决定了验证函数，若验证函数的输出和签名中的 r 成分是保持一致的，则签名是有效的。只有拥有私钥的发送方才能产生有效签名，这是签名函数必须要保证的一点。

2. DSA

DSA 建立在求离散对数的困难性，以及 ElGamal 和 Schnorr 最初提出的方法之上。图 2-11 归纳总结了 DSA 算法，其中有 3 个公开参数为一组用户所共用。选择一个 160 位的素数 q，然后选择一个长度在 512～1024 且满足 q 能整除（$p-1$）的素数 p，最后选择 $h^{(p-1)/q}$ mod p 的 g，其中 h 是 1～（$p-1$）的整数，并且 g 大于 1。

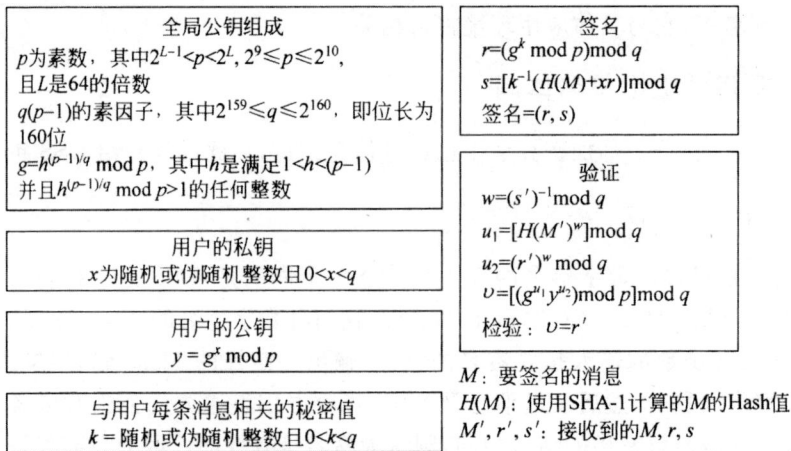

全局公钥组成	签名
p 为素数，其中 $2^{L-1}<p<2^L$，$2^9 \leqslant p \leqslant 2^{10}$，且 L 是 64 的倍数 q（$p-1$）的素因子，其中 $2^{159} \leqslant q \leqslant 2^{160}$，即位长为 160 位 $g=h^{(p-1)/q}$ mod p，其中 h 是满足 $1<h<(p-1)$ 并且 $h^{(p-1)/q}$ mod $p>1$ 的任何整数	$r=(g^k \bmod p)\bmod q$ $s=[k^{-1}(H(M)+xr)]\bmod q$ 签名=（r,s）

用户的私钥
x 为随机或伪随机整数且 $0<x<q$

验证
$w=(s')^{-1}\bmod q$ $u_1=[H(M')w]\bmod q$ $u_2=(r')w\bmod q$ $v=[(g^{u_1}y^{u_2})\bmod p]\bmod q$ 检验：$v=r'$

用户的公钥
$y=g^x \bmod p$

与用户每条消息相关的秘密值
$k=$ 随机或伪随机整数且 $0<k<q$

M：要签名的消息
$H(M)$：使用 SHA-1 计算的 M 的 Hash 值
M', r', s'：接收到的 M, r, s

图 2-11　数字签名算法（DSA）

　　每个用户在已经确定好参数之后就会选择私钥并产生公钥。私钥 x 必须是随机或伪随机选择的在 $1\sim(q-1)$ 的数,公钥的得出需要借助于 $y=g^x \bmod p$。由给定的 x 计算 y 比较简单,而由给定的 y 计算 x 基本上可以说是完全行不通的,这就是求 y 的以 g 为底的模 p 的离散对数。

　　要进行签名,用户需计算两个量 r 和 s,r 和 s 是公钥 (p,q,g)、用户私钥 (x)、消息的 Hash 码 $H(M)$ 和附加整数 k 的函数,其中 k 是随机或伪随机产生的,且 k 对每次签名是唯一的。

　　图 2-12 更加详细地描述了上述签名和验证函数。该算法的特点为:接收端的验证依赖于 r,但是 r 根本不依赖于消息,它是 k 和全局公钥的函数。k 模 p 的乘法逆元传给函数 f_1,f_2 的输入还包含消息 Hash 值和用户私钥。函数的这种结构使接收方可利用其收到的消息和签名、它的公钥以及全局密钥来恢复 r。

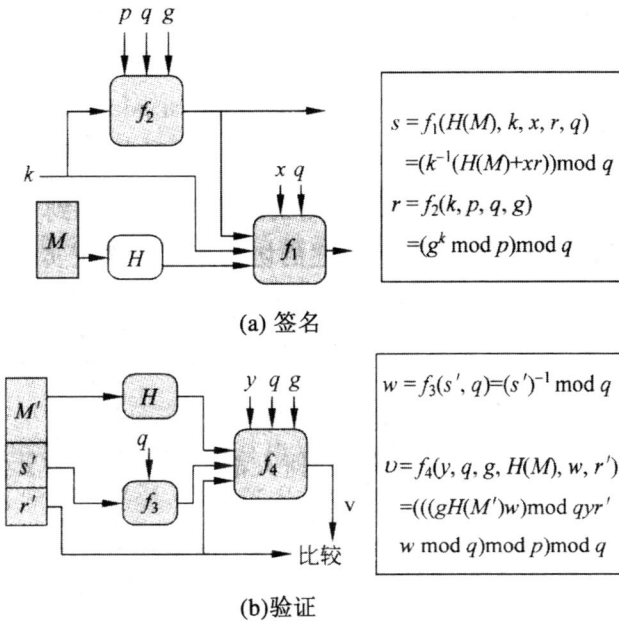

$$s=f_1(H(M),k,x,r,q)$$
$$=(k^{-1}(H(M)+xr))\bmod q$$
$$r=f_2(k,p,q,g)$$
$$=(g^k \bmod p)\bmod q$$

(a) 签名

$$w=f_3(s',q)=(s')^{-1}\bmod q$$
$$\upsilon=f_4(y,q,g,H(M),w,r')$$
$$=(((gH(M')w)\bmod qyr'$$
$$w \bmod q)\bmod p)\bmod q$$

(b) 验证

图 2-12　DSA 签名和验证

2.5.3　盲签名和群签名

1. 盲签名

　　一般的数字签名中,签署要在已经清楚文件内容之后才能进行,但更多时候也会有这么一种情况,即需要在签名者不清楚文件内容的情况下获得一个文件的签名,这时就要使用一种特殊的签名方式了,称这样的签名为盲签名(Blind Signature)。盲签名最早是在 1982 年提出的。

　　盲签名允许消息拥有者先将消息盲化,然后签名者会在已经盲化的消息的基础上实现签名,最后消息拥有者对签名除去盲因子,从而获知签名者关于原消息的签名。盲签名实际上就是接收者在不让签名者获取所签署消息具体内容的情况下,采取的一种特殊的数字签名技术。

盲签名过程如图 2-13 所示。

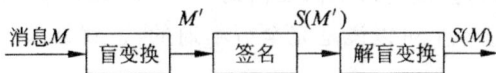

图 2-13　盲签名过程

现在假设 B 是担任仲裁人的角色,A 要求 B 签署一个文件,但具体文件内容是不想被 B 获知的,只要求在需要时能够进行公正的仲裁。以下协议就是实现这个签名的具体内容。

①盲变换。A 将要签名的文件和一个随机序列(盲因子)相乘,这实际上完成了原文件的隐藏,隐藏后的文件称为盲文件。

②B 收到来自 A 的盲文件。

③B 对该文件签名。

④解盲变换。如果想要得到 B 对原文件签名的话,A 就需要将已签名的盲文件除以用到的盲因子了。

只有当签名算法和乘法是可以交换的,上述的协议才可以真正实现,否则就要考虑用其他方法对原文件进行盲变换。为保证 B 不能进行欺诈活动,要求盲因子是真正的随机因子,这样 B 不能对任何人证明对原文件的签名,而只是知道对其签过名,并能验证该签名。这就是一个完全盲签名的过程。

一般来说,一个好的盲签名应该具有如图 2-14 所示的性质。

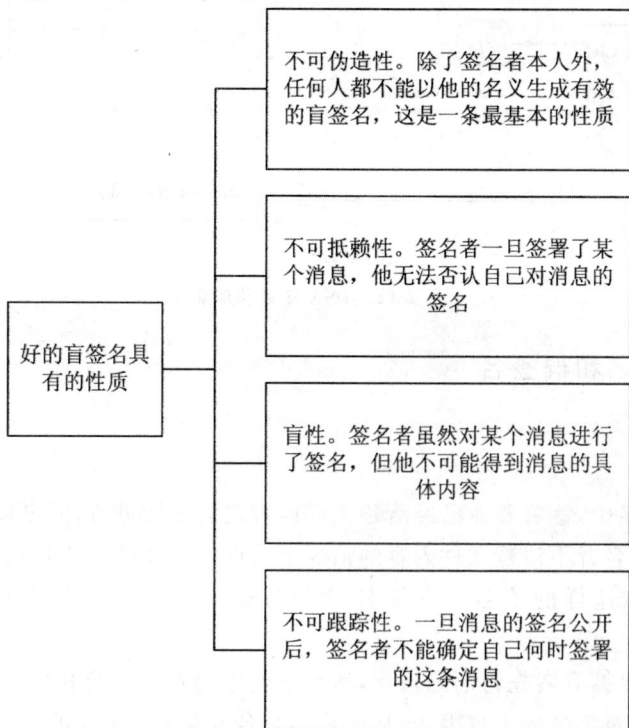

图 2-14　好的盲签名具有的性质

2. 群签名

只有以下要求能够满足的签名才是群签名:在一个群签名方案中,以匿名的方式代表整个群体对消息进行签名是所有的成员都可以做到的。类似于其他数字签名,群签名的验证可以是公开进行的,还可以通过只用单个群公钥的形式来进行。也可以作为群标志来展示群的主要用途、种类等。群签名具有如图 2-15 所示的特点。

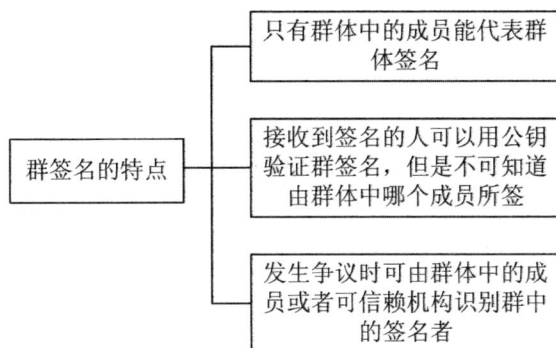

图 2-15 群签名的特点

2.6 认证技术

在网络系统中,安全目标的实现除了采用加密技术外,还可借助认证技术。认证技术的主要作用是进行信息认证。信息认证的目的如图 2-16 所示。

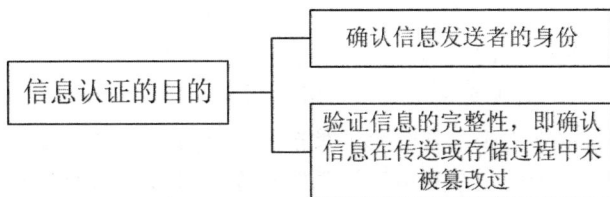

图 2-16 信息认证的目的

数字摘要、数字信封、数字签名、数字时间戳、数字证书和安全认证机构等,这些都是使用频率比较高的安全认证技术。认证技术的出现是因为其在开放环境中的各种信息系统安全有非常重要的意义,且能够有效防止主动攻击。

认证技术一般可分为如图 2-17 所示的两种。

2.6.1 身份认证的重要性

有这样一个经典的漫画,一条狗在计算机面前一边打字一边对另一条狗说:"在因特网上,没有人知道你是一个人还是一条狗!"这个漫画说明了在因特网上很难识别身份。在所有的安全系统中,身份认证可以说是第一道关卡,如图 2-18 所示。

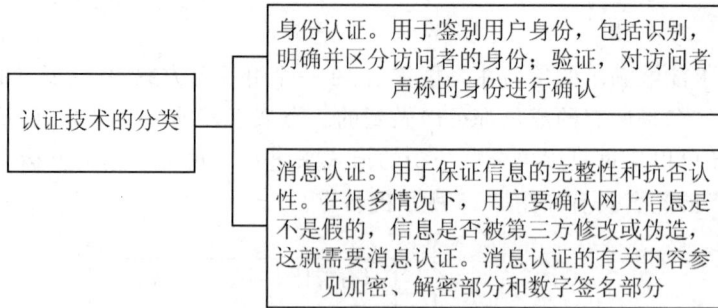

图 2-17 认证技术的分类

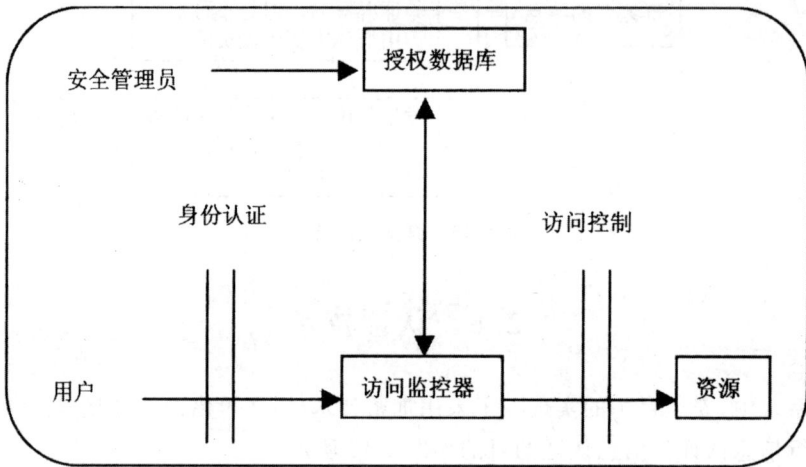

图 2-18 安全系统的逻辑结构

用户想要实现对安全系统的访问的话,首先需要经过身份认证系统识别身份,然后再对监控器进行访问,具体该用户能否实现对某个资源的访问是根据其身份和授权数据库所决定的。

具体如何配置授权数据库是由安全管理员按照具体需要所决定的。

对于用户的请求和行为的记录是由审计系统根据审计设置来具体操作的,同时还能够在入侵检测系统的帮助下,对是否有入侵进行实时或非实时地检测。

身份认证系统提供的"信息"——用户的身份,无论是访问控制还是审计系统都重点依赖的。

由以上内容可以看出,所有的安全服务都是建立在身份认证之上的,它可以说是最基本的安全服务措施,且其在所有的安全系统中地位也是相当重要的。系统的全部安全措施在身份认证系统被攻破的情况下是没有任何意义可言的。这也就注定了身份认证系统会是黑客重点攻击的对象。

2.6.2 身份认证的具体实现

身份认证的方式主要有如图 2-19 所示的几种。

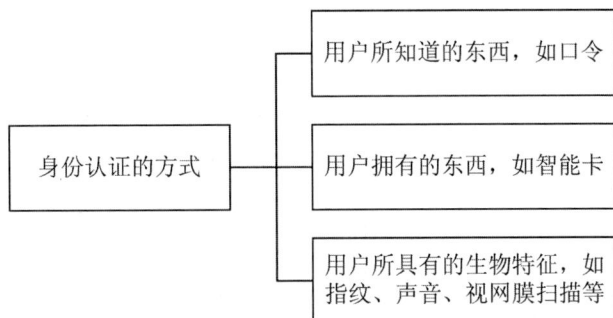

图 2-19 身份认证的方式

1. 基于口令的认证方式

基于口令的认证方式是最简单也是使用频率最高的一种技术,但因为它是一种单因素的认证,口令决定了安全性,若非法用户获得了口令的话,即可冒充"合法"用户来访问系统。更多时候,之所以基于口令的认证方式被认作是安全系统最薄弱的突破口是因为,用户选择的口令往往是比较简单、容易被猜测的,例如,很多口令都是用户名相同的口令以及生日、单词等。

在口令文件中,存放着大多以加密形式存储的口令,一旦有非法用户窃取到口令文件的话,那么就可以进行离线的字典式攻击,这种手段也常被黑客使用。为了使口令更加安全,可以通过加密口令,或修改加密方法来提供更复杂的口令,这就是一次性口令方案。

2. 基于智能卡的认证方式

相对于基于口令的认证方式,智能卡的安全性更高,因为它具有硬件加密功能。一张存储着用户个性化秘密信息的智能卡,用户在持有该卡的同时,该秘密信息还会存储在验证服务器中。进行认证时,用户输入 PIN(个人身份识别码),智能卡完成 PIN 的认证之后,存储于智能卡中的秘密信息即可被读出,在获得该秘密信息的基础上,即可实现与主机之间的认证。

区别于基于口令的单因素认证,基于智能卡的认证方式是一种双因素的认证方式(PIN+智能卡),此种认证方式中,用户的合法身份是不会被冒充的,即使 PIN 或智能卡被窃取的情况下。硬件保护措施和加密算法等智能卡提供的功能,安全性能得到了有效加强和保障。

3. 基于生物特征的认证方式

在此种认证方式中,认证方式的实现是基于如指纹、视网膜、脸部等一些生物特征来实现的,这些生物特征是人体唯一的、可靠的、稳定的,具体的图像处理和模式识别是借助于计算机的强大功能和网络技术来实现的。和传统身份认证方式相比,该技术可以说有了很大的飞跃,其安全性和可靠性都是传统认证方式无法比拟的。近几年来,随着技术的不断发展,全球的生物识别技术已从研究阶段迈进到了应用阶段,应用前景非常可观。

常见的生物识别技术主要有如图 2-20 所示的几种。

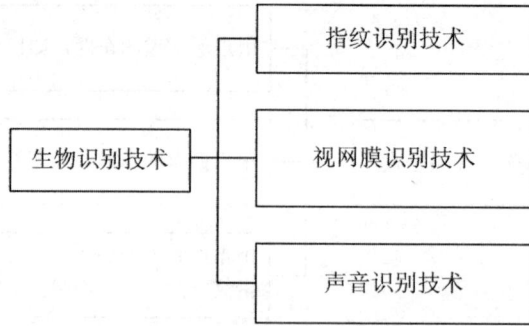

图 2-20　常见的生物识别技术

2.6.3　消息认证

消息认证的内容如图 2-21 所示。

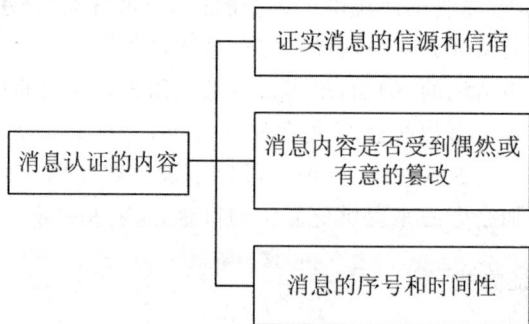

图 2-21　消息认证的内容

1. 认证

认证也就是身份识别是 PKI 提供的首要服务,即实体是自己所声明的实体。甲乙双方都具有第三方 CA 所签发的证书为所谓的认证前提,进一步划分的话,认证还可以分为单向认证和双向认证。

2. 数字签名与验证过程

网上通信的双方,若想将各自签名的数据电文发送出去的话,前提是完成身份的认证。图 2-22 展示了数字签名与验证的过程和技术实现的原理。

从上图可知,有两个部分共同组成了数字签名过程,左侧为签名,右侧为验证过程。即借助于 Hash 算法,发送方可以借助于原文得出数字摘要,数字摘要借助于签名私钥加密会被加密形成数字签名,接收方就会收到发送方发来的原文与数字签名;接收方在简单验证签名后,即可借助于发送方公钥将数字签名进行解密,如此一来就获得了数字摘要;然后将同样的 Hash 算法适用于原文,一个新的数字摘要即可得到,比较两个数字摘要,若经数字签名的电子文件传输成功的话就意味着二者是匹配的。

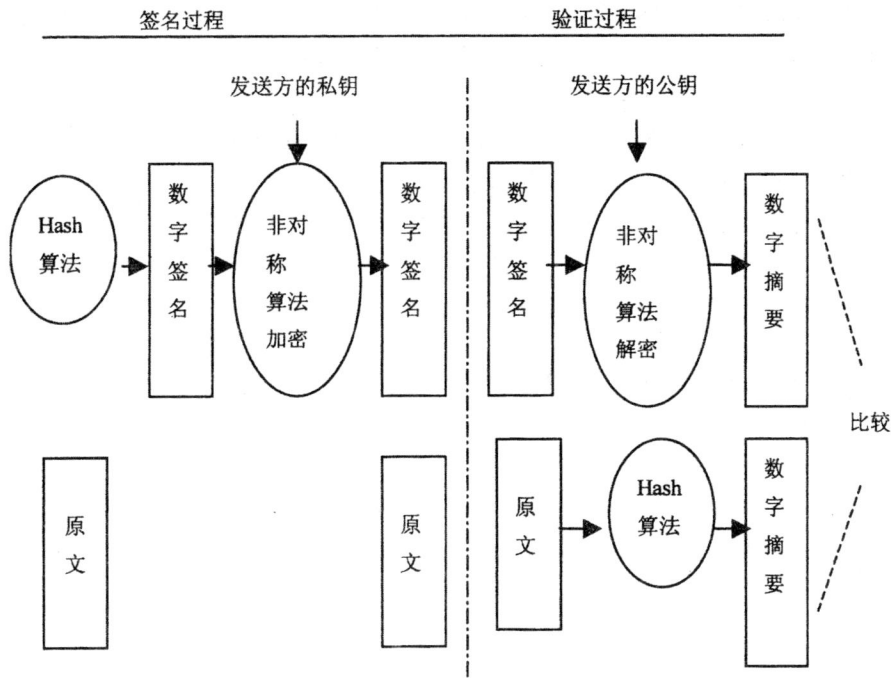

图 2-22　数字签名过程

3. 数字签名的具体实现

数字签名的操作过程如图 2-23 所示,若是没有发送方的签名、证书的私钥及其验证公钥,则数字签名过程将不完整。

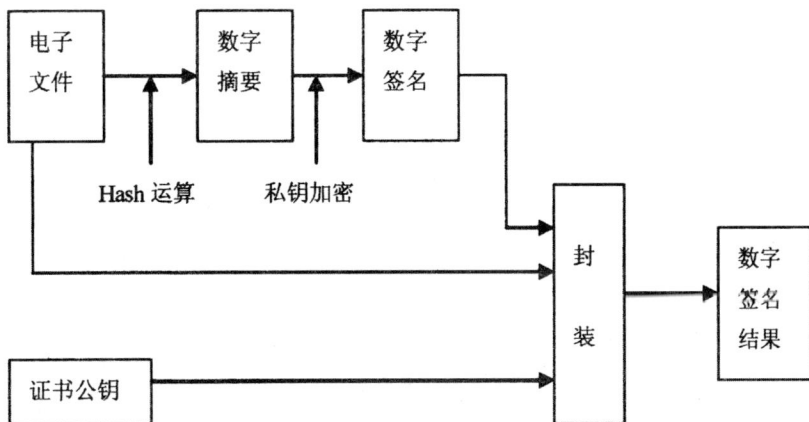

图 2-23　数字签名操作过程

4. 原文保密的数字签名的实现方法

在上述数字签名原理中,更多时候是对原文进行数字摘要操作和签名操作,还有传输工作,具体传输的原文在大多数情况下都是要求保密的,这样的话,就用到了"数字信封"的概念。

　　数字信封比较接近于普通信封的功能。局限于法律的约束,普通信封要求信的内容只有收信人才能阅读;在数字信封中,为了保证信息的内容只有规定的接收人才能阅读就需要使用密码技术了。

　　无论是单钥密码体制还是公钥密码体制,在数字信封中都有所体现。数字信封是信息发送端用接收端的公钥,实现一个通信密钥(Symmentric Key)的加密后,信封只有被指定的接收端才能打开,之后才能获得秘密密钥(SK),传送来的信息才能借此被打开。

　　签名过程请参照图 2-24。

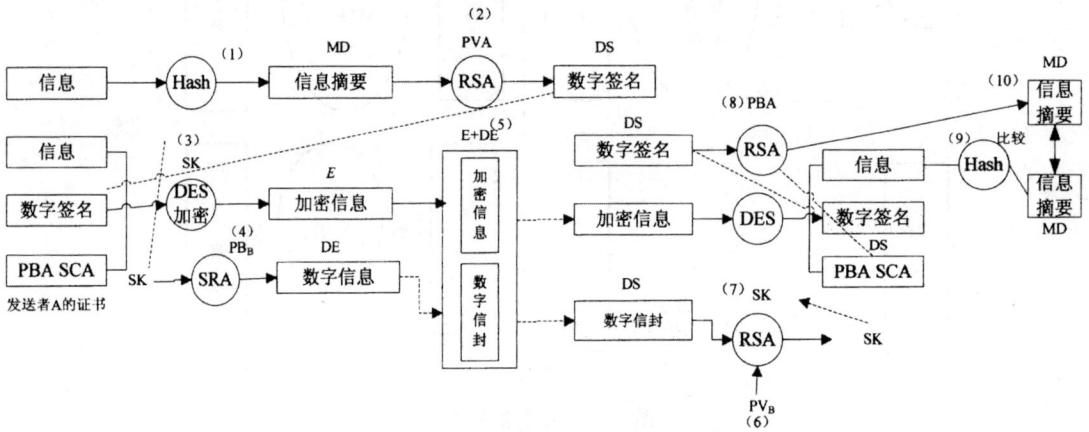

图 2-24 "数字信封"处理过程

第3章　虚拟专用网与访问控制技术

3.1　虚拟专用网概述

3.1.1　虚拟专用网

1. 概念

虚拟专用网(Virtual Private Network,VPN)是指用户通过利用 Internet 等公共网络资源和设备建立一条逻辑上的专用数据通道,并实现与专用数据通道相同的通信功能的一种建立专用的数据通信网络的技术。所谓"虚拟"指的是相互通信的用户之间并没有实际存在物理链路,只是一个虚拟出来的网络,网路只有在用户需要使用时才进行建立。而"专用"的意义在于所建立的通道对传输的数据进行了加密和认证,保证了传输内容的完整性和机密性。

从实现方法来看,VPN 是指依靠 ISP(Internet Service Provider,Internet 服务提供商)和 NSP(Network Service Provider,网络服务提供商)的网络基础设施,在公共网络中建立专用的数据通信通道。在 VPN 中,任意两个节点之间的连接并没有传统的专用网络所需的端到端的物理链路。只是在两个专用网络之间或移动用户与专用网络之间,利用 ISP 和 NSP 提供的网络服务,通过专用 VPN 设备和软件,根据需求构建永久的或临时的专用通道。如图 3-1(a)所示的是 VPN 的物理拓扑,其功能等价于如图 3-1(b)所示的逻辑拓扑。

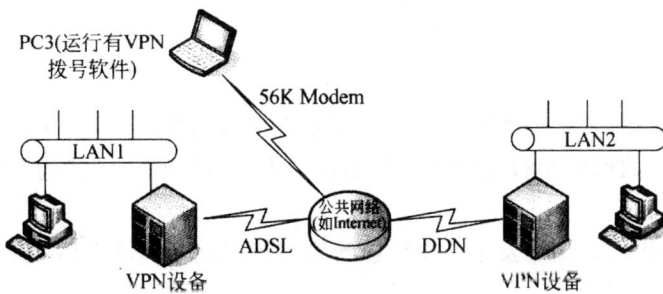

(a) VPN的物理拓扑示意图

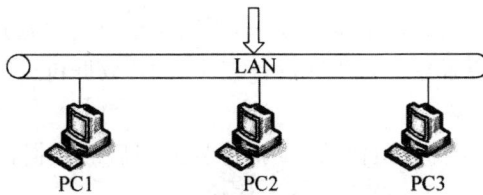

(b) VPN的逻辑拓扑示意图

图 3-1　VPN 组成示意图

2. 工作原理

一个完整的 VPN 工作原理如图 3-2 所示。

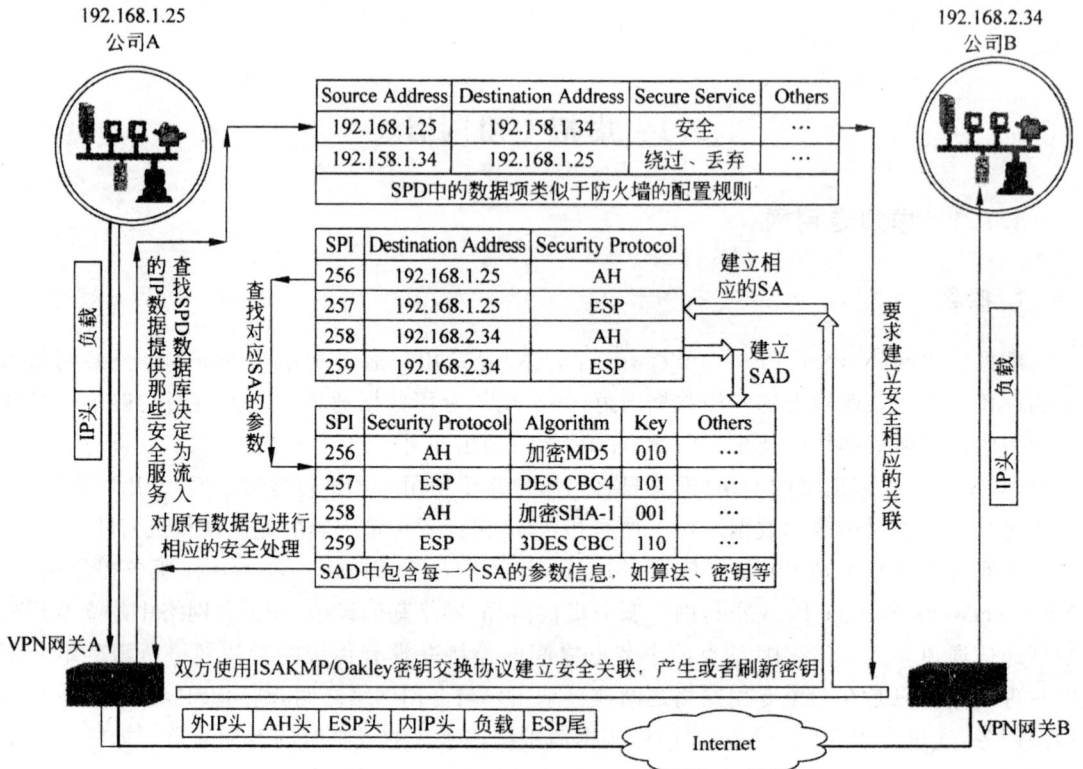

图 3-2　完整的 VPN 工作原理示意图

3. VPN 的工作流程

VPN 需要在跨越公用网络的两个网络之间建立虚拟的专用隧道。在隧道被初始化后,传送过程中 VPN 数据的保密性和完整性通过加密技术加以保护。一般的 VPN 网络工作流程如图 3-3 所示。

①内部网 LAN1 的发送者发送明文信息到源 VPN 设备上,源 VPN 设备是与公共网络相连接。

②源 VPN 设备根据内部已经设置规定的访问控制以及报文加密规则,对所接收到明文信息进行加密。假若内部对传输的数据无要求,则明文信息可以通过。

③需要对明文信息进行加密时,VPN 设备直接对 IP 数据包进行加密,还需要附加数字签名以供识别。

④VPN 设备依据所使用的隧道协议,重新封装加密后的数据,通过隧道协议可建立起虚拟隧道,然后将数据通过该隧道在公众网络上传输。

⑤当数据包到达目的 VPN 设备时,首先根据隧道协议数据包被解除封装,数字签名核对无误后数据包被解密还原成原明文。

⑥目的 VPN 设备根据明文中的目的地址对内部网 LAN2 中的主机进行访问控制,在核对无误后将明文传递给 LAN2 的接受者。

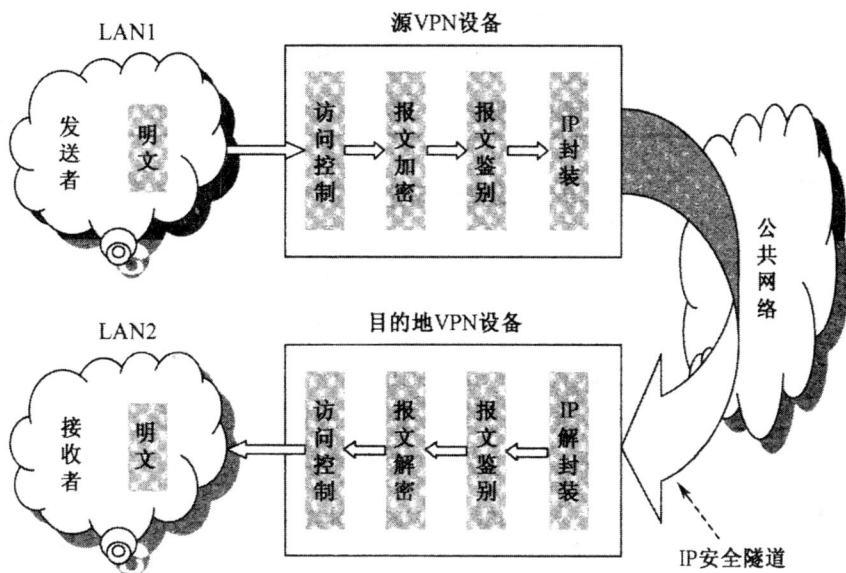

图 3-3　VPN 网络的工作流程

3.1.2　VPN 的分类

依据不同的分类标准,VPN 的分类也不同,如图 3-4 所示。

下面简单介绍常见的技术发展以及应用环境的 VPN 的分类。

1. 依据 VPN 技术发展进行分类

不同的 VPN 技术可在 OSI 协议栈的不同层次实现,到目前为止,国际标准化组织、相关厂商和研究人员已提出了多种 IP VPN 的概念和技术。通过综合分析以前的 VPN 分类标准,结合各个 VPN 技术的当前发展情况,得到的 VPN 系统分类图如图 3-5 所示。

2. 依据 VPN 应用环境进行分类

根据应用环境的不同,VPN 主要分为 3 种典型的应用方式:内联网 VPN、外联网 VPN 和远程接入 VPN。

(1)内联网 VPN

内联网 VPN(Intranet VPN),即企业内部虚拟网,主要是利用 Internet 来连接企业的远程部门。组网方式如图 3-6 所示。在传统的企业内部网络的实现中,通常是采用专线方式来连接企业和各个远程部门的,这样需要为每一个远程部门申请一条专线,其运行、维护和管理费用之高是不言而喻的。与此同时,在这样的线路上传输的数据量通常比较少,很多时候带宽都得不到有效利用。而 VPN 恰好解决了这一问题。这是一种最常使用的 VPN 连接方式,它将位于不同地理位置的两个内部网络(LAN1 和 LAN2)通过公共网络(主要为 Internet)连接起来,形成一个逻辑上的局域网。位于不同物理网络中的用户在通信时,就像在同一局域网中一样。它只需企业的远程部门通过公用网络和企业本部互联,并且由远程部门网络的 VPN 网关和企业本部网络的 VPN 网关负责建立安全通道,在保证数据的机密性、完整性的同时又能大大地降低整个企业网互联的运行和管理费用。

在内联网 VPN 未使用之前,如果要实现两个异地网络之间的互联,就必须直接铺设网络线路,或租用运营商的专线。不管采用哪一种方式,使用和维护成本都很高,而且不便于网络的扩展。在使用了内联网 VPN 后,可以很方便实现两个局域网之间的互联,其条件是分别在每一个局域网中设置一台 VPN 网关,同时每一个 VPN 网关都需要分配一个公用 IP 地址,以实现 VPN 网关的远程连接。而局域网中的所有主机都可以使用私有 IP 地址进行通信。

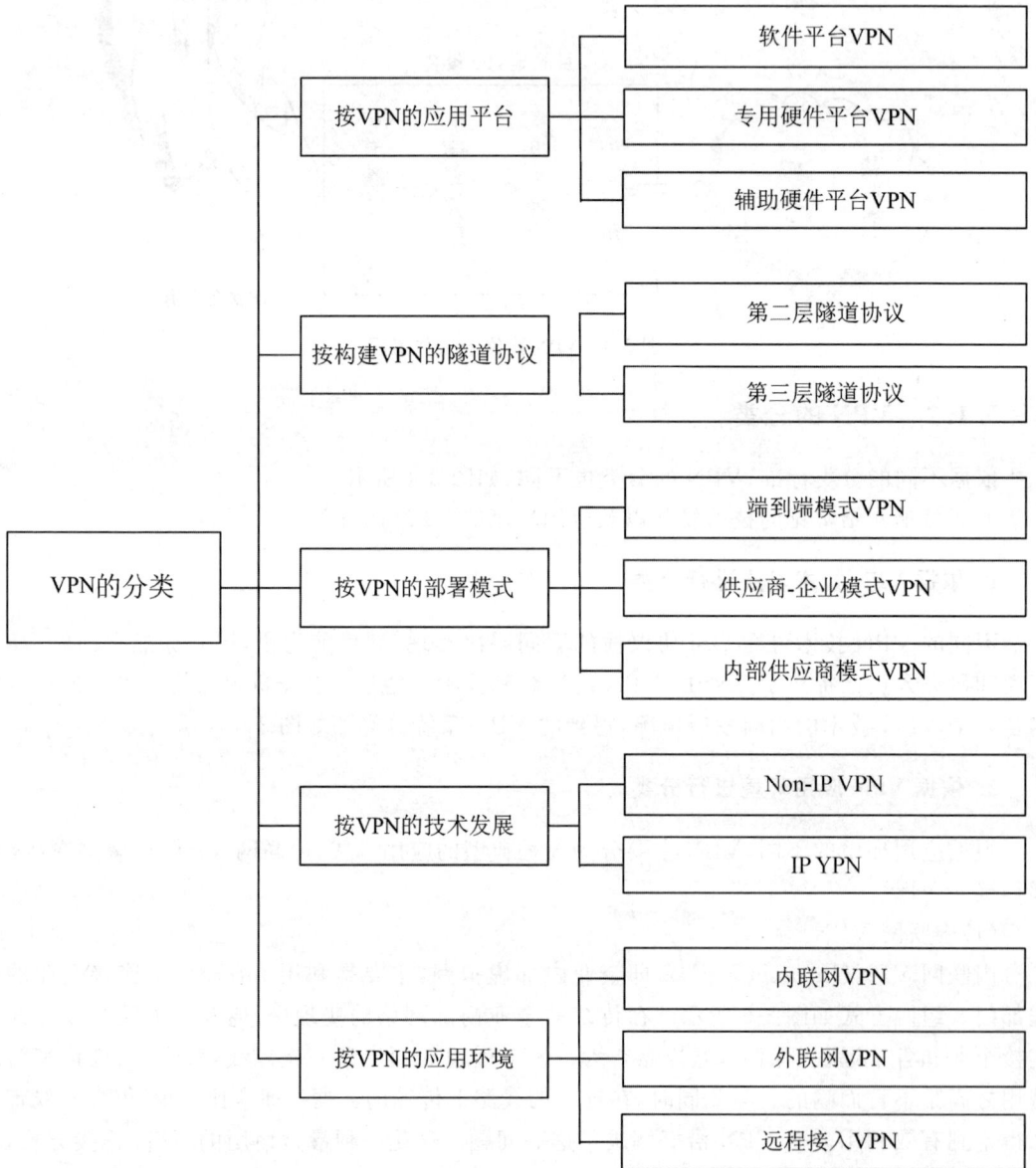

```
                                              ┌─────────────────────┐
                                              │     软件平台VPN       │
                                              ├─────────────────────┤
                         ┌──────────────┐     │   专用硬件平台VPN      │
                         │ 按VPN的应用平台 │     ├─────────────────────┤
                         └──────────────┘     │   辅助硬件平台VPN      │
                                              └─────────────────────┘

                                              ┌─────────────────────┐
                         ┌──────────────┐     │    第二层隧道协议      │
                         │按构建VPN的隧道协议│     ├─────────────────────┤
                         └──────────────┘     │    第三层隧道协议      │
                                              └─────────────────────┘

                                              ┌─────────────────────┐
                                              │    端到端模式VPN      │
           ┌──────────┐                       ├─────────────────────┤
           │ VPN的分类 │    ┌──────────────┐   │  供应商-企业模式VPN    │
           └──────────┘    │ 按VPN的部署模式 │   ├─────────────────────┤
                           └──────────────┘   │  内部供应商模式VPN     │
                                              └─────────────────────┘

                                              ┌─────────────────────┐
                         ┌──────────────┐     │     Non-IP VPN       │
                         │ 按VPN的技术发展 │     ├─────────────────────┤
                         └──────────────┘     │      IP YPN          │
                                              └─────────────────────┘

                                              ┌─────────────────────┐
                                              │     内联网VPN         │
                         ┌──────────────┐     ├─────────────────────┤
                         │ 按VPN的应用环境 │     │     外联网VPN         │
                         └──────────────┘     ├─────────────────────┤
                                              │    远程接入VPN        │
                                              └─────────────────────┘
```

图 3-4   VPN 的分类

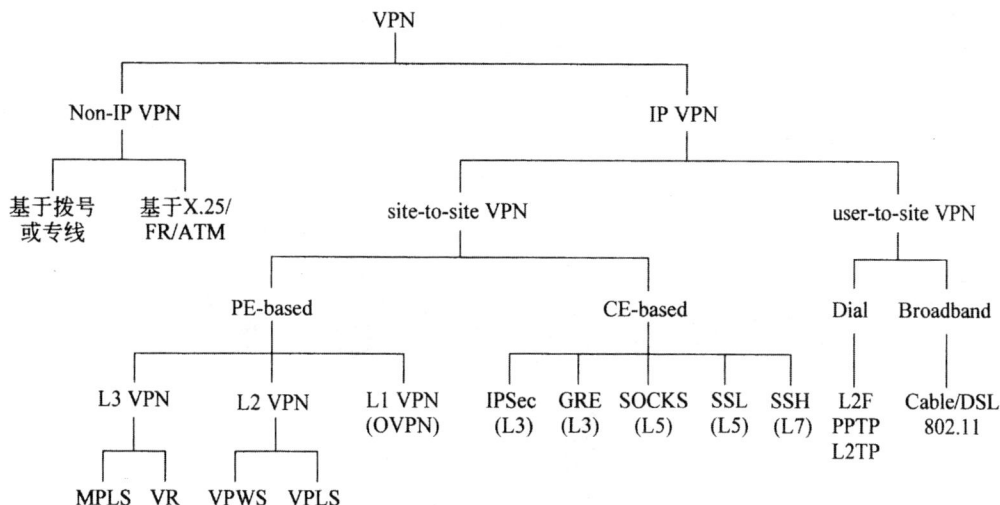

图 3-5　VPN 系统分类图

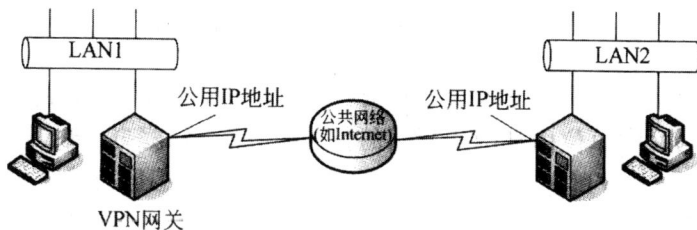

图 3-6　内联网 VPN 连接示意图

目前,许多具有多个分支机构的组织在进行局域网之间的互联时,多采用这种方式。如图 3-7 所示的是 Intranet VPN 通过一个使用专用连接的共享基础设施来连接企业总部、远程办事处和分支机构的方案。

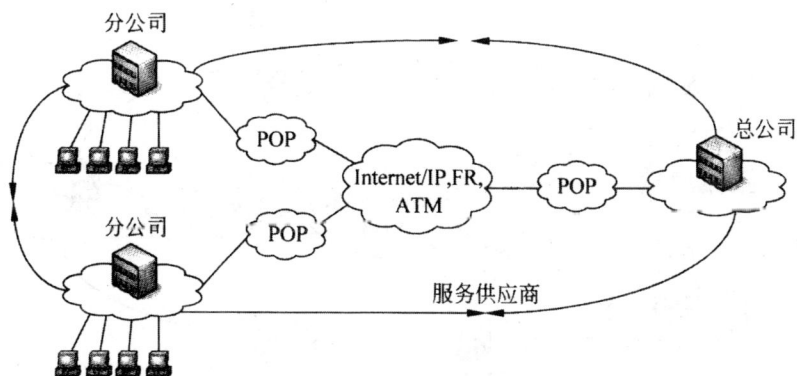

图 3-7　Intranet VPN

(2)外联网 VPN

外联网 VPN(Extranet VPN),主要用来连接相关企业和客户的网络,其组网方式如图 3-8 所示。与内联网 VPN 相似,外联网 VPN 也是一种网关对网关的结构。在内联网 VPN 中位于 LAN1 和 LAN2 中的主机是平等的,可以实现彼此之间的通信。但在外联网 VPN 中,位于不同内部网络(LAN1、LAN2 和 LAN3)的主机在功能上是不平等的。传统的实现方案中,主要也存在费用较高,需要进行复杂的配置等诸多不便。而 VPN 可以在一定程度上解决这些问题,通过与 Internet 的互联,在降低了整个网络运行费用的同时又能在其他软件的辅助下较好地进行用户访问控制与管理。

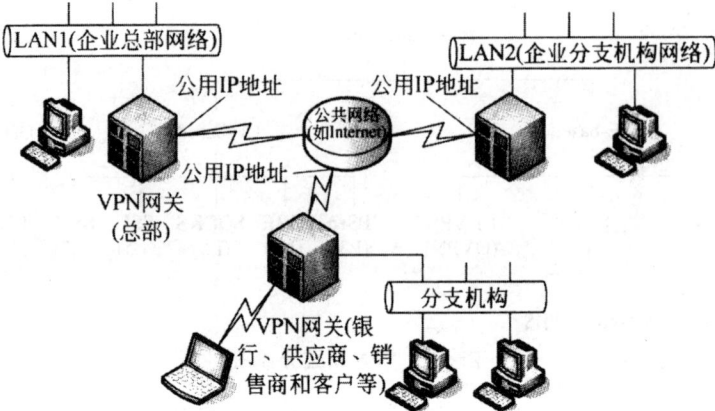

图 3-8　外联网 VPN 连接示意图

外联网 VPN 是随着企业经营方式的发展而出现的一种网络连接方式。现代企业需要在企业与银行、供应商、销售商及客户之间建立一种联系(即电子商务活动),但是在这种联系过程中,企业需要根据不同的用户身份(如供应商、销售商等)进行授权访问,建立相应的身份验证机制和访问控制机制。

外联网 VPN 其实是对内联网 VPN 在应用功能上的延伸,是在内联网 VPN 的基础上增加了身份验证、访问控制等安全机制。

如图 3-9 所示的是 Extranet VPN 通过一个使用专用连接的共享基础设施,将客户、供应商、合作伙伴或兴趣群体连接到企业内部网的方案。

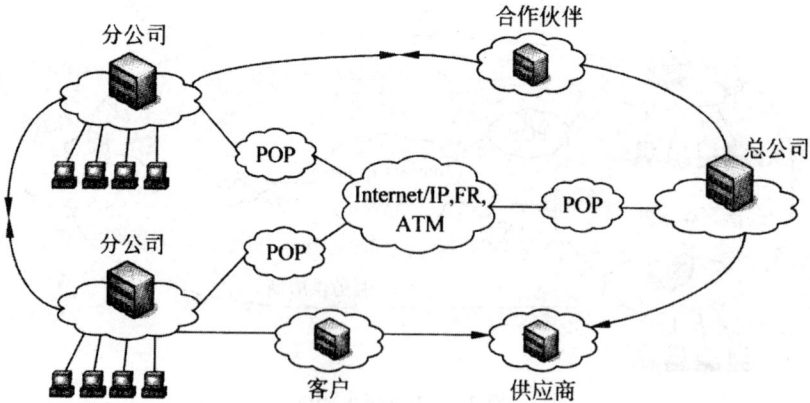

图 3-9　Extranet VPN

(3)远程接入 VPN

远程接入 VPN(Access VPN),主要用来处理可移动用户、远程交换和小部门远程访问企业本部的连通性,其组网方式如图 3-10 所示。当出差人员需要和企业或相关部门联系时,便可以利用本地相应的软件接入 Internet,通过 Internet 和企业网络中相关的 VPN 网关建立一条安全通道。用户使用这条可以提供不同级别的加密和完整性保护的通道,可以传输不同级别保护的信息,但前提条件是用户所在地必须具备提供相应 VPN 功能的软件。如果用户所在地没有这些软件,只要 ISP 的接入设备可以提供 VPN 服务的话,用户也可以拨入 ISP,由 ISP 提供的 VPN 设备和企业本部的 VPN 网关进行安全通道的连接,并提供相似的安全数据传输服务。即为移动用户提供一种访问单位内部网络资源的方式,主要应用于单位内部人员在外(非内部网络)访问单位内部网络资源的情况下,或为家庭办公的用户提供远程接入单位内部网络的服务。

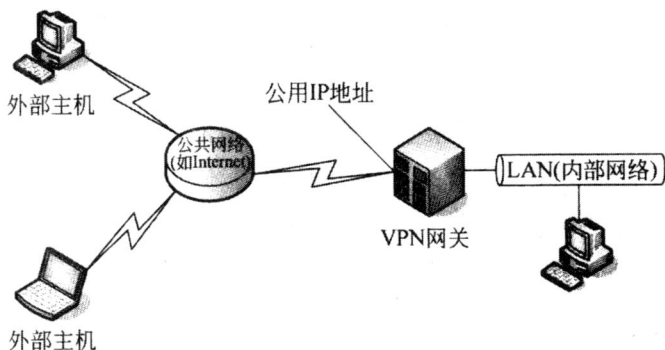

图 3-10　远程接入 VPN 连接示意图

目前,远程接入 VPN 方式的使用非常广泛,许多企业和高校都采用这种方式为本单位用户提供访问内部网络资源的服务。例如,现在许多高校都建立内部的数字资源数据库,如中国期刊全文数据库、电子图书馆和学位论文数据库等。考虑到安全和版权等问题,对这些数据库系统的访问权限进行了限制,一般只允许本单位内部的用户在内部局域网中使用。为了方便本单位用户在外部网络中能够访问单位内部的网络资源,许多高校都部署了远程访问 VPN 系统。

Access VPN 通过一个拥有与专用网络相同策略的共享基础设施,提供对企业内部网或外部网的远程访问,如图 3-11 所示是利用 VPN 系统在公众网上建立一个从客户端到网关的安全传输通道的连接方案。

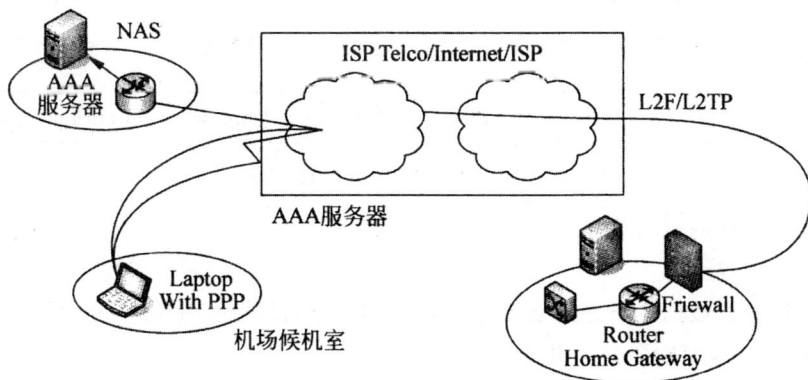

图 3-11　Access VPN

3.2　VPN 隧道协议

VPN 隧道协议对于 VPN 技术来说非常重要,因为 VPN 的具体实现依据就是隧道技术。VPN 主要依据的隧道协议如图 3-12 所示。

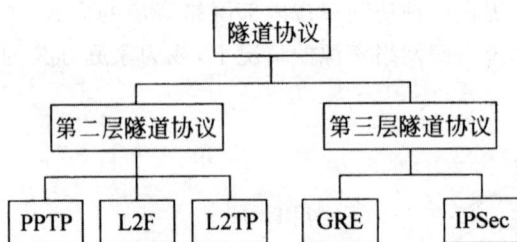

图 3-12　VPN 隧道协议

3.2.1　第二层隧道协议

1. PPTP

PPTP(Point-to-Point Tunneling Protocol,点对点隧道协议)是在 PPP(Point-to-Point Protocol,点对点协议)的基础上开发的一种新的增强型隧道协议。其是微软、Ascend、3COM 等公司支持的隧道协议,它的应用较为简单,由它构建的 VPN 与路由环境、认证过程等多方面完全兼容。将 PPTP 用于远程访问很容易,也用来在基于 TCP/IP 的网络上发送多协议 (IP/IPX/NetBEUI)的数据包。PPTP 建立的路径使用 GRE(Generic Routing Encapsulation,通用路由封装)对经过加密、压缩处理的 PPP 帧进行封装。用户可以自行建立 PPTP 隧道,但需要在其用户计算机上配置 PPTP,且它只支持 IP 作为传输协议。PPTP 是一个为中小企业提供的 VPN 解决方案,但它在实现上存在重大安全隐患(安全性依赖于 PPP 协议)。

(1)PPTP 控制连接

PPTP 的控制连接只是一种逻辑连接,其创建、维护以及终止活动全部都由 PPTP 消息来进行。PPTP 进行控制连接时需要使用数据包,数据包的信息格式如图 3-13 所示。数据包的数据信息包括 IP 包头、TCP 包头以及 PPTP Control Message。

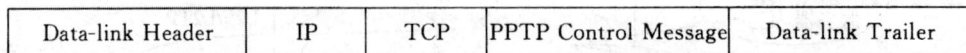

Data-link Header	IP	TCP	PPTP Control Message	Data-link Trailer

图 3-13　PPTP 控制连接数据包

PPTP 控制连接的过程如图 3-14 所示。

(2)PPTP 数据隧道

PPTP 连接发送数据之时会对数据进行封装,加上用以特定 PPTP 隧道所能识别的信息,通过 PPTP 数据隧道完成数据的发送。

PPTP 数据接收的过程如图 3-15 所示。

PPTP客户端发送一条
PPTP Set-Link-Info
消息，以便指定PPP协商
选项

在PPTP客户端上动态分
配的TCP端口与PPTP服
务器上编号1723的TCP端
口之间建立一条TCP连接

PPTP控制
连接的过程

PPTP服务器通过另一条
PPTP消息进行应答，并
选择向PPTP客户端发送
数据的PPTP隧道进行标
识的调用ID

PPTP客户端发送一条用
以建PPTP控制连接的
PPTP消息

PPTP客户端发送另一条
PPTP消息，并选择一个
用以对发送数据的PPTP
隧道进行标识的调用ID

PPTP服务器通过一条PP
TP消息进行响应

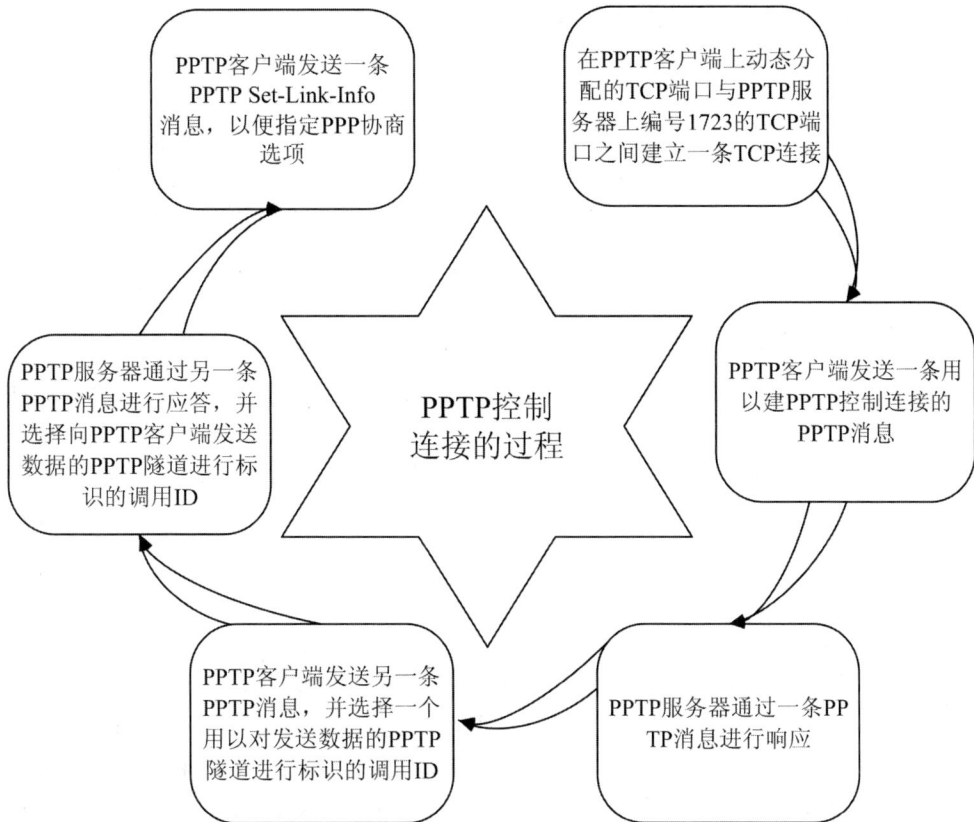

图 3-14　PPTP 控制连接的过程

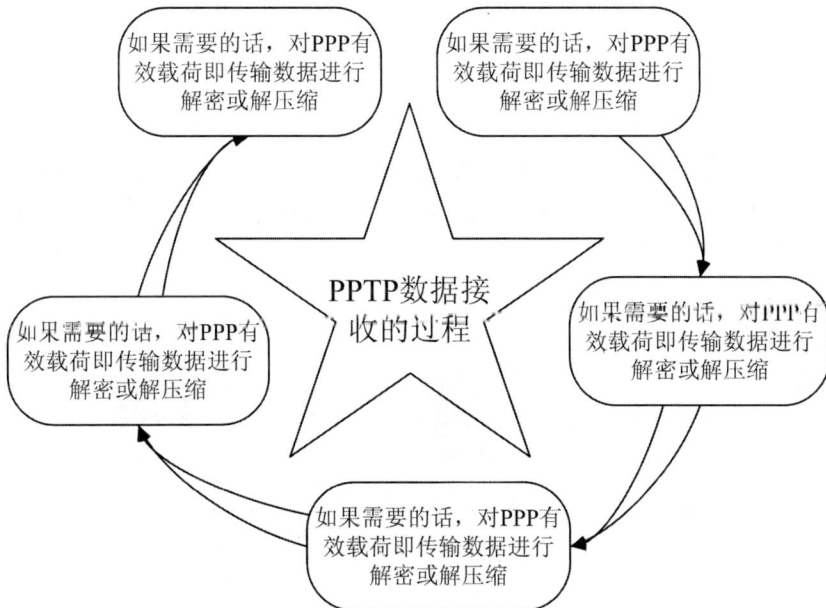

如果需要的话，对PPP有
效载荷即传输数据进行
解密或解压缩

如果需要的话，对PPP有
效载荷即传输数据进行
解密或解压缩

PPTP数据接
收的过程

如果需要的话，对PPP有
效载荷即传输数据进行
解密或解压缩

如果需要的话，对PPP有
效载荷即传输数据进行
解密或解压缩

如果需要的话，对PPP有
效载荷即传输数据进行
解密或解压缩

图 3-15　PPTP 数据接收的过程

2. L2F

L2F(Level 2 Forwarding Protocol,第二层转发协议)是由 Cisco、北方电信提出的一种可以在多种传输网络上建立多协议的,采用 Tunneling 技术,主要面向远程或拨号用户使用的一种隧道技术。L2F 协议是远端用户首先通过任何拨号方式接入公共 IP 网络,建立 PPP 连接,然后 NAS 根据用户名等信息,连接到企业的 L2F 网关服务器,它把数据包解包后发送到内部网。隧道建立对用户完全透明,没有确定客户方,只在强制隧道中有效,没有为被封装的数据报文定义加密方法。L2F 可以在多种传输介质(例如 ATM、FR)建立 VPN 通信隧道。它可以将链路层协议封装起来进行传输,因此网络的链路层独立于用户的链路层协议。

L2F 主要强调的是将物理层协议移到链路层,并允许通过 Internet 光缆的链路层和较高层协议的传输,物理层协议仍然保持在对该 ISP 的拨号连接中。一旦建立连接,L2F 将通过在保持初始拨号服务器位置不可见的 Internet 中的虚拟隧道来传输包含验证、授权和审计信息的数据包。此外,L2F 还可解决 IP 地址和审计的问题,它对可靠地处理这两个问题提供建议并打下基础。

3. L2TP

第二层隧道协议(Layer 2 Tunneling Protocol,L2TP)由 IETF 起草,结合了 Cisco 公司的 L2F 协议和 Microsoft 公司的 PPTP 协议的优点,在数据链路层为数据提供隧道封装。L2F 通过为远程用户分配企业内部地址为企业驻外机构和出差人员提供从远程经由公共网络安全访问公司内部网络的虚拟专用拨号网(Virtual Private Dialup Network,VPDN)。但目前仅定义基于 IP 网络的 L2TP,它对传输中的数据并不加密,如果需要安全的 VPN,仍然需要结合使用 IPSec。L2TP 客户端/服务器是使用 L2TP 隧道协议和 IPSec 安全协议的 VPN 客户端/服务器。

(1)L2TP 基础

L2TP 协议基于广域网链路上的点到点协议实现。PPP 协议通过在数据链路层上的封装,可以在点到点链路上传输多种上层协议的数据报文。而 L2TP 通过对 PPP 模型的扩展,使 PPP 会话可以跨越 Internet 网络,为远程用户和公司网络的边界路由器之间提供 PPP 会话。典型的 L2TP 组网应用如图 3-16 所示。

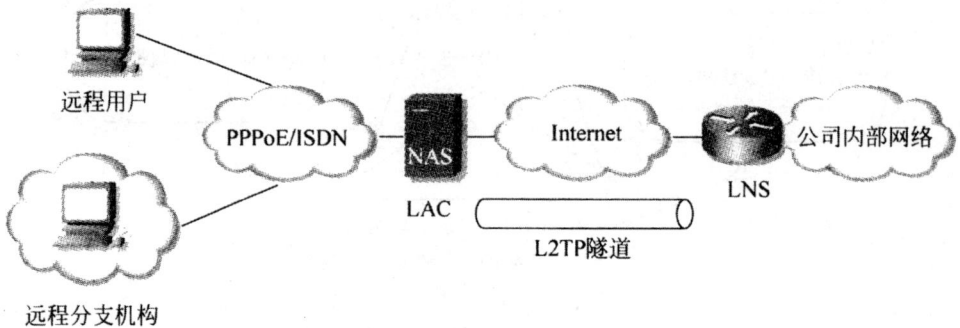

图 3-16　L2TP 典型组网应用

L2TP 系统由认证模块、日志模块、LAC(L2TP Access Concentrator,L2TP 访问集中器)模块和 LNS(L2TP Network Server,L2TP 网络服务器)模块组成。其中 LAC 用于发起呼叫、接收呼叫和建立隧道,为用户提供网络接入服务,具有 PPP 端系统和 L2TP 协议处理能力。LNS 是用于处理 L2TP 协议服务器端部分的软件。认证、日志模块是共用模块,LAC 和 LNS 都需要使用。

(2)L2TP 协议报文结构

L2TP 协议的报文封装结构如图 3-17 所示。

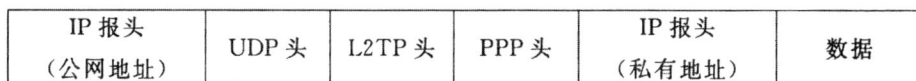

IP 报头 (公网地址)	UDP 头	L2TP 头	PPP 头	IP 报头 (私有地址)	数据

图 3-17　L2TP 协议报文结构

L2TP 协议栈的结构如图 3-18 所示。在 L2TP 协议中,LNS 端会为远程用户分配企业内部网络的私有 IP 地址,远程用户在访问企业内部网络时使用私有 IP 地址(相当于远程用户在逻辑上依然处于企业内部网络中),因此原始 IP 数据报文的 IP 报头中使用的为私有 IP 地址。原始 IP 数据报文依次被 PPP 协议和 L2TP 协议封装,L2P 协议在传输层使用 UDP 协议进行封装,它使用 UDP 的 1701 端口进行通信,最外层封装上新的 IP 报头,其中的源 IP 地址和目的 IP 地址分别为远程用户的公网 IP 地址和企业边界路由器接口的 IP 地址(或 PPP Server 地址)。经 L2TP 协议封装的数据报文如图 3-19 所示。L2TP 协议数据封装过程如图 3-20 所示。

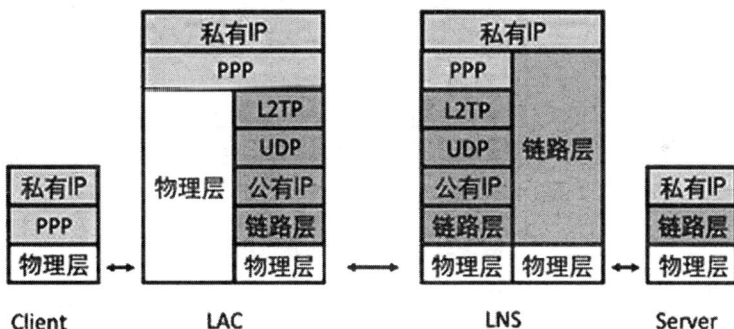

图 3-18　L2TP 协议栈结构

```
⊞ Frame 148 (1080 bytes on wire, 1080 bytes captured)
⊞ Ethernet II, Src: Hangzhou_19:9c:77 (00:0f:e2:19:9c:77), Dst: Hangzhou_2c:b4:5a (00
⊞ Internet Protocol, Src: 11.11.11.2 (11.11.11.2), Dst: 6.6.6.2 (6.6.6.2)
⊟ User Datagram Protocol, Src Port: 57344 (57344), Dst Port: l2tp (1701)
    Source port: 57344 (57344)
    Destination port: l2tp (1701)
    Length: 1046
    Checksum: 0x0000 (none)
⊟ Layer 2 Tunneling Protocol
  ⊞ Packet Type: Data     Message Tunnel Id=1 Session Id=19642
    Tunnel ID: 1
    Session ID: 19642
⊟ point-to-point Protocol
    Address: 0xff
    Control: 0x03
    Protocol: IP (0x0021)
⊞ Internet Protocol, Src: 192.168.0.3 (192.168.0.3), Dst: 192.168.0.1 (192.168.0.1)
⊞ Internet Control Message Protocol
```

图 3-19　L2TP 协议封装的数据报文

LAC侧封装过程 →

| IP包（私有IP） | PPP | L2TP | UDP | IP包（公有IP） |

← LNS侧解封装过程

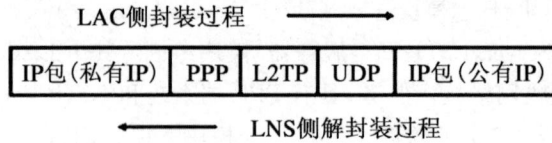

图 3-20　L2TP 协议数据封装过程

（3）L2TP 的建立

L2TP 的建立过程如图 3-21 所示。

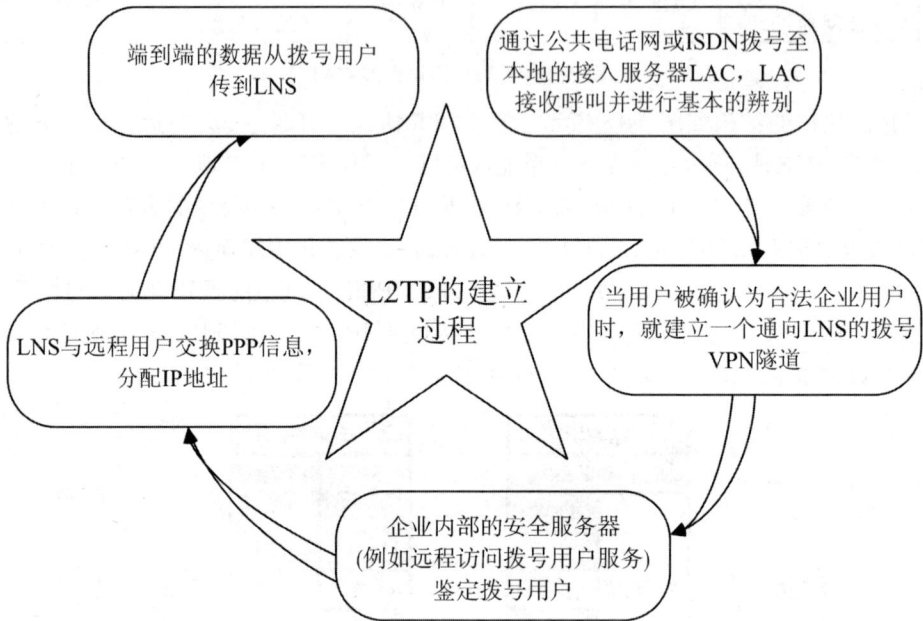

图 3-21　L2TP 的建立过程

在实际应用中，LAC 将拨号用户的 PPP 帧封装后传输到 LNS，LNS 去掉封装包头得到 PPP 帧，再去掉 PPP 帧头得到网络层数据包。

（4）L2TP 隧道模式

L2TP 隧道的建立包括两种模式，分别是 NAS 发起模式和客户端发起模式。

1）NAS 发起模式

在 NAS 发起模式（NAS-Initiated）中，由 LAC 端发起 L2TP 隧道连接，如图 3-22 所示。

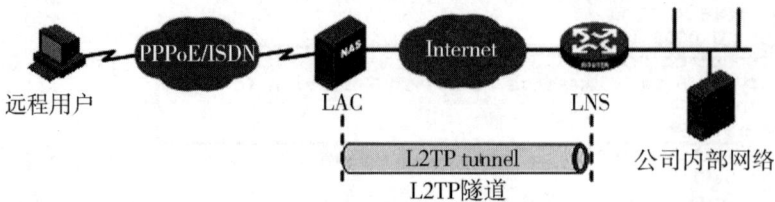

图 3-22　NAS-Initiated 模式

远程用户通过 PPPoE/ISDN 等方式拨入 LAC，由 LAC 通过 Internet 向 LNS 发起建立隧道连接的请求，并最终在 LAC 和 LNS 之间建 L2TP 隧道。对远程用户的认证、授权和计费等可由 LAC 侧的代理完成,也可以在 LNS 侧完成。

2)客户端发起模式

在客户端发起模式(Client-Initiated)中,直接由支持 L2TP 协议的远程用户发起 L2TP 隧道连接,如图 3-23 所示。

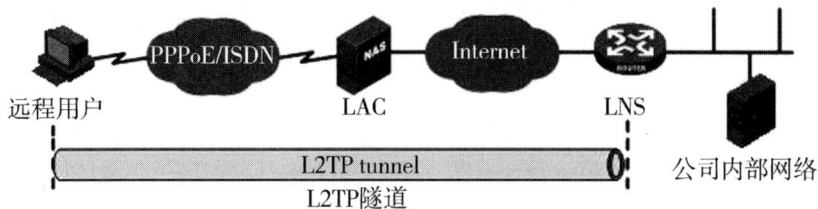

图 3-23　Client-Initiated 模式

远程用户在获得了访问 Internet 的权限后,直接向 LNS 发起隧道连接请求,并最终在远程用户和 LNS 之间建立 L2TP 隧道,无须经过一个单独的 LAC 设备来建立隧道。Client-Initiated 模式要求远程用户系统支持 L2TP 协议,并且远程用户需要具有公网 IP 地址,能够直接通过 Internet 与 LNS 通信。

3.2.2　第三层隧道协议

1. GRE

GRE(Generic Routing Encapsulation,通用路由封装)协议属于网络层协议,一般用于两个专用网络之间的通信传输。它也是通用路由封装协议,支持全部路由协议,用于在 IP 包中封装任何协议的数据包(IP/IPX/NetBEUI 等)。在 GRE 中,乘客协议就是上面这些被封装的协议,封装协议就是 GRE,传输协议就是 IP。在 GRE 的处理中,很多协议的细微差别都被忽略,是一种通用的封装形式(使得非 IP 数据包能在 IP 互联网上传送)。

实现 GRE 协议的格式一般有两种:RFC1701 和 RFC2784。如图 3-24 所示为基于 RFC1700 的 GRE 头格式。

0 1 2 3 4	5 6 7	8 9 0 1 2	3 4 5	6 7 8 9 0 1 2 3 4 5 6 7 8 9 0 1
C R K S s	Recurl	Flags	Ver	Protocol Type
Checksum(Optional)			Offset(Optional)	
Key(Optional)				
Sequence Number(Optional)				
Routing(Optional)				

图 3-24　基于 RFC1701 的 GRE 头格式

2. IPSec

PPTP、L2F 和 L2TP 协议各有自己的优点,但是都没有很好地解决隧道加密和数据加密的问题。而 IPSec(IP Security,IP 安全协议)协议把多种安全技术集合到一起,可以建立一个安全、可靠的隧道。这些安全技术包括 Diffie-Hellman 密钥交换技术;DES、RC4、IDEA 数据加密技术；哈希散列算法 HMAC、MD5、SHA；数字签名技术等。

IPSec 可保障主机之间、安全网关之间（如路由器或防火墙）或主机与安全网关之间的数据包的安全。这种技术是将多种安全技术集成于一身。建立的通信既安全又可靠。IPSec 是最安全的 IP 协议，已经成为新一代的 Internet 安全标准。但是 IPSec 不支持 TCP/IP 以外的其他网络协议，而且提供的访问控制方法也仅限于包过滤技术，并且它使用 IP 地址作为其认证算法的一部分，这比高层 VPN 中实现的针对单个用户的认证方式的安全性差一些。

（1）安全关联

在 IP 认证和加密机制中都会出现的一个重要概念就是安全关联（SA）。安全关联是发送端和接收端之间用于对它们之间传递的数据流提供安全服务的一个单向逻辑连接。如果一个同伴关系需要进行双向的安全交换，则需要两个安全关联。SA 提供的安全服务取决于所选用的安全协议（AH 或 ESP，但两者不能同时都选用）。SA 主要由安全参数索引（SPI）、IP 目的地址及安全协议标识这三个参数确定。在任何 IP 包中，安全关联由 IPv4 或者 IPv6 报头的目的地址唯一标识，而 SPI 被标识在封装扩展报头中（AH 或者 ESP）。

IPSec 操作的基础是应用于每个由源地址到目的地址传输中 IP 包安全策略的概念。IP-Sec 安全策略本质上由两个交互的数据库，安全关联数据库（SAD）和安全策略数据库（SPD）确定。如图 3-25 所示为它们之间的对应关系。

图 3-25　IPSec 体系结构

（2）IPSec 的应用模式

IPSec 采用两种应用模式：隧道模式和传输模式。

1）传输模式

建立 IPSec 传输模式简单易行。这是因为发送端 IPSec 将 IP 包载荷用 ESP 协议或 AH 协议封装后，就可用原来的 IP 包头封装将网包传输到目标 IP 地址，然后由接收端 IPSec 解密或认证。所以 IPSec 传输模式与一般的网包传输模式没有区别。更具体一点，对于每一个将要发送出去的 TCP 包，当它进入发送端主机的网络层时，其运行的 IPSec 首先检查该主机的 SPD。如果这个 TCP 包需要加密或身份认证，则 IPSec 首先与接收端主机建立 SA，用此 SA 指定的加密算法将此 TCP 包加密，并将 ESP 包头或 AH 包头加在此 TCP 包之前，然后再冠以一个 IP 包头作为传输之用。接收端主机的 IPSec 首先在其 SAD 中根据在 ESP 包头或 AH 包头中的 SPI 寻找相应的 SA，并处理接收到的 IPSec 包。

传输模式 ESP 用于加密和认证（认证可选）IP 携带的数据（女 TCP 分段），如图 3-26（b）所示。当传输模式使用 IPv4 时,ESP 报头被插在传输层报头(例如 TCP、UDP、ICMP)前面的 IP 包中,ESP 尾(填充、填充长度和邻接报头域)被放在 IP 包的后面。如果选择认证,ESP 认证数据域就被放在 ESP 尾部之后,整个传输层分段和 ESP 尾部一起被加密,认证覆盖了所有的密文和 ESP 报头。

在 IPv6 的情况下,ESP 被看成是端对端的载荷,也就是说,它不会被中间路由器检查或处理。因此,ESP 报头出现在 IPv6 基本报头、逐跳选项、路由选项和分段扩展报头之后。

而目的可选扩展报头是出现在 ESP 报头之前还是之后,由语义来决定。对于 IPv6,加密将覆盖整个传输层分段、ESP 尾部和目的可选扩展报头(如果目的可选扩展报头出现在 ESP 报头之后)。认证将覆盖密文和 ESP 报头。

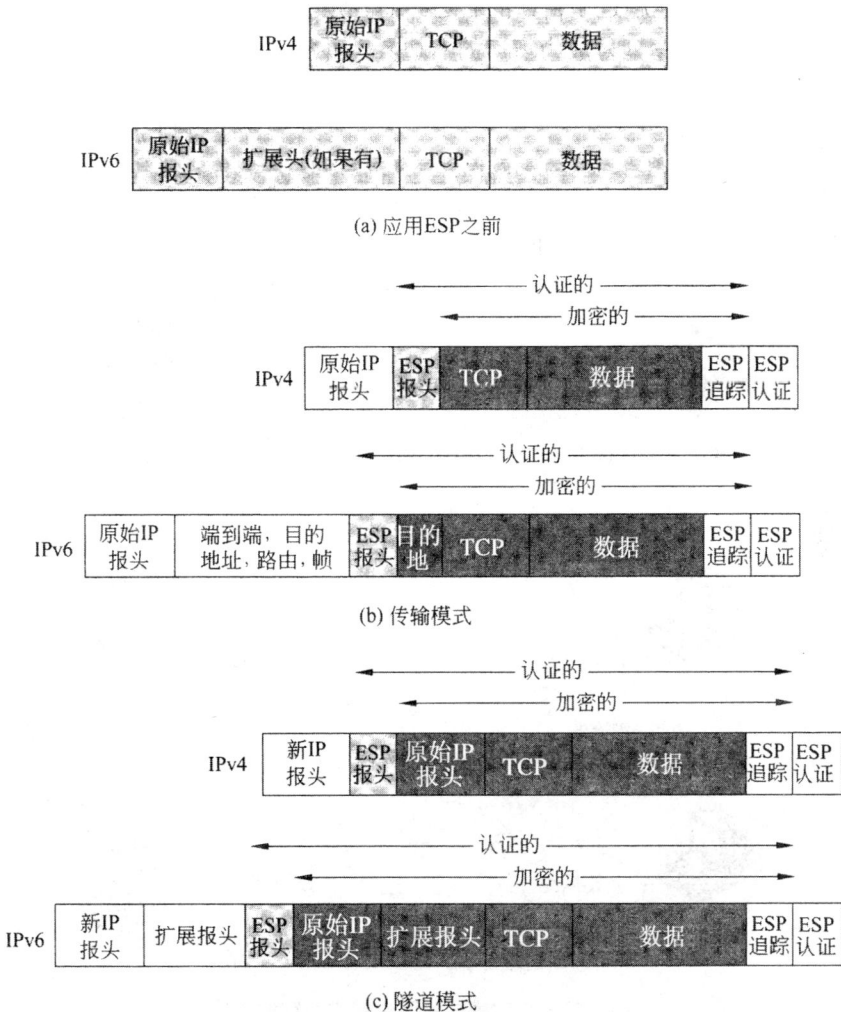

图 3-26　ESP 加密和认证的范围

2)隧道模式

建立 IPSec 隧道模式较复杂,它的复杂性由传输路径中的 IPSec 网关的个数和设置所决定,这是因为数据每经过一次 IPSec 网关便需要使用不同的 SA。为了使中间的 IPSec 网关不能读到 IP 包载荷的内容,发送端 IPSec 可先给 IP 包载荷加密,然后再将整个 IP 包加密,包括 IP 包头和加密过的 IP 包载荷。这就要求在发送端和接收端设立的 SA 外再套上一个从发送端 IPSec 网关到下一个 IPSec 网关的 SA,如此类推。

隧道模式 ESP 被用来加密整个 IP 包,如图 3-26(c)所示。在这种模式下,ESP 报头是包的前缀,所以包与 ESP 尾部被一同加密,该模式可用来阻止流量分析。

由于 IP 报头包含了目的地址,还可能包含源路由指示以及逐跳信息,所以不可能简单地传输带有 ESP 报头前缀的加密过的 IP 包。中间路由器不能处理这样的包。因此,使用能为路由提供足够信息却没有为流量分析提供信息的新 IP 报头封装整个模块(ESP 报头、密文和验证数据,如果它们存在)是必要的。

　　3)两种模式的比较

如图 3-27(a)在两个主机之间直接提供加密和认证(认证可选)。图 3-27(b)说明了如何使用隧道模式建立虚拟专用网络。在这个例子中,一个组织有 4 个通过互联网相互连接的专用网络。内部网络的主机通过互联网传输数据,但是不和其他基于互联网的主机发生交互。通过终止安全网关中通向各个内部网的隧道,配置就允许主机不使用这些安全功能。前者的技术由传输模式的 SA 支持,后者的技术由隧道模式的 SA 支持。

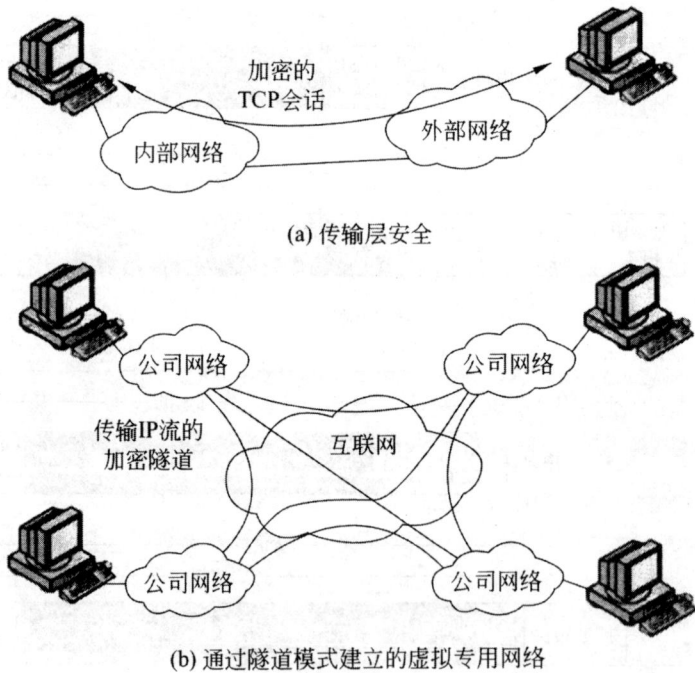

(a) 传输层安全

(b) 通过隧道模式建立的虚拟专用网络

图 3-27　传输模式和隧道模式加密的比较

如图 3-28 所示给出了两种模式下的协议架构。

(a) 传输模式

(b) 隧道模式

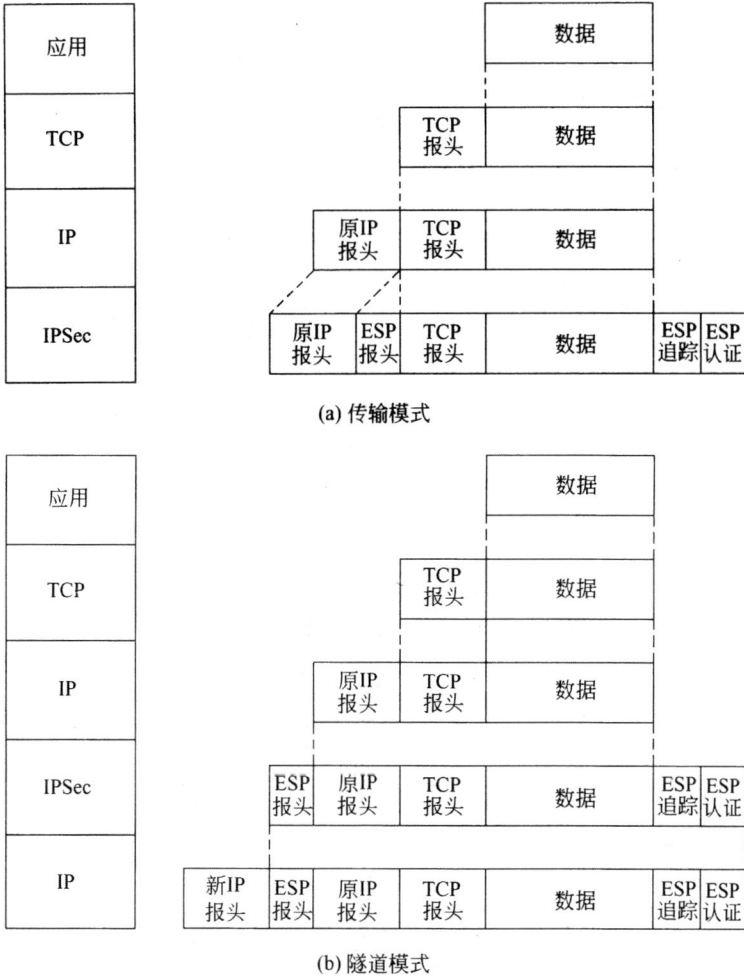

图 3-28　ESP 协议操作

（3）IPSec 的通信

IPSec 是在报文到报文的基础上执行的。当 IPSec 执行时，发往外部的 IP 包在传送前经过 IPSec 逻辑的处理，而发往内部的 IP 包在接收之后并且发送报文内容到更高层之前（例 TCP 或者 UDP）经过 IPSec 逻辑的处理。我们分别看一下这两种情况。

1）出站报文

如图 3-29 标识了 IPSec 处理出站报文的主要要素。来自高层（TCP）的数据块，传输到 IP 层并形成 IP 包，报文包含 IP 头和 IP 数据体。

2）入站报文

如图 3-30 所示标识了 IPSec 处理入站报文的主要要素。

（4）认证格式

AH 的格式如图 3-31 所示。

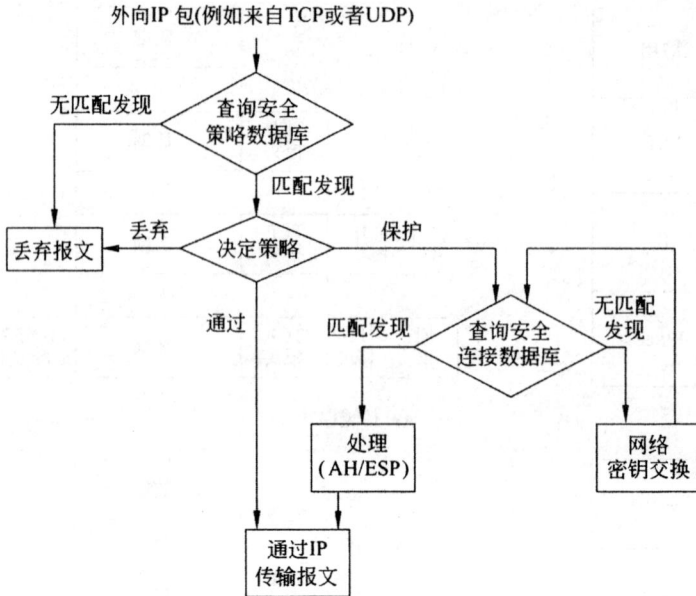

图 3-29　出站报文处理模型

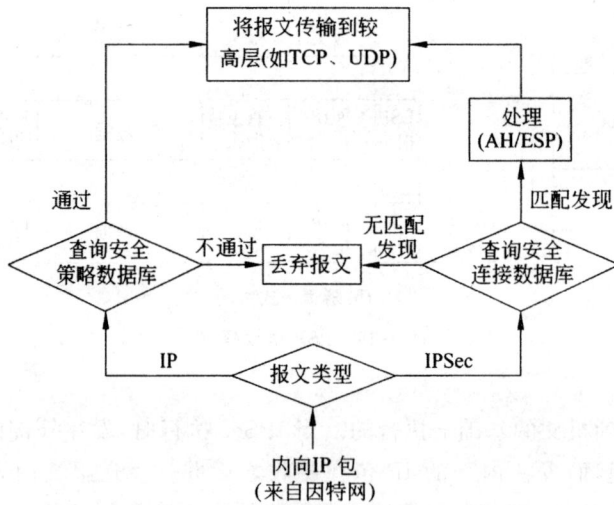

图 3-30　入站报文处理模型

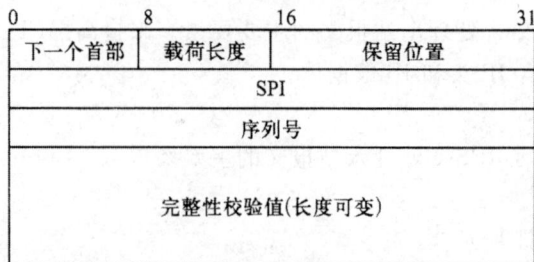

0	8	16	31
下一个首部	载荷长度	保留位置	
SPI			
序列号			
完整性校验值(长度可变)			

图 3-31　AH 格式

将 AH 放在 IP 包首部和 TCP 包之间得传输模式认证,将 AH 放在 IP 包首部之前便得隧道模式认证。

(5)载荷安全封装格式

1)ESP 包的格式

ESP 包的顶层格式如图 3-32 所示。

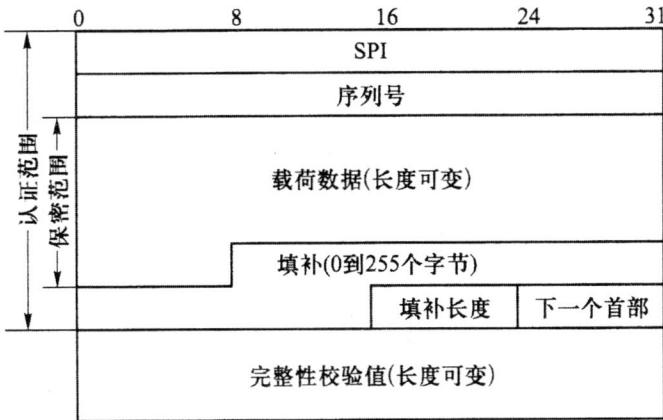

图 3-32　ESP 包的顶层格式

ESP 包由首部、载荷和尾部等三部分组成,其中 SPI 和序列号组成 ESP 包的首部,载荷数据、填补、填补长度及下一个首部组成 ESP 包的载荷,被认证数据组成 ESP 包的尾部。

2)ESP 荷载

ESP 载荷的数据格式如图 3-33 所示。

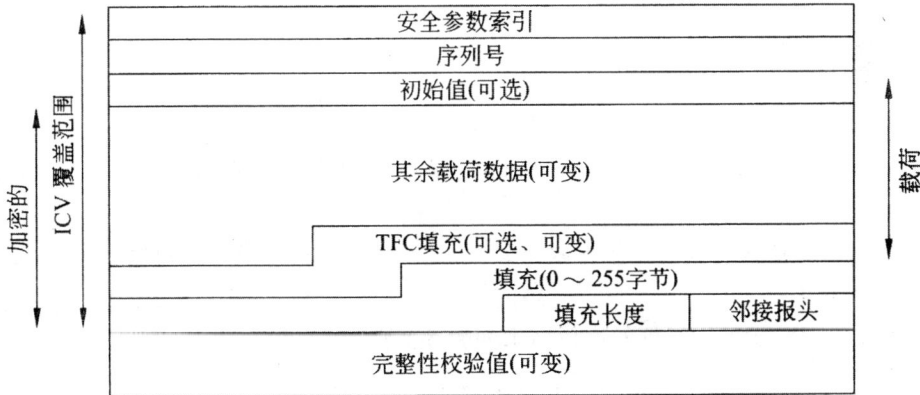

图 3-33　ESP 载荷数据子结构

ESP 载荷中,可能会出现两个额外的域。一个是初始值(IV)或随机数,它在针对 ESP 的加密或认证加密算法要求出现时会出现。对另一个,如果是隧道模式,则 IPSec 的实现可能会在载荷数据之后,填充域之前,增加流量机密性(TFC)填充。

(6)密钥管理协议

ISAKMP 给出执行密钥交换协议和其他信息交换的格式。ISAKMP 网包由包头和载荷两部分组成,并有主版本和次版本之分。

1) ISAKMP 包头格式

如图 3-34 所示为 ISAKMP 包头的格式。

发送端Cookie(64比特)				
接收端Cookie(64比特)				
下一个载荷 (8比特)	主版本 (4比特)	次版本 (4比特)	变换类型 (8比特)	标记 (8比特)
信息标识符(32比特)				
长度(32比特)				

图 3-34　ISAKMP 包头

2) ISAKMP 载荷类型

ISAKMP 允许多种载荷类型,包括安全连接、提议、传递、密钥交换、标识符、证书请求、证书、散列值、数字签名、现时数、通知及删除等类型。

ISAKMP 载荷可以是某一种类型的数据,也可以是含有多种类型的数据的序列。更多的信息可在 RFC 2408 文本中找到。

不同类型的载荷的包头格式都是一样的,如图 3-35 所示。

下一个载荷 (8比特)	预留区 (8比特)	载荷长度 (16比特)

图 3-35　ISAKMP 载荷包头

3.2.3　各种隧道协议比较

第三层隧道协议和第二层隧道协议主要有如下两点不同:

①第三层隧道协议用包作为数据交换单位,是将 IP 包封装在附加的 IP 包头中通过 IP 网络传送。

②第二层隧道协议用数据帧作为数据交换单位,是将多种网络数据封装在 PPP 数据帧中通过 Internet 发送。

PPTP、L2TP 与 IPSec 协议的比较结果如表 3-1 所示。

表 3-1　三种隧道协议的比较

	PPTP	L2TP	IPSec
工作方式	客户端—服务器	客户端—服务器	主机—主机、LAN-LAN
用途	远程接入	远程接入	Intranet、Extranet
OSI 层次	第二层	第二层	第三层
隧道服务	单点隧道	单点隧道	多点隧道

	PPTP	L2TP	IPSec
所封装协议	IP/IPX/NetBEUI	IP/IPX/NetBEUI	IP
包认证	无	使用 IPSec	使用 AH
包加密	厂商指定	使用 IPSec	使用 ESP
数据压缩	基于 PPP 的 MPPC	正在开发	正在开发
密钥管理	基于 PPP 的 MPPE	使用 IPSec	ISAKMP/OAKLEY
具有 NAT 功能	支持	正在开发	正在开发

3.3　虚拟专用网的应用

目前使用比较多的是,结合使用 L2TP 协议(远程隧道访问)和 IPSec 协议(封装和加密)两者的优点来进行身份认证、机密性保护、完整性检查和抗重放。这使得 L2TP 协议已经基本上取代了 PPTP 协议的使用,Windows 2000 后就有内置的 L2TP/IPSec 组合,可以对 IP 报文嵌套封装,经 L2TP/IPSec 嵌套封装的报文如图 3-36 所示。基于 L2TP 协议的"加密"使用在 IPSec 身份认证过程中生成的密钥,利用 IPSec 加密机制加密 L2TP 消息。

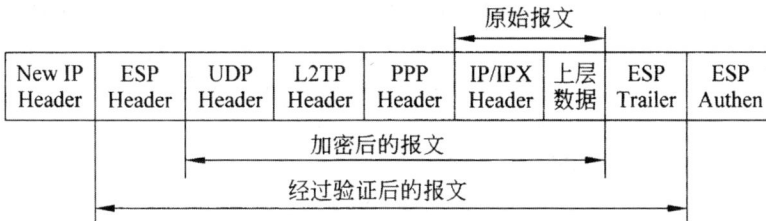

New IP Header	ESP Header	UDP Header	L2TP Header	PPP Header	IP/IPX Header	上层数据	ESP Trailer	ESP Authen

图 3-36　L2TP/IPSec 嵌套封装的报文

VPN 的缺点主要有以下几点:
①需要为数据加密增加处理开销。
②需要添加报文头而增加报文开销。
③VPN 在具体实现时也存在如能否穿越 NAT 等问题。
④对 VPN 进行故障诊断很困难。
⑤连接的 VPN 用户也会有安全性问题等。

3.4　访问控制技术的概述

3.4.1　访问控制技术概念

访问控制(Access Control,AC)是针对越权使用资源的防御措施,即判断使用者是否有权限使用或更改某一项资源,并能阻止非法用户使用系统,以此达到保护网络资源安全的目的。访问控制是针对越权使用网络资源的防御措施,用户使用网络资源需要先进行身份验证,不同的身份拥有不同的权限,用户只能根据自己的权限大小去访问相应的网络资源,不得越权访问。访问控制在安全服务系统中的位置如图 3-37 所示。

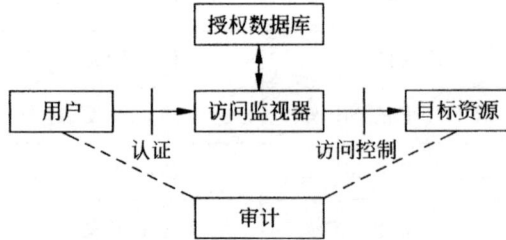

图 3-37　安全系统的逻辑模型

访问控制系统主要由三个实体组成,如图 3-38 所示。

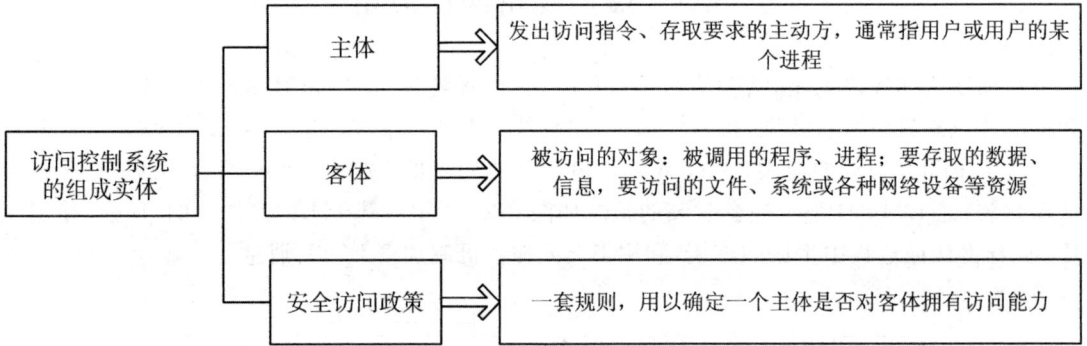

图 3-38　访问控制系统的组成实体

3.4.2　访问控制组件的分布

在访问控制系统中,拥有两个独立的功能组件 AEC(AEF Component)和 ADC(ADF Component),AEC 和 ADC 可以有不同的组合方式,如图 3-39 所示。

①在图 3-39(a)中,将 AEC 和 ADC 部署于端系统中,并授权其进行访问控制的查核工作,访问管理权限由端系统负责。

②在图 3-39(b)中,将 ADC 部署于端系统中,AEC 独立于外部的服务器。AEC 将外部请求的执行命令传输到 ADC 进行执行权限的验证。

③在图 3-39(c)中,两个组件都独立于端系统之外,但属于同一个服务器。端系统的决策依据 ADC 的组件的判断结果。

④在图 3-39(d)中,两个组件都独立于端系统之外,而且分属于两个服务器,端系统的决策受两个服务起判断结果的影响。

⑤在图 3-39(e)中,组件 AEC 部署于端系统中,将 ADC 独立于外部的服务器,端系统接收了发起者传输来的执行要求后,由外部的 ADC 来决策判断,并将查核结果通知端系统中的 AEC。端系统的系统管理者对其所属的信息资源有部分的访问管辖权。

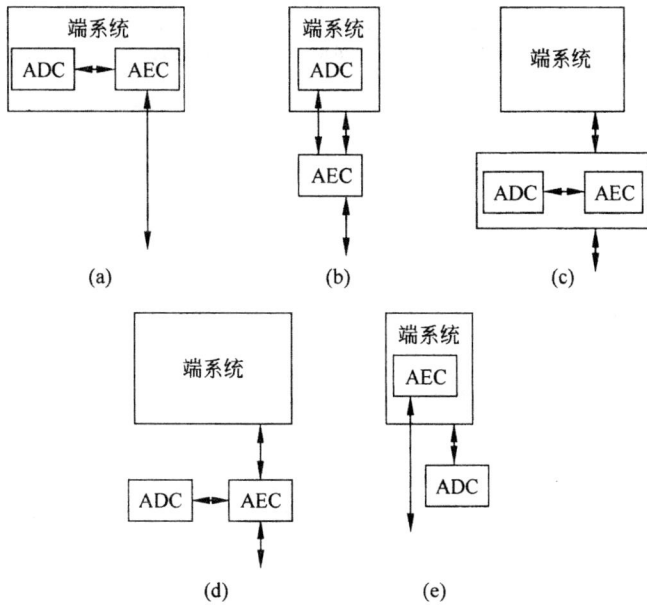

图 3-39　ADC/AEC 的 5 种不同的组合配置方式

3.4.3　访问控制技术一般方法

1. 访问控制矩阵

从数学角度看,访问控制可以很自然地表示为一个矩阵的形式:行标识客体(各种资源),列表示主体(通常为用户),行和列的交叉点标识某个主体对某个客体的访问权限(比如读、写、执行、修改、删除等)。表 3-2 是一个访问控制矩阵的例子。在这个例子中,Jack、Mary、Lily 是 3 个主体,客体有 4 个文件(file)和 2 个账户(account)。从该访问控制矩阵可以看出,Jack 是 $file_1$、$file_3$ 的拥有者(own),而且能够对其进行读(r)、写操作(w),但是 Jack 对 $file_2$、$file_4$ 就没有访问权。需要注意的是,拥有者的确切含义会因不同的系统而拥有不同的含义,通常一个文件的拥有(own)权限表示可以授予(authorize)或者撤销(revoke)其他用户对该文件的访问控制权限,比如 Jack 拥有 $file_1$ 的 own 权限,他就可以授予 Mary 读或者 Lily 读、写权限,也可以撤销给他们的权限。

表 3-2　访问控制矩阵

	$file_1$	$file_2$	$file_3$	$file_4$	$account_1$	$account_2$
Jack	own r w		own r w		inquiry credit	
Mary	r	own r w	w	r	inquiry debit	inquiry credit

	file₁	file₂	file₃	file₄	account₁	account₂
Lily	r w	r		own r w		inquiry debit

2. 访问能力表

在实际系统中,主体与客体之间的关系并不全部存在,当空白较多时,采用访问控制矩阵就可能会增加系统的开销。此时,采用从主体(行)的方法出发,表达矩阵某一行的信息,得到访问能力表(capability)。

能力(capability)是受一定机制保护的客体标志,标记了客体以及主体(访问者)对客体的访问权限。只有当一个主体对某个客体拥有访问能力的时候,它才能访问这个客体。图 3-40 是用文件的访问能力表的表示方法对表 3-2 中的例子进行表示。

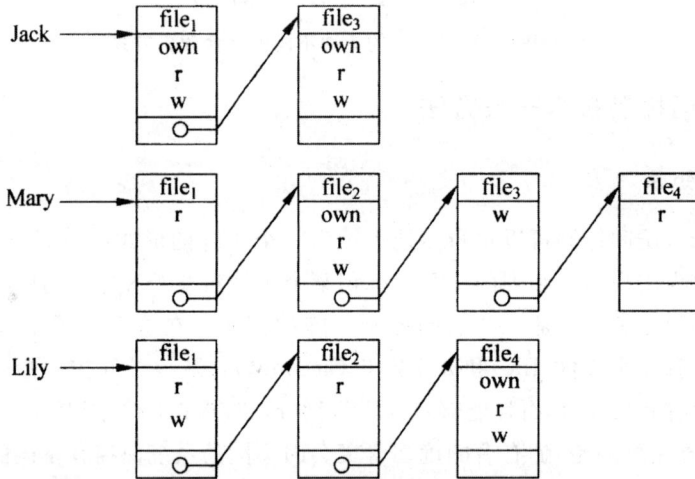

图 3-40 访问能力表的例子

3. 访问控制表

访问控制表(Access Control List,ACL)是目前采用最多的一种实现方式。它可以对某一特定资源指定任意一个用户的访问权限,还可以将有相同权限的用户分组,并授予组的访问权。图 3-41 是表 3-2 的例子中文件的访问控制表表示。

一个访问控制列表由多条有顺序的规则(rule)组成,每一条规则都定义了一个匹配条件及相应的动作。包过滤防火墙通过引用相应的 ACL,使用 ACL 中的规则顺序对网络中的数据包进行分类匹配,并根据匹配规则中相应的动作允许或拒绝数据包的通过。根据引用 ACL 位置的不同,可以将 ACL 分为入站 ACL 和出站 ACL 两种。

(1)入站 ACL 工作流程

默认情况下,路由器某个接口的入站(inbound)方向上没有应用 ACL,因此该接口 inbound 方向上的数据包将直接进入转发流程。如果在路由器某个接口的 inbound 方向上应用了 ACL,则该接口入站方向的数据包需要进行 ACL 的匹配。

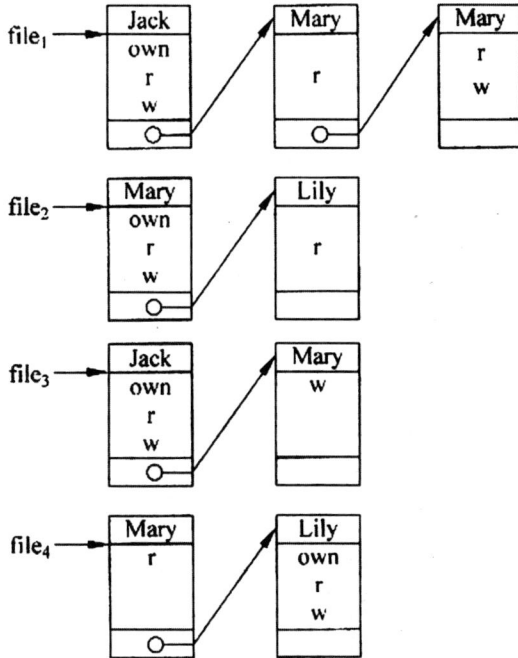

图 3-41　访问控制表 ACL 的例子

H3C 设备上入站 ACL 的工作流程如图 3-42 所示。

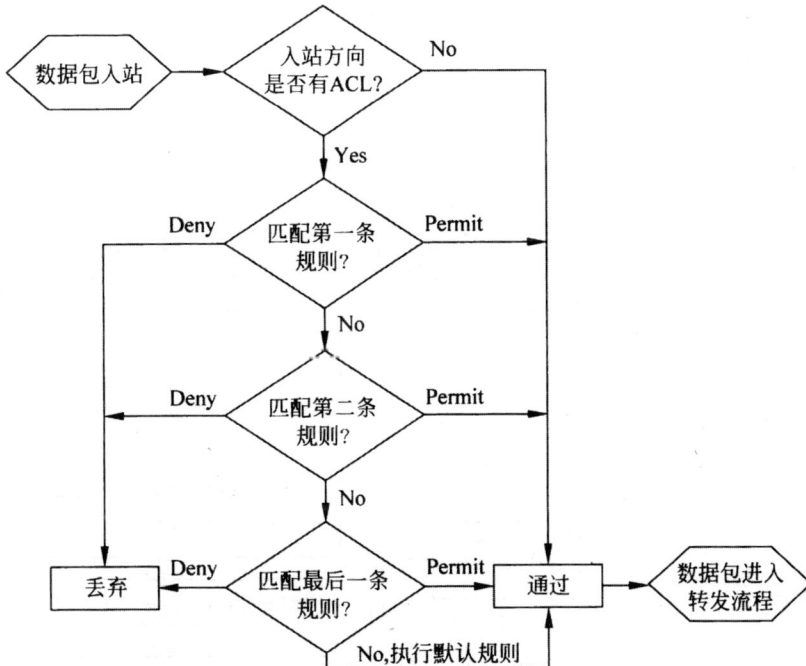

图 3-42　入站 ACL 的工作流程

（2）出站 ACL 工作流程

默认情况下，路由器某个接口的出站（outbound）方向上没有应用 ACL，因此该接口 out-bound 方向上的数据包将直接从接口发出。如果在路由器某个接口的 outbound 方向上应用了 ACL，则该接口出站方向的数据包需要进行 ACL 的匹配。

H3C 设备上出站 ACL 的工作流程如图 3-43 所示。

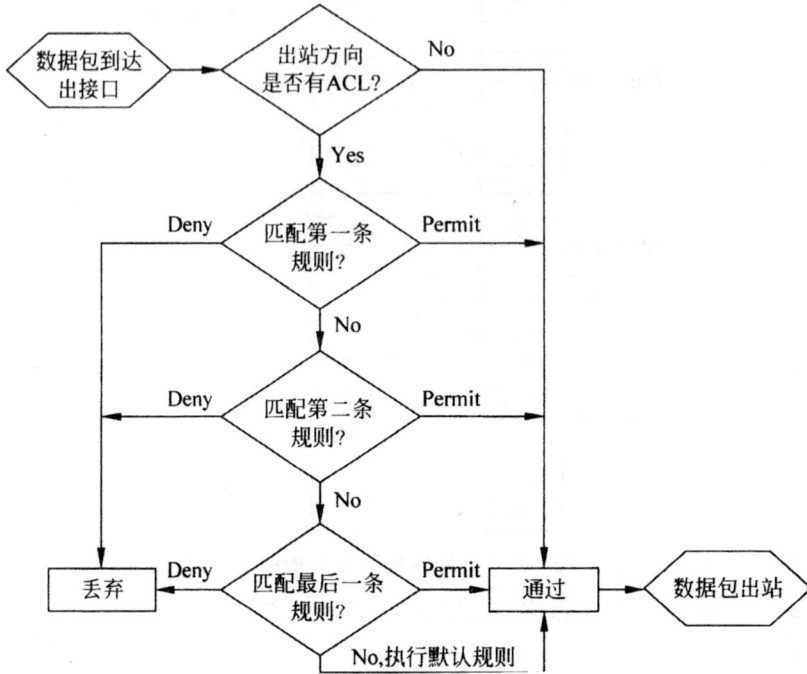

图 3-43　出站 ACL 工作流程

ACL 的优缺点如图 3-44 所示。

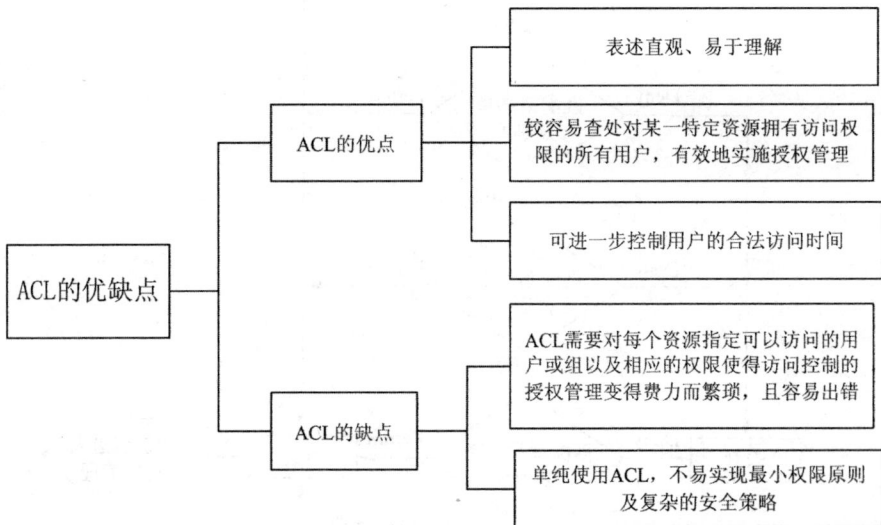

图 3-44　ACL 的优缺点

4. 授权关系表

我们已经看到了基于 ACL 和基于访问能力表的方法都有自身的不足与优势，下面来看另一种方法——授权关系表（Authorization Relations）。它的例子如表 3-3 所示。

表 3-3　授权关系表

主体	访问权限	客体	主体	访问权限	客体
Jack	own	file$_1$	Mary	w	file$_1$
Jack	r	file$_1$	Mary	w	file$_3$
Jack	w	file$_1$	Mary	r	file$_4$
Jack	own	file$_3$	Lily	r	file$_1$
Jack	r	file$_3$	Lily	w	file$_1$
Jack	w	file$_3$	Lily	r	file$_2$
Mary	r	file$_1$	Lily	own	file$_4$
Mary	own	file$_2$	Lily	r	file$_4$
Mary	r	file$_2$	Lily	w	file$_4$

从表 3-3 中可以看出，每一行（或称一个元组）表示了主体和客体的一个权限关系，因此 Jack 访问 file$_1$ 的权限关系需要 3 行。如果这张表按客体进行排序，就可以拥有访问能力表的优势，如果按主体进行排序的话，那就拥有了访问控制表的好处。这种实现方式也特别适合采用关系数据库。

3.5　访问控制技术的分类与模型

3.5.1　强制访问控制（MAC）

1. 强制访问控制的概述

强制访问控制（MAC，Mandatory Access Control）是指系统强制主体服从事先制定的访问控制策略。在系统中，每个主客体都有各自已经规定的属性，主体想要对对应的客体执行特定的操作，就需要有对应的安全属性之间的关系。这些安全属性已经被安全管理员按照一定的规则设置，无法改变。这就表示主体的安全级别在被写入对象与被读取对象的安全级别之间，这样的规则促使系统中的数据信息同层或者向上传输，而不能向下（低层次）传输。如图 3-45 所示为强制访问控制的数据流向。

密级	英文
绝密TS	Top Secret
秘密S	Secret
机密C	Confidential
无密级U	Unclassified

图 3-45　强制访问控制中的数据流

2. 强制访问控制的模型

（1）BLP 模型

Bell 和 LaPadula 于 1976 年设计了一种抵抗特洛伊木马攻击的模型，称为 Bell-LaPadula 模型，简称 BLP 模型。该模型具有多级安全信息级别，处理高级别的信息数据时需要防止数据信息传输到低级别层次。高级别的主体无法修改低级别层次的信息，较低级别的层次也无法读取较高级别层次的数据信息。这种模型一般应用于军事领域，强制访问控制 Bell-LaPadula 安全模型应用于军事系统的实例如图 3-46 所示。

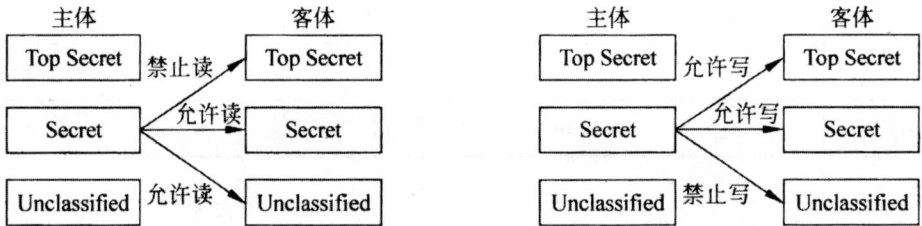

图 3-46　Bell-LaPadula MAC 模型应用于军事系统实例

（2）Biba 模型

Biba 模型于 1977 年被 Ken Biba 提出，该模型对数据提供了完整性保障。主要是为了克服 BLP 模型对信息的非授权修改方面无法防止的问题。

强制访问控制 Biba 安全模型的实例如图 3-47 所示。

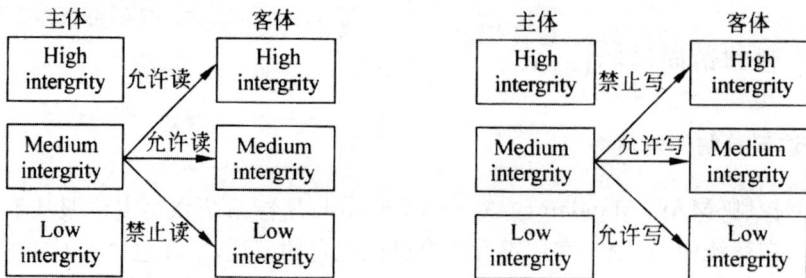

图 3-47　Biba 强制访问控制模型应用实例

BLP 模型能够解决信息的保密性问题，但并不能解决信息的完整性问题；Biba 能解决信息的完整性问题，但不能解决信息的保密性问题。两个模型的共同点是：都要求使用强制访问控制系统。

3.5.2　自主访问控制(DAC)

自主访问控制(DAC)是多用户环境下使用最为频繁的一种访问控制技术。主体一旦对其客体的信息资源予以确定,主体就能直接指定其他主体对自己拥有的客体信息资源进行访问以及访问的类型,这也是目前计算机系统中实现最多的访问控制体系。

DAC 是基于访问控制矩阵(Access Control Matrix)而实现的,访问控制矩阵模型如表 3-4 所示。

表 3-4　访问矩阵模型

	object 1	object 2	……	object n	……
Subject 1	read,write	read	……		……
Subject 2	read	write	……	read,write	……
……	……	……	……	……	……
Subject m	own,read,write	write	……	read	……
……	……	……	……	……	……

目前自主访问控制主要由两种实现方式:

1. 基于行(主体)的 DAC 实现

基于行的自主访问控制是在每个主体上都附加一个该主体可访问的客体的列表。根据列表的内容不同,又有不同的实现方式。主要利用能力表(Capability List)、前缀表(Profiles List)和口令(Password)来实现,如图 3-48 所示。

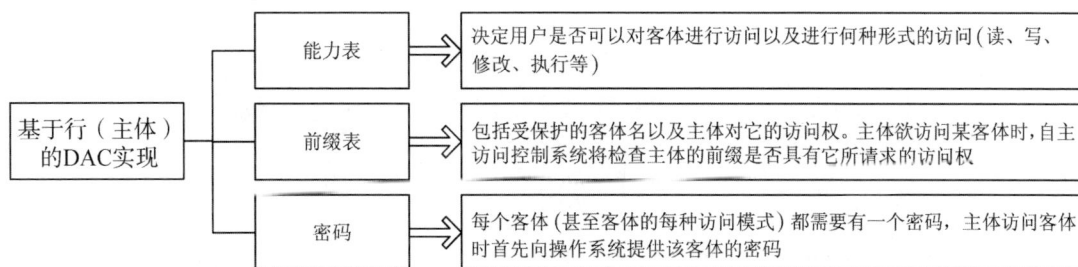

图 3-48　基于行的自主访问控制的实现

2. 基于列(客体)的 DAC 实现

基于列(客体)的 DAC 是通过对每个客体附加一个可访问它的明细表来表现,有两种形式:保护位(Protection Bits)和访问控制列表(Access Control List,ACL),如图 3-49 所示。

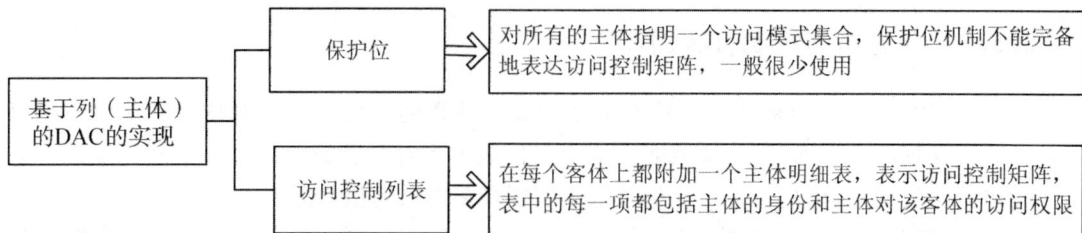

图 3-49　基于列(客体)的 DAC 的实现

上述两种自主访问控制方法都存在一些缺点,如图 3-50 所示。

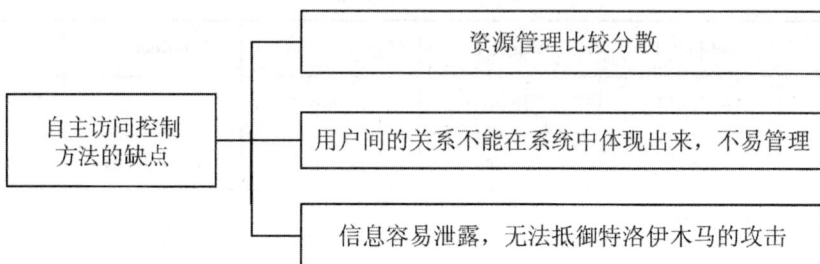

图 3-50　自主访问控制方法的缺点

3.5.3　基于角色的访问控制(RBAC)

1. RBAC 的相关概念

基于角色的访问控制的中心思想是在访问的权限与用户之间加入角色,并替角色进行授权控制,通过控制角色的授权访问来控制用户对信息的访问。RBAC 是目前使用最多的系统控制方法,也是公认的解决大型企业的统一资源访问控制的有效访问方法。

如图 3-51 所示,RBAC 包含 3 个实体:用户(user)、角色(role)和权限(privilege)。

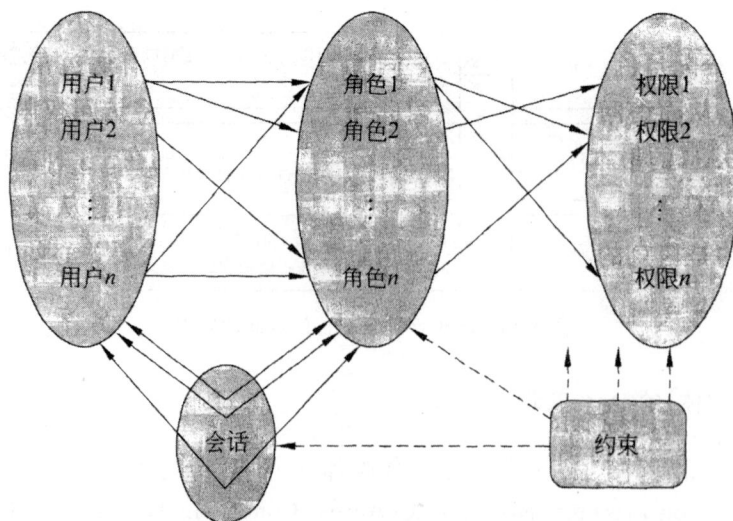

图 3-51　用户、角色和许可的关系图

（1）角色（Role）

指一个组织或任务中的工作或位置，代表了一种资格、权利和责任。

（2）用户（User）

指一个可以独立访问计算机系统中的数据或数据表示的其他资源的主体。

（3）权限（Permission）

表示对系统中的客体进行特定模式的访问操作，这与实现的机制密切相关。在授权管理中，角色作为中间桥梁把用户和权限联系起来，一个角色与若干个权限关联可以看作是该角色拥有的一组权限集合，与用户关联也可以看作是若干具有相同身份的用户集合。

2. RBAC 的模型

1992 年，Ferraiolo 和 Kuhn 提出了基于角色的访问控制（RBAC）的概念。他们认为，与自主访问控制和强制访问控制相比，RBAC 更适用于非军事信息系统。1996 年，George Mason 大学的 Ravi 等人提出了 RBAC96 概念模型。RBAC96 模型的基本结构如图 3-52 所示。

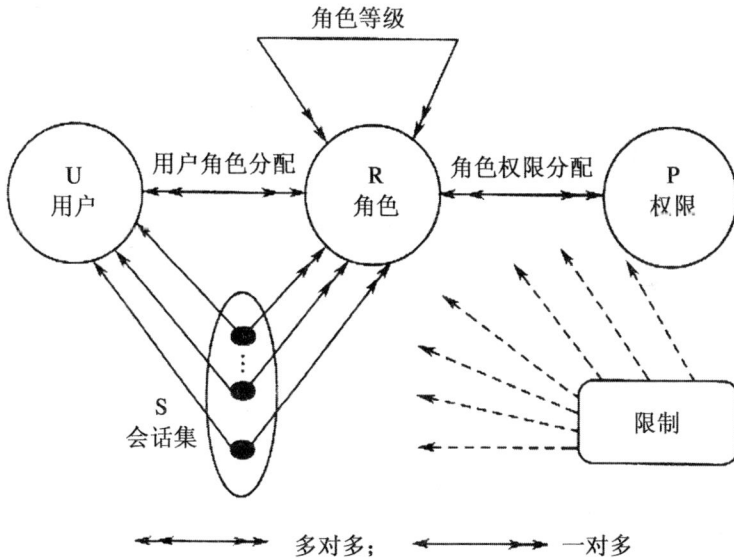

图 3-52　RBAC96 模型的基本结构

RBAC96 模型共分为四个层次结构，如图 3-53 所示。

（1）基本模型 RBAC0

RBAC0 为基础模型，它主要包括若干实体集（U、R、P、S，即用户集、角色集、权限集、会话集）、权限角色分配（是权限到角色的多对多的关系）、用户角色分配（是用户到角色的多对多的关系），如图 3-54 所示。

（2）分级模型 RBAC1

分级模型 RBAC1 的层次结构如图 3-55 所示。

RBAC1 和 RBAC0 相比，区别是增加了角色的层次结构，如图 3-56 所示为角色层次关系，是用以反映一个组织的职权和责任分布的偏序关系。

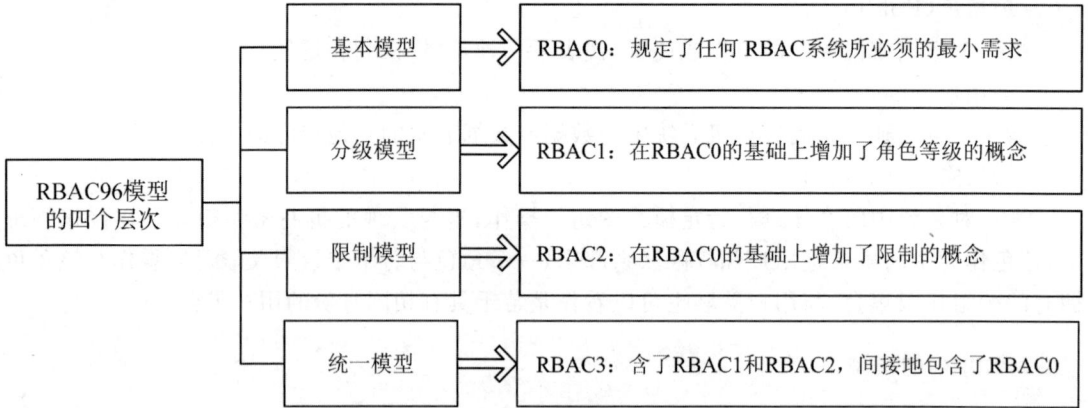

图 3-53 RBAC96 模型的四个层次模型

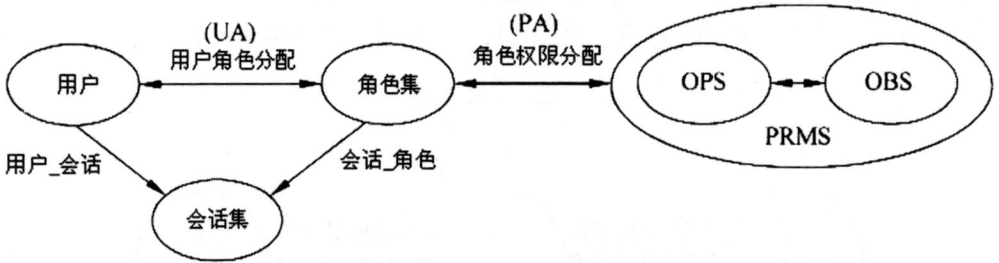

图 3-54 RBAC 基础模型结构

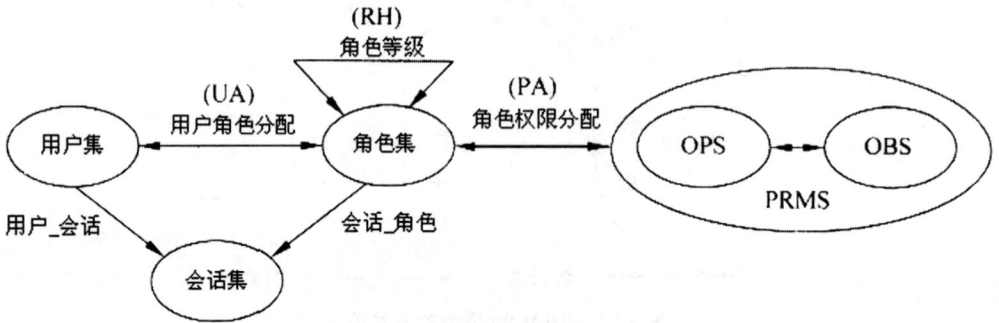

图 3-55 RBAC 层次模型

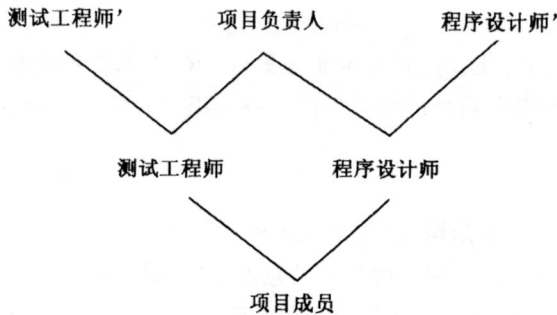

图 3-56 角色层级例子

（3）限制模型 RBAC2

RBAC2 模型在 RBAC0 基础上增加了约束机制。约束条件一般有返回值"接受"或"拒绝"，只有拥有有效值的元素才可被接受。模型的结构如图 3-57 所示。约束有多种，主要包括以下几种：

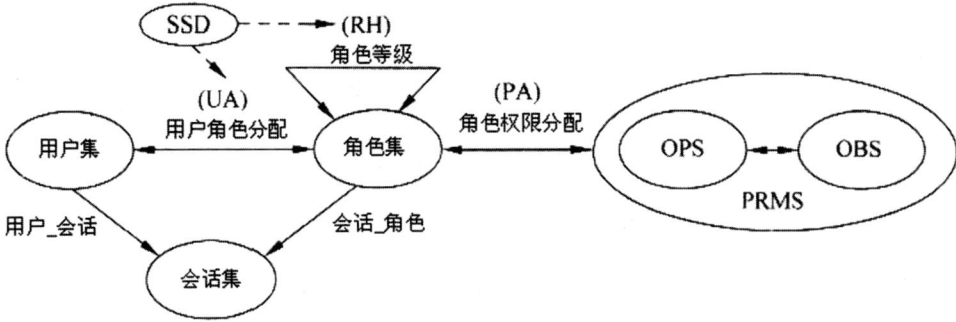

图 3-57　RBAC 静态责任分离模型结构

①互斥角色。相互排斥限制可以推广到多个角色，用来限定用户的各种角色的组合情况在不同的环境中是否可以被接受。

②基数约束。一个角色被分配的用户数量是有限制的，例如，在一个机关中，局长角色只能分配给一个用户，副局长角色最多只能分配给 4 个用户。

③先决条件角色。可以进行角色分配时，用户必须已经拥有另一种访问权限。

④运行时互斥。用户具有多个角色时，运行时不能同时激活多个角色，只允许激活一个。

（4）统一模型 RBAC3

RBAC3 是将 RBAC1 和 RBAC2 的统一，并增加了 RBAC0 模型的统一模型。

第 4 章　无线网络安全

4.1　无线网络标准

无线网络主要分为：无线个人网（WPAN）、无线局域网（Wireless Local Area Network，WLAN）以及城域网等。

无线局域网能够实现无线通信的范围有限，分为固定基础设施和无固定基础设施。前者需要提前建立基站或接入点（Access Point，AP），且其最小构件称为基本服务集（Basic Service Set，BSS），无线客户端与其他无线客户端及有线网络主机之间的通信需要 AP 转发，才能发送到目的端。基本服务集可以是孤立的，也可以通过分布式系统接入其他基本服务集，通过分布式系统互联起来的 WLAN 称为扩展服务集（Extended Service Set，ESS），扩展服务集在逻辑上相当于一个基本服务集。

无固定基础设施指没有安装 AP 的 WLAN，其最小构件称为独立基本服务集（Independent Basic Service Set，IBSS）。主要用于无线客户端之间的通信，一般不与外界的其他网络互联。自组网络最多容许 9 个无线客户端。分别如图 4-1 和图 4-2 所示。

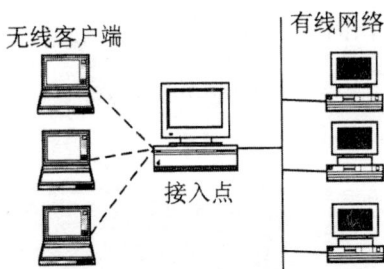

图 4-1　有固定基础设施的 WLAN　　　　图 4-2　无固定基础设施的 WLAN

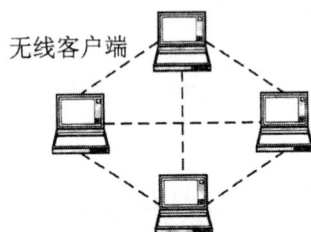

1. IEEE 802.11 无线局域网

IEEE 802.11 是 IEEE 制定的关于无线局域网的标准，该标准规范了物理层传输的数据新信号和信息规范，促使不同厂商生产的无线设备能够实现无线互联。

IEEE 802.11 还规定了无线局域网在 MAC 层以及实体层的通信和安全保护机制，如图 4-3 所示为 IEEE 802 局域网通信标准示意图。

但随着通信技术的发展，IEEE 802.11 标准发展被传输速率以及传输距离所限制，已经逐步淘汰。

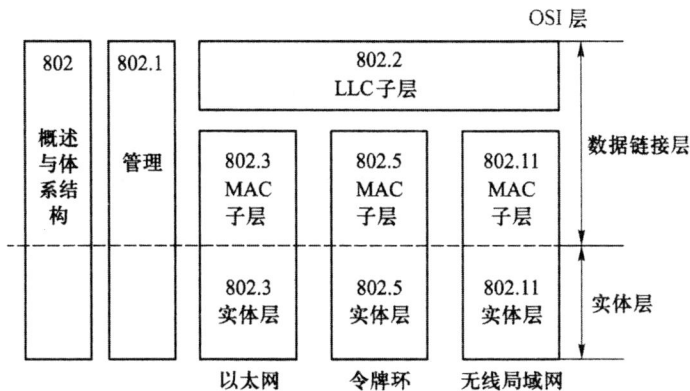

图 4-3　IEEE 802 局域网通信标准示意图

2. 802. 11b 和 IEEE 802. 11a

为了进一步提高 WLAN 的数据传输速率,IEEE 又发布了 IEEE 802.11a 和 IEEE 802.11b 两个标准。

IEEE 802.11a 物理层使用 5GHz ISM 频段和正交频分复用(Orthogonal Frequency Division Multiplexing,OFDM)多载波调制技术,可分别支持 6、9、12、18、24、36、48、56Mbps 多种传输速率,通信距离长达 10km,能够满足不同移动用户的需求。事实上,IEEE 802.11a 采用 OFDM 多载波调制技术的目的是为了能够与 ETSI 提出的高性能无线局域网 HiperLAN 兼容。

IEEE 802.11b 物理层仍然使用 2.4GHz ISM 频段,但采用高速率直序扩频(High Rate-Direct Sequence Spread Spectrum,HR-DSSS)调制技术,采用点对点模式和基本模式两种运作模式,能够根据通信环境质量在 1、2、5.5、11Mbps 范围内自动调整传输速率,在室内有障碍的条件下最大传输距离可达 100m,室外直线传播最大传输距离可以达到 300m。它改变了 WLAN 设计状况,扩大了 WLAN 的应用领域。

IEEE 802.11、IEEE 802.11a 和 IEEE 802.11b 标准采用无连接传输方式,不能提供任何服务质量 QoS 保障。

3. HiperLAN 规格

相较于 IEEE 802.11a,发展较晚的欧洲标准 HiperLAN,是由欧洲通信标准协会 ETSI (The European Telecommunications Standards Institute)在 BRAN(Broadband Radio Access Networks)所制定的,在欧洲设置 455MHz 的频宽使用。

HiperLAN1 对应 IEEE 802.11b,HiperLAN2 与 IEEE 802.11a 具有相同的物理层,它们可以采用相同的部件,并且,HiperLAN2 强调与 3G 整合。HiperLAN2 标准也是目前较完善的 WLAN 协议。HiperLAN2 类似 IEEE 802.11a 标准,物理层使用 5GHz ISM 频段和正交频分复用 OFDM 多载波调制技术,可分别支持 6、9、12、18、27、36、54Mbps 多种传输速率,室内通信距离为 30m,室外通信距离可达 150m。

4. 蓝牙(Bluetooth)技术

蓝牙是一种可在短距离之内,以低功率及低成本传送资料的无线传输标准,并确保不同厂商所制造的设备能彼此相互沟通使用,同时此传输介质必须能兼具语音及数据通信能力。它广泛应用于世界各地,可以无线连接手机、便携式计算机、汽车、立体声耳机、MP3 播放器等多种设备。

5. IEEE 802.16 无线城域网

IEEE 802.16 标准系列则是面向大范围覆盖的无线城域网(Wireless Metropolitan Area Network,WMAN)标准。IEEE 802.16 标准的正式名称是固定宽带无线接入系统空中接口 (Air Interface for Fixed Broadband Wireless Access System,AIFBWAS),而多数人更喜欢将其称为 WMAN 或无线本地回路(Wire-less Local Loop,WLL)。

2001 年 4 月支持 IEEE 802.16 标准的生产厂商自发成立了微波接入全球互操作性 (World-wide interoperability for Microwave Access,WiMAX)联盟,旨在全球范围推广 IEEE 802.16 标准并加快市场化进程。IEEE 802.16 无线通信标准的典型应用如图 4-4 所示。

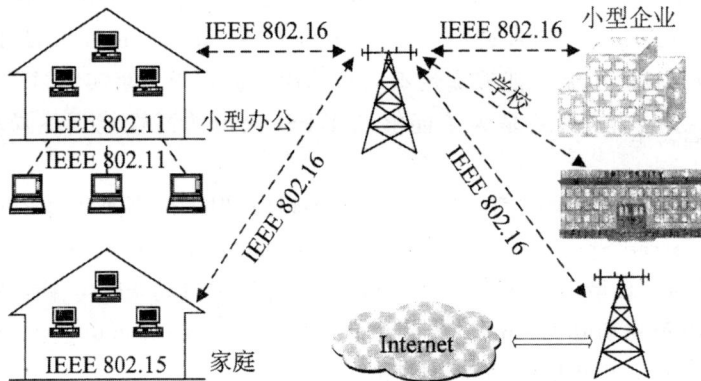

图 4-4　IEEE 802.16 WMAN 典型应用

IEEE 802.16 标准对使用 2～66GHz 频段的宽带固定无线接入空中接口物理层和 MAC 层进行了规范,最大覆盖范围可达 50km。目前 IEEE 802.16 工作组已将工作重点转向宽带移动无线接入标准。

4.2　无线网络面临的安全问题

4.2.1　无线通信的安全性弱点

无线通信尽管方便,但受媒体和技术本身的限制,比有线通信含有更多的弱点。以下是无线通信常见的弱点:

①侦听无线通信比侦听有线通信容易很多。

②无线电信号比有线电信号更容易受干扰。在无线媒体中更容易注入无线电信号。

③无线计算装置和嵌入式系统的计算功能和电池能源有限,难以执行需要使用高性能中央处理器和大量内存及需要消耗大量电能的复杂运算。

这些弱点使得无线通信更容易遭受安全攻击,包括窃听、服务阻断、旧信重放、STA-诈骗和 AP-诈骗等攻击。

在早期的无线通信协议中,STA 和 AP 仅由 MAC 地址来验证其合法性,而 MAC 地址是由明文传送的,因此截获 MAC 地址并用其装扮成某个合法 STA 或 AP,在无线网通信中注入恶意包就能获得假认证或破坏合法用户与合法 AP 通信的目的。有线等价隐私协议就是为了防止这类攻击而设计的安全协议,希望在保证加密算法有足够强度的同时不消耗太多的电池能源,并能够将意外中断的通信重新接通。

4.2.2　无线网络常见的攻击

1. 黑洞攻击

在黑洞攻击中,攻击者假冒合法网间路由器,但却不中转所收到的网包,即清除所收到的网包,从而阻断合法用户使用网络。攻击者可通过做广告的方式引诱合法用户使用其网间路由器。

黑洞攻击有两种不同的形式。一种是清除所有网包,另一种是有选择地清除网包。比如,清除送往某些目的地的网包,或在每收到若干网包后清除一个网包。有选择地清除网包的黑洞攻击也称为灰洞攻击。

2. 虫道攻击

在虫道攻击中,攻击者将从某个 WMN 区的设备送往另一个 WMN 区的设备的网包改道到攻击者控制的路径中。比如,令 DA 和 DB 为两个在不同 WMN 区的用户设备。假设 DA 向 DB 发送一个网包,它将在由路由协议确定的路径上传输。攻击者将此网包截获,不做任何改动,而且也送往 DB,但却不经过原先的路径,而是将其送往一个更快的路径。也就是说,攻击者偷偷地在两个设备之间建立了另外一条由攻击者控制的通道,称为虫道。攻击者可以在稍后的时候有意清除某些网包或干脆将整条虫道清除,从而破坏 DA 和 DB 之间的通信。

3. 抢占攻击

根据 WMN 按需路由协议的规定,每个路由器必须将第一次收到的路由请求包传播出去,但对以后收到的从同一设备传来的路由请求则置之不理,以减少堵塞。攻击者可利用这一机制抢在合理的路由请求包发出之前,发出伪造的路由请求包,破坏用户的正常通信。

4. 无线局域网劫持

无线局域网劫持(Hijack)是指通过伪造 ARP 缓存表使会话流向指定恶意无线客户端的攻击行为。无线局域网劫持原理与有线网络的会话劫持相同,主要是利用了 ARP 协议中存在的请求与应答报文漏洞。

同一网段及不同网段内的无线局域网劫持过程如图 4-5 所示。

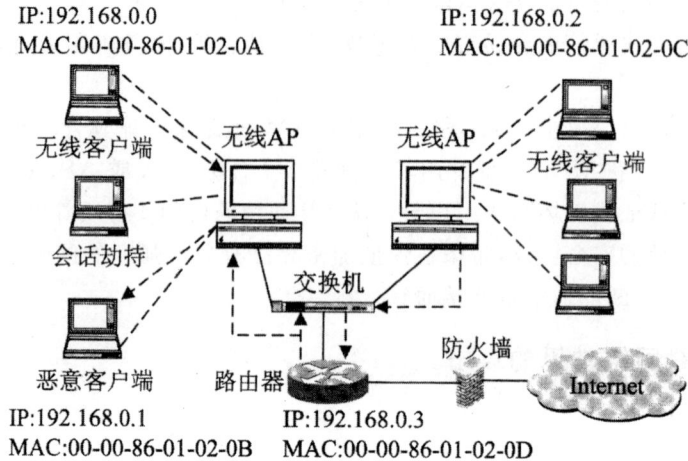

图 4-5 同网段及不同网段 WLAN 劫持过程

5. 路径错误注入攻击

在路径错误注入攻击中,攻击者将伪造的路径错误包注入网络中而切断通信路径。因为路径错误信息通常是静态的,不包含动态信息,如目前使用的路径或路由协议等信息,所以在网络注入路径错误包相对容易。

4.3 无线网络安全协议

4.3.1 无线局域网有线等价保密安全协议——WEP

1. 概述

无线局域网有线等价保密(Wired Equivalent Privacy,WEP)协议是由 IEEE 802.11 标准定义的,是最基本的无线安全加密措施,用于在无线局域网中保护链路层数据,其主要用途如图 4-6 所示。

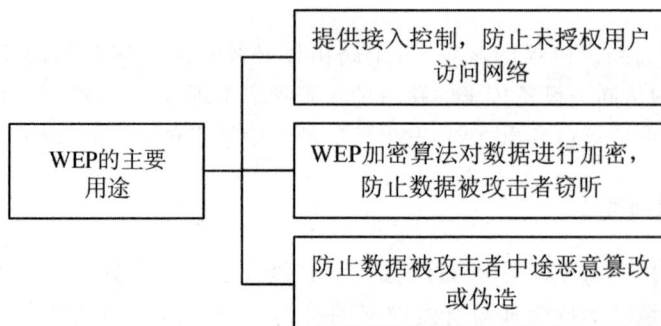

图 4-6 WEP 的主要用途

WEP 主要提供了数据加密和身份认证保护功能。数据加密采用著名密码专家 Ron Rivest 设计的 RC4 加密算法,提供无加密、40 位密钥和 104 位密钥 3 种不同实现方式。

在同一个无线局域网内,WEP 要求所有通信设备,包括 AP 和其他设备,如便携式计算机和掌上计算机内的无线网网卡,都赋予同一把预先选定的共享密钥 K,称为 WEP 密钥。WEP 密钥的长度可取为 40bit 或 104bit。某些 WEP 产品采取更长的密钥,长度可达到 232bit。WEP 允许 WLAN 中的 STA 共享多把 WEP 密钥。每个 WEP 密钥通过一个 1 字节长的 ID 唯一表示出来,这个 ID 称为密钥 ID。

WEP 没有规定密钥如何产生和传递。因此,WEP 密钥通常由系统管理员选取,并通过有线通信或其他方法传递给用户。一般情况下,WEP 密钥一经选定就不会改变。

2. WEP 的加密与解密原理

(1)加密

标准定义了一个加密协议 WEP(Wired Equivalent Privacy),用来对无线局域网中的数据流提供安全保护。WEP 加密过程如图 4-7 所示。40 位或 104 位初始密钥与 24 位初始向量连接起来,生成 64 位或 128 位中间密钥;中间密钥通过 RC4 加密算法生成一串与明文流按位异或的密钥流,密钥流的长度与明文流相同。RC4 加密算法的核心是伪随机数生成器(Pseudo Random Number Generator,PRNG),其算法效率大约是 DES 的 10 倍。WEP 设置初始向量的目的是尽可能避免因重复使用共享密钥而降低加密强度,由于每帧数据都使用新的初始向量,为破译共享密钥增加了难度。

明文与完整性校验值(Integrity Check Value,ICV)连接起来形成明文流,ICV 由 32 位循环冗余完整性校验算法 CRC32 通过计算明文生成,明文中添加 4 字节的 ICV 能够防止在数据流中插入文本试图破解密文消息。明文流与密钥流按位异或形成密文,密文再与初始向量连接生成最终的密文消息。由于在明文中连接了 4 字节的 ICV 值,所以明文流比明文长 4 个字节。明文流与密钥流长度相同,因此密文与明文流具有相同长度。初始向量为 3 个字节,完整性校验值为 4 个字节,最终密文消息比明文多 7 个字节。

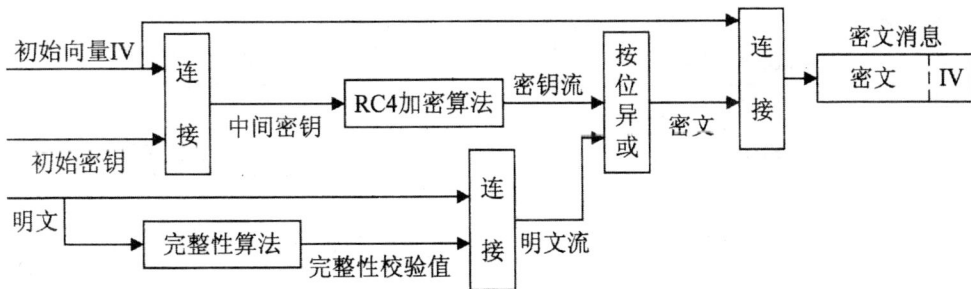

图 4-7　WAP 加密过程

(2)解密

解密过程如图 4-8 所示,解密的流程如下:

①接收到的密文消息被用来产生密钥序列。

②加密数据与密钥序列一道产生解密数据和 ICV。

③解密数据通过数据完整性算法生成 ICV。

④将生成的 ICV 与接收到的 ICV 进行比较。如果不一致,将错误信息报告给发送方。

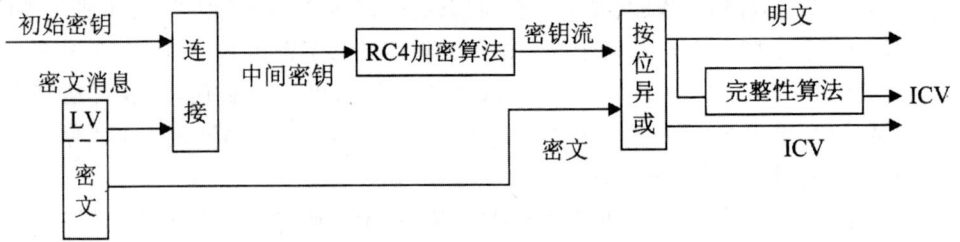

图 4-8　WEP 解密过程

3. 身份认证

IEEE 802.11 WLAN 具有开放系统认证(Open System Authentication)、封闭系统认证(Closed System Authentication)和共享密钥认(Shared Key Authentication)3 种身份认证方式。开放系统认证是 IEEE 802.11 身份认证的默认方式。

在开放系统认证方式下,无线 AP 并不要求无线客户端提供正确的 SSID。当无线客户端提交任意 SSID 认证请求时,无线 AP 通过广播自己的 SSID 来响应开放系统认证请求。因此,开放系统认证容许任意无线客户端接入无线 AP,即使输入错误的密钥,也可以同无线 AP 和其他客户端通信,只不过所有数据都采用明文方式传输。只有提供合法的共享密钥时,数据才以密文方式传输。开放系统认证强调的是简单易用,只能用于没有任何安全要求的场合。如果输入正确的密钥,开放系统认证能够提供数据保密性,但不具备身份识别功能。开放系统认证过程如图 4-9 所示。

封闭系统认证的安全级别略高于开放系统认证。在这种方式下,无线 AP 要求无线客户端必须提交正确的 SSID。只有认证双方具有相同的 SSID 时,才容许无线客户端接入 WLAN;否则,拒绝无线客户端的认证请求。封闭系统认证过程如图 4-10 所示。

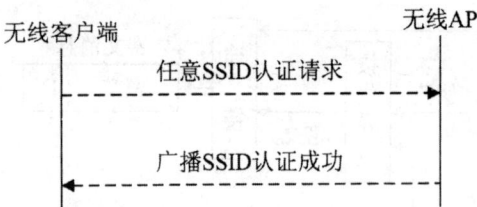

图 4-9　开放系统认证过程　　　图 4-10　封闭系统认证过程

共享密钥认证就是采用 WEP 共享密钥和 SSID 来识别无线客户端的身份,只有提交正确的密钥和 SSID,无线 AP 才容许无线客户端接入 WLAN。显然,共享密钥认证的安全级别高于开放系统认证和封闭系统认证。WEP 共享密钥认证过程大致可以分为 4 步,如图 4-11 所示。首先,无线客户端向无线 AP 发送包含 SSID 的认证请求,无线 AP 接收到认证请求后,生成一个随机认证消息,作为认证请求的响应发送给无线客户端。随后,无线客户端用共享密钥加密随机认证响应并发送到无线 AP,无线 AP 采用共享密钥解密。如解密后的随机认证消息

与发送的随机认证消息完全相同，则容许无线客户端接入；否则，判别无线客户端为非法用户，拒绝接入 WLAN。

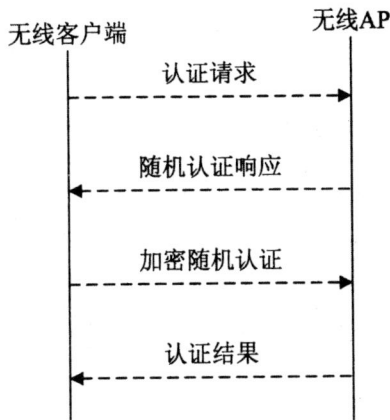

图 4-11　WEP 共享密钥认证过程

4. 数据完整性验证

令 M 为从网络层传到数据链接层的网包，表示成 $n$bit 二元字符串。WEP 在数据链接层的 LLC 子层中用 M 的 32bit 循环冗余校验值（CRC-32）验证数据的完整性，称为完整性校验值（ICV）。

CRC 是一个用多项式除法将二元字符串的输入转换成固定长度的二元检错码的方法。WEP 使用输出为 32bit 的 CRC 算法，简记为 CRC-32。令 M 为一个 $n$bit 二元字符串，选取一个适当的 k 阶二元系数多项式 P，其系数序列（从最高阶项系数开始按顺序排到）为一个 $(k+1)$bit 二元字符串。将 $M0^k$ 视为一个 $n+k-1$ 阶二元系数多项式，并将 $M0^k$ 按多项式除法除以 P 得一个 $k-1$ 阶剩余多项式 R。R 的 $k$bit 系数系列就是 M 的 CRC 值，记为 $\mathrm{CRC}_k(M)$。IEEE 802.3 选取

$$P=1000001001100000100011101101101111$$

为 CRC-32 多项式，即

$$P(x)=x^{32}+x^{26}+x^{22}+x^{16}+x^{12}+x^{11}+x^{10}+x^8+x^7+x^5+x^4+x^2+x+1$$

多项式 $M\|\mathrm{CRC}_k(M)$ 能被多项式 P 整除。证明如下：

将 M 写成 $n-1$ 阶多项式 $M(x)$，则 $M0^k$ 表示多项式 $M(x)x^k$，而且

$$M(x)x^k=\mathrm{mod}\ P(x)=R(x)$$

其中 $R=\mathrm{CRC}_k(M)$。因为多项式相加等于对其二元系数作排斥加运算，所以

$$M(x)x^k+R(x)\mathrm{mod}\ P(x)$$
$$=(R(x)+R(x))\mathrm{mod}\ P(x)$$
$$=0\ \mathrm{mod}\ P(x)$$
$$=0$$

因此，如果接收方算出 $M\|\mathrm{CRC}_k(M)$ 不被 P 整除，则表示所收到的 M 已被更改，与发送方送出的不同。

可按如下方式快速计算 $k$bit CRC 值。将 M 和 P 表示成二元字符串，令 $T=M0^k$。将 P 按 T 的左边第一次出现非零系数的位置对齐，然后将 P 和 TT 对齐部分作排斥加运算，其结果及 T 还没有被处理的部分所表示的二元字符串仍用 T 表示。重复上述过程直到按 T 的左边的第一个非零数字对齐后 P 的长度大于 T 所剩余的二元字符串的长度。这样，右边的 $k$bit 二元字符串就是所求的 $k$bit CRC 值。

举一个简单的例子。令 $n=8, k=4$，多项式 x^4+x+1 为标准 CRC_4 多项式。即 $P=10011$。令 $M=11001010$，则 $CRC_4(M)=0100$，计算过程如图 4-12 所示。

	1	1	0	0	1	0	1	0	0	0	0	0
⊕	1	0	0	1	1							
		1	0	1	0	0	1	0	0	0	0	0
⊕		1	0	0	1	1						
				1	1	1	1	0	0	0	0	0
⊕				1	0	0	1	1				
					1	1	0	1	0	0	0	0
⊕					1	0	0	1	1			
						1	0	0	1	0	0	0
⊕						1	0	0	1	1		
									0	1	0	0

图 4-12　一个计算 CRC_4 的例子

5. LLC 网帧的加密

令 M 为一个即将被发送的 802.11b LLC 网帧，包含 LLC 网帧首部和载荷。LLC 网帧也被称为 MAC 服务数据单位(MSDU)。

WEP 计算 $CRC_{32}(M)$，并在 MAC 子层将 $M \| CRC_{32}(M)$ 按以下步骤用 RC4 序列算法加密：

令

$$M \| CRC(M)=m_1m_2\cdots m_i$$

其中 m_i 为 8bit(或 16bit)二元字符串。

发送方产生一个 24bit 初始向量 IV，然后用 RC4 序列加密算法以 $IV \| K$ 为输入产生子钥序列 $k_1k_2\cdots k_i$。令

$$c_i=m_i \oplus k_i$$

送方将 $IV \| c_1c_2\cdots c_i$ 作为载荷放入 MAC 网帧后送给接收方。图 4-13 给出 802.11b MAC 子层网帧的结构示意图。

为方便，将此加密算法记为

$$C=(M \| CRC_{32}(M)\oplus)RC4(IV \| K)$$

初始向量 IV 用于对不同的 LLC 网帧产生不同的加密子钥序列。因此，$IV \| K$ 也称为网

帧密钥。IV 是以明文形式传输的,接收方能产生相同的子钥序列 $k_1k_2\cdots k_i$,用于将 c_i 解密得到 m_i,将 $m_1m_2\cdots m_i$ 右边的 32bitICV 值去掉后便得 M。

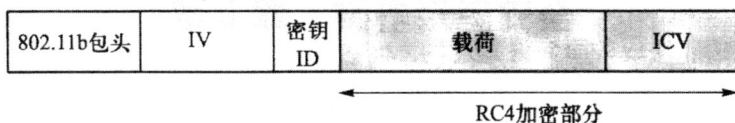

图 4-13　802.11b MAC 子层网帧结构示意图

6. WEP 的缺陷

WEP 是目前最普遍的无线加密机制,但同样也是较为脆弱的安全机制,存在许多缺陷。

(1)缺少密钥管理

事实上,WEP 并没有提供真正意义上的密钥管理机制,需要依赖 Internet 工程任务组(Internet Engineering Task Force,IETF)提出的远程认证拨号用户服务(Remote Authentication Dial-In User Service,RADIUS)和扩展认证协议(Extensible Authentication Protocol,EAP)等外部认证服务,但多数小型企业或办公室在部署 WLAN 时,并不会使用造价昂贵的专用认证服务器。尽管 WEP 容许用户自己配置共享密钥,但手工配置共享密钥十分麻烦,且多数用户不熟悉密钥配置过程。无线网络适配器和无线 AP 在出厂时都带有 4 个默认的密钥,大多数用户一般都是从 4 个默认密钥中选择一个作为共享密钥。但厂商通常对密钥都进行了标准化,因此只要知道设备生产厂商和类型,通过检索厂商默认列表就有可能获得共享密钥。

用户的加密密钥必须与 AP 的密钥相同,并且一个服务区内的所有用户都共享同一把密钥。WEP 标准中并没有规定共享密钥的管理方案,通常是手工进行配置与维护。由于同时更换密钥的费时与困难,所以密钥通常长时间使用而很少更换,倘若一个用户丢失密钥,则将殃及整个网络。

(2)默认配置漏洞

多数用户在安装无线网络适配器和无线 AP 设备时,只要求这些设备能够正常工作就可以了,很少考虑启用并正确配置无线安全性,通常都使用默认配置,而且正常工作后很少再重新配置。开放系统认证是 WEP 的默认配置,它就好像在无线链路上设置了一个公共用户端口,任何无线客户端都可以接入并使用 WLAN 资源。

(3)ICV 算法不合适

WEP ICV 是一种基于 CRC-32 的用于检测传输噪声和普通错误的算法。这种算法的规律容易被找出,并对其中信息进行篡改,被篡改的信息还不易被发现。

(4)RC4 算法存在弱点

在 RC4 中,人们发现密钥与输出之间存在着联系,这种联系已经超出了好密码应具备的关联。这就导致假若收集了足够多的密钥后,非法接入网络就变得很容易。

4.3.2　无线保护接入安全协议——WPA

为了解决 IEEE 802.11 系列无线局域网 WEP 安全机制存在的各种安全漏洞与威胁,

Wi-Fi 联盟于 2003 年 2 月正式推出了无线局域网无线保护接入（Wi-Fi Protected Access，WPA）安全协议，它是无线网数据链接层安全协议。它有三个目的：第一是纠正所有已经发现的 WEP 协议的安全弱点，第二是能继续使用已有的 WEP 的硬件设备，第三是保证 WPA 将与即将制定的 802.11i 安全标准兼容。

所以，WPA 还是采用 RC4 序列密码算法加密 LLC 网帧及使用不加密的初始向量。不过，WPA 使用一个特别设计的完整性校验算法来生成信息完整性编码（MIC）以防范数据伪造。这个算法称为马可算法。此外，WPA 采用了新的密钥机制来防止旧信重放，并使初始向量与 RC4 弱密钥不发生任何关系。WPA 采用临时密钥完整性协议（Temporal Key Integrity Protocol，TKIP）加强了数据传输的保密性；采用基于端口的网络接入控制协议（Port-based Network Access Control Protocol）IEEE 802.1X 和扩展认证协议 EAP 相结合的方法提高了身份认证的可信度和密钥管理的安全性。WPA 不仅适应企业网络环境，也可以用于小型、家庭办公网络环境（Small Office/Home Office，SOHO），并且能够兼容 WEP 和 IEEE 标准委员会于 2004 年 6 月宣布的 IEEE 802.11i 新一代无线局域网安全标准。如果无线 AP 和无线网络适配器支持 WPA，只要在无线 AP 安装 IEEE 802.1X 和 TKIP 协议软件，在无线客户端安装 IEEE 802.1X、TKIP 和 EAP 协议，即可将企业无线局域网从脆弱的 WEP 轻松升级到具有互操作性和健壮、安全的 WPA。

1. 临时密钥完整性协议 TKIP

（1）TKIP 信息完整性码

TKIP 用麦克算法计算 MIC。这个算法是由荷兰密码工程学家 Niels Ferguson 专门为 WPA 设计的。麦克算法用一个 64bit 长的密钥生成一个 64bit 长的信息认证码。临时配对密钥中 128bit 长的数据 MIC 密钥的一半用做认证 AP 送往 STA 的数据的密钥，另一半用做认证 STA 送往 AP 的数据的密钥。

TKIP 将数据按小地址存储的方式存储。令 K 为 STA 和 AP 共享的 64bit 密钥，将 K 等分成两段，记为 K_0 和 K_1，即 $K=K_0K_1$ 且 $|K_0|=|K_1|$。令

$$M=M_1 \cdots M_n$$

为一个即将传输的 LLC 网帧，其中每个地址为 32bit 长的二元字符串。

麦克算法按以下方法用密钥 K 为 M 产生 MIC：

$$(L_1,R_1)=(K_0,K_1)$$
$$(L_{i+1},R_{i+1})=F(L_i \oplus M_i,R_i)$$
$$i=1,2,\cdots,n$$
$$MIC=L_{n+1}R_{n+1}$$

其中 F 为 Feistel 替换函数。令 l 和 r 分别为两个长 32bit 的二元字符串，则 $F(l,r)$ 的定义如下：

$$r_0=r,$$
$$l_0=l$$
$$r_1=r_0 \oplus (l_0 <<<17),$$
$$l_1=l_0 \oplus_{32} r_1$$

$$r_2 = r_1 \oplus \text{XSWAP}(l_1)$$
$$l_2 = l_1 \oplus_{32} r_2$$
$$r_3 = r_2 \oplus (l_2 <<< 3)$$
$$l_3 = l_2 \oplus_{32} r_3$$
$$r_4 = r_3 \oplus (l_2 >>> 2)$$
$$l_4 = l_2 \oplus_{32} r_4$$
$$F(l, r) = (r_4, l_4)$$

其中 $l \oplus_{32} r = (l + r) \bmod 2^{32}$，$\text{XSWAP}(l)$ 将 l 的左半部与其右半部对调。例如，将数字表示成 16 进制数，得

$$\text{XSWAP}(12345678) = 56781234$$

麦克算法实质上是 Feistel 加密算法，其密钥长度为 64bit，所以用麦克算法验证数据的完整性比用 CRC 安全很多。但是，同其他短密钥加密算法一样，麦克 MIC 仍然可能遭受蛮力攻击。为防止攻击者不断尝试可能的密钥，TKIP 规定如果在一秒钟内有两个失败的尝试，则 STA 必须吊销其密钥并与 AP 断开，等待一分钟后才能再和 AP 相连。

（2）TKIP 密钥混合

密钥混合用一个 48bit 计数器对每个网帧产生一个 48bit 长的初始向量 IV。这个计数器称为 TKIP 序列计数器，简记为 TSC。将 IV 分割成 3 个 16bit 长的段：V_2, V_1, V_0。

密钥混合运算由两部分组成，记为 mix_1 和 mix_2，其中 mix_1 将一个 128bit 长的二元字符串（输入）转化成一个 80bit 长的二元字符串（输出），而 mix_2 则将一个 128bit 长的二元字符串（输入）转化成一个 128bit 长的二元字符串（输出）。这两个部分都具有 Feistel 加密结构，包含一系列加法运算、排斥加运算和替换运算，其中替换函数记为 S，使用两个 S-匣子，每个 S-匣子是一个包含 256 个元素的表，每个元素是一个 8bit 二元字符串。令 a^t 表示发送端设备的 48bitMAC 地址，k^t 为发送端设备的 128bit 数据加密算法密钥，pk_1 为 mix_1 的输出，pk_2 为 mix_2 的输出，其中 pk_1 和 pk_2 均为 128bit 长的二元字符串。即

$$pk_1 = mix_1(a^t, V_2 V_1, k^t)$$
$$pk_2 = mix_2(pk_1, V_0, k^t)$$

用 pk_2 作为 RC4 的网帧密钥。

① mix_1 的计算。

首先定义如下符号：

a^t_n：a^t 的第 n 个字节，其中 a^t_5 为最高位字节，为最低位字节。

k^t_n：k^t 的第 n 个字节，其中 k^t_{15} 为最高位字节，k^t_0 为最低位字节。

将 pk_1 分成 5 段

$$pk_1 = pk_{14} pk_{13} pk_{12} pk_{11} pk_{10}$$

其中每个 $pk_{1i}(i = 0, 1, 2, 3, 4)$ 均为 16bit 长的二元字符串。$mix_1(a^t, V_2 V_1, k^t) = pk_1$ 的计算如下：

$$pk_{10} \leftarrow V_1$$
$$pk_{11} \leftarrow V_2$$
$$pk_{12} \leftarrow a^t_1 a^t_0$$

$$pk_{13} \leftarrow a_3^t a_2^t$$
$$pk_{14} \leftarrow a_5^t a_4^t$$

for $i \leftarrow 0$ to 3 do

$$pk_{10} \leftarrow pk_{10} \oplus_{16} S[pk_{14} \oplus (k_1^t k_0^t)]$$
$$pk_{11} \leftarrow pk_{11} \oplus_{16} S[pk_{10} \oplus (k_5^t k_4^t)]$$
$$pk_{12} \leftarrow pk_{12} \oplus_{16} S[pk_{11} \oplus (k_9^t k_8^t)]$$
$$pk_{13} \leftarrow pk_{13} \oplus_{16} S[pk_{12} \oplus (k_{13}^t k_{12}^t)]$$
$$pk_{14} \leftarrow pk_{14} \oplus_{16} S[pk_{13} \oplus (k_1^t k_0^t)] +\oplus_{16} i$$
$$pk_{10} \leftarrow pk_{10} \oplus_{16} S[pk_{14} \oplus (k_3^t k_2^t)]$$
$$pk_{11} \leftarrow pk_{11} \oplus_{16} S[pk_{10} \oplus (k_7^t k_5^t)]$$
$$pk_{12} \leftarrow pk_{12} \oplus_{16} S[pk_{11} \oplus (k_{11}^t k_{10}^t)]$$
$$pk_{13} \leftarrow pk_{13} \oplus_{16} S[pk_{12} \oplus (k_{15}^t k_{14}^t)]$$
$$pk_{14} \leftarrow pk_{14} \oplus_{16} S[pk_{13} \oplus (k_3^t k_2^t)] +\oplus_{16} 2i \oplus_{16} 1$$

② mix_2 的计算。

令 pt 为一个临时变量,代表一个 96bit 长的二元字符串。将 pt 分割成 6 段

$$pt = pt_5 pt_4 pt_3 pt_2 pt_1 pt_0$$

其中每段 pt_i 的长度为 16bit。

令 $X = X_1 X_0$ 为 16bit 二元字符串,X_1 和 X_0 分别为一个字节。令 $ub(X) = X_1$,$lb(X) = X_0$,其中 ub 表示高位字节,lb 表示低位字节。

令 RC4Key 表示 $mix_2(pk_1, V_0, k')$ 的输出,它是 RC4 为网帧加密使用的 128bit 长密钥。将 RC4Key 分割成以下 16 个字节:

$$RC4Key = RC4Key_{15} RC4Key_{14} \cdots RC4Key_0$$

RC4Key 按以下方式算出:

for $i \leftarrow 0$ to 5 do

$$pt_i \leftarrow pk_{1i}$$

for $i \leftarrow 0$ to 5 do

$$pt_i \leftarrow pt_i \oplus_{16} S[pt_{(5+i) \bmod 6} \oplus (k_{2i+1}^t k_{2i}^t)]$$

for $i \leftarrow 0$ to 1 do

$$pt_i \leftarrow pt_i \oplus_{16} ([pt_{(5+i) \bmod 6} \oplus (k_{2i+13}^t k_{2i+12}^t)] >>> 1)$$

for $i \leftarrow 2$ to 5 do

$$pt_i \leftarrow pt_i \oplus_{16} (pt_{i-1} >>> 1)$$

$$RC4Key_0 \leftarrow ub(V_0)$$
$$RC4Key_1 \leftarrow (ub(V_0) \vee 0 \times 20) \wedge 0 \times 7F$$
$$RC4Key_2 \leftarrow lb(V_0)$$
$$RC4Key_3 \leftarrow lb(pt_5 \oplus [(k_1^t k_0^t)] >>> 1)$$

for $i \leftarrow 0$ to 5 do

$$RC4Key_{2i+4} \leftarrow lb(pt_i)$$
$$RC4Key_{2i+5} \leftarrow lb(pt_i)$$

将 RC4Key 右边的 24bit 二元字符串作为 WEP 的初始向量 IV,即

$$\text{IV} = ub(V_0) \parallel U \parallel lb(V_0)$$

将 RC4Key 左边的 104bit 二元字符串作为 WEP 密钥。

2. WPA 加密和解密机制

发送端 WPA 将 LLC 网帧(记为 MSDU)用 WEP 加密机制加密后放入 MAC 网帧传给接收方,MAC 网帧也称为 MAC 协议数据单位,简记为 MPDU。没有加密的 48bit 初始向量 V_2V_1V 也放在 MPDU 内,与 MSDU 一起传给收信方。图 4-14 给出 WPA 加密机制的流程图。

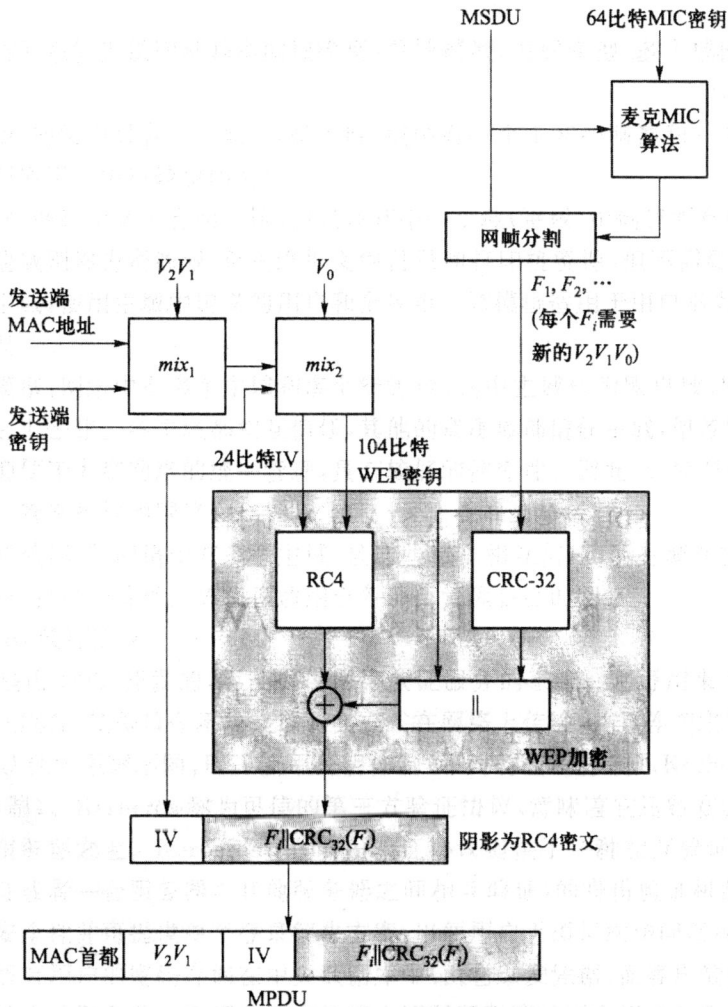

图 4-14　WPA 加密流程图

发送端初始向量计数器,从 0 开始,对每个 MSDU 块依次加 1 产生新的初始向量。如果网帧块的初始向量不按次序到达,则会被清除。对每个新的连接和新的密钥,初始向量计数器将置 0。

接收端 WPA 提取初始向量 IV,并计算临时配对密钥,然后将 MSDU 块解密并将它们重新整合成原来的 MSDU 及其完整性校验值 ICV。

3. WPA 过渡标准

事实上,WPA 是 IEEE 802.11i 新一代无线局域网安全标准的子集。Wi-Fi 联盟考虑到 IEEE 802.11i 安全机制获得 IEEE 标准委员会批准还需要一段时间,等待新一代安全标准出台必然会阻止 WLAN 产品的研发和市场发展速度;由于已经发现 WEP 存在多种安全漏洞和威胁,生产厂商纷纷开发各自的 WLAN 安全解决方案,但不同厂商提出的安全解决方案缺少互操作性。正是在这种情形下,Wi-Fi 联盟在 IEEE 802.11i 出台之前推出了 WPA,作为 IEEE 802.11i 的过渡中间标准,确保 WLAN 在过渡期内的安全性。即是为解决 WEP 的安全问题且能与 WEP 硬件设备兼容而仓促设计的安全协议,它是基于 IEEE 802.11i 标准第 3 版初稿的基础上设计的。Wi-Fi 联盟是 IEEE 802.11i 标准的主要参与者之一,所以在规划 WPA 时就考虑了对市场上广泛使用的 WEP 和未来安全标准的兼容性。因此,不需要对现有 WLAN 结构进行过多的改变,WEP 的软件和固件就可以很容易地升级到 WPA,WPA 也可以方便地升级到 IEEE 802.11i 标准。

802.11i 与 WPA 的主要区别是,802.11i 使用 AES-128 加密算法及计数器模式－密码段链 MAC 协议为网帧加密以及计算 MIC。计数器模式－密码段链 MAC 协议简记为 CCMP。此外,因为 AES-128 密钥可被重复使用,所以没有必要使用明文初始向量来协调发送方和接收方对每个网帧产生相同的子钥序列。

802.11i 仍使用 802.1X 标准认证用户设备。

但是,因为 802.11i 使用了完全不同的加密算法,所以它不能在现有的 WEP 上更新后使用,这是与 WPA 的一个主要区别。

4. IEEE 802.11i 标准

Wi-Fi 联盟则将 IEEE 802.11i 标准称为第二代无线保护接入(Wi-Fi Protected Access 2,WPA2)。IEEE 802.11i 在修正 WEP 已知缺陷的基础上,基于 IEEE 802.1X 认证协议、预先认证(Pre-Authentication,PA)、密钥体系(Key Hierarchy,KH)、密钥管理(Key Management,KM)、密码和认证协商(Cipher and Authentication Negotiation,CAN)、临时密钥完整性协议 TKIP、计数模式/密码块链接消息认证码 CCMP 协议(Counter-mode/CBC-MAC Protocol,其中 CBC-MAC 是指 CipherBlock Chaining Message Authentication Code)和无线健壮认证协议(WirelessRobust Authenticated Protocol,WRAP)等安全机制,提出了健壮安全网络(Robust Security Network,RSN)的概念,从数据保密、密钥管理、身份认证、访问控制、消息完整性校验等多个方面加强了 WLAN 的安全性。

尽管 IEEE 802.11i 标准的密码算法和安全机制比 WPA 强,比 WPA 具有更高的安全级别,但由于实现成本较高,将主要用于政府、国防、公安、金融、企业等对信息安全有特殊要求的网络环境,而 WPA 更适用于 SOHO 网络环境,因此多数网络安全专家认为 IEEE 802.11i 标准并不能完全取代 WPA。WPA 与 IEEE 802.11i 标准之间的关系如图 4-15 所示,WPA 提供了 IEEE 802.11i 标准中的 IEEE 802.1X 认证协议、密钥体系、密钥管理、密码和认证协商及临时密钥完整性协议主要安全机制。

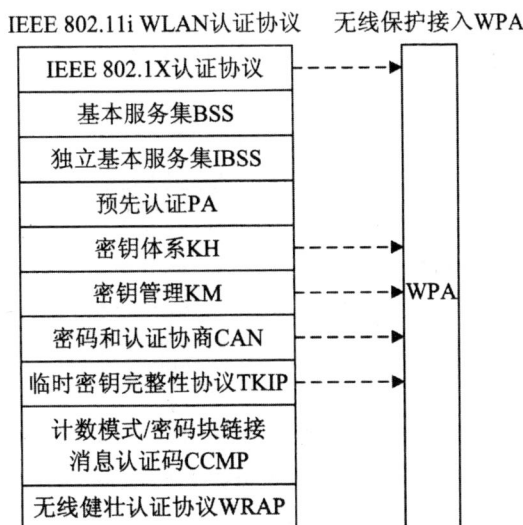

IEEE 802.11i WLAN认证协议　　无线保护接入WPA

| IEEE 802.1X认证协议 |
| 基本服务集BSS |
| 独立基本服务集IBSS |
| 预先认证PA |
| 密钥体系KH |
| 密钥管理KM |
| 密码和认证协商CAN |
| 临时密钥完整性协议TKIP |
| 计数模式/密码块链接
消息认证码CCMP |
| 无线健壮认证协议WRAP |

WPA

图 4-15　WPA 与 IEEE 802.11i 标准之间的关系

4.3.3　蓝牙技术

1. 概述

蓝牙技术提供了一种短距离的无线通信标准,它的无线传输特性使其非常容易受到攻击,因此安全机制在蓝牙技术中显得尤为重要。

蓝牙之名取自一千多年前丹麦国王 Harold Bluetooth 姓名的字译。据说 Bluetooth 国王擅长外交,他提倡交战各方应用谈判方式解决争端。蓝牙之名用在无线网络表示不同的通信设备在不同的操作平台上能够进行无线通信。作为近距离无线连接技术是 3G 和 IEEE 802.11 系列的补充。

蓝牙技术允许不同厂家生产的无线装置在不同的操作系统下进行通信,其特点是能耗低、计算量小,适合小型、简单的通信装置,如无线耳机等。如今许多便携式设备都有蓝牙功能,如手提电脑、手机、PDA 及各式各样的嵌入式系统等。

由于受计算能力的限制,蓝牙密码技术只能使用不需要太多计算资源。

蓝牙的目标是实现无线数据和语音传输的开放式标准,用微波取代传统网络中错综复杂的电缆,将各种通信设备、计算机及其终端设备、各种数字数据系统甚至家用电器采用无线方式连接起来,以进行方便快捷、灵活安全、低成本低功耗的数据和语音通信。它的传输距离为 10cm～10m,如果增加功率或是加上某些外设便可达到 100m 以上的传输距离。

两个蓝牙设备在传输数据前要进行鉴权以确认身份,而鉴权过程要用到两个蓝牙设备的公共链路字。若两个蓝牙设备不是第一次通信,那么它们就会使用各自以前存储的公共链路字。若两个蓝牙设备是第一次通信,就需要在两个蓝牙设备上分别生成初始字暂时作为公共链路字来进行鉴权,随后两个蓝牙设备协商公共链路字并分别存储,以用于下一次通信。公共链路字可以采用其中一个蓝牙设备的单元字,也可以采用两个蓝牙设备的组合字。两个蓝牙设备在鉴权之后就可以进行加密传输数据了。整个流程如图 4-16 所示。

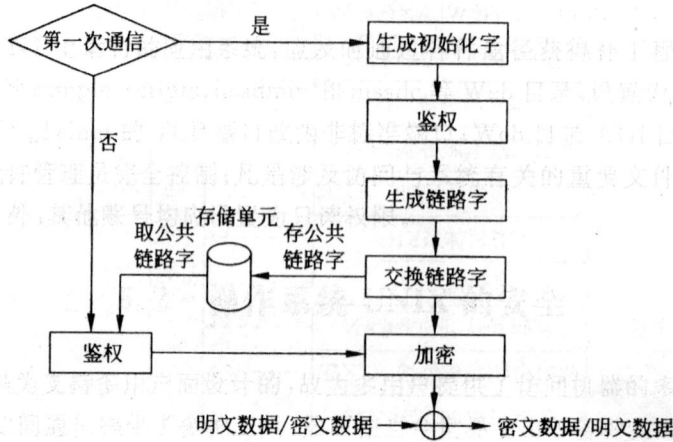

图 4-16　两个蓝牙设备通信的流程

2. 蓝牙应用协议栈

1999 年 12 月 1 日，Bluetooth SIG（Special Interest Group）发布了蓝牙标准的最新版：1.0B 版。蓝牙标准包括两大部分：Core 和 Profiles。Core 是蓝牙的核心，它主要定义了蓝牙的技术细节，而 Profiles 部分则定义了在蓝牙的各种应用中协议栈的组成，如图 4-17 所示。

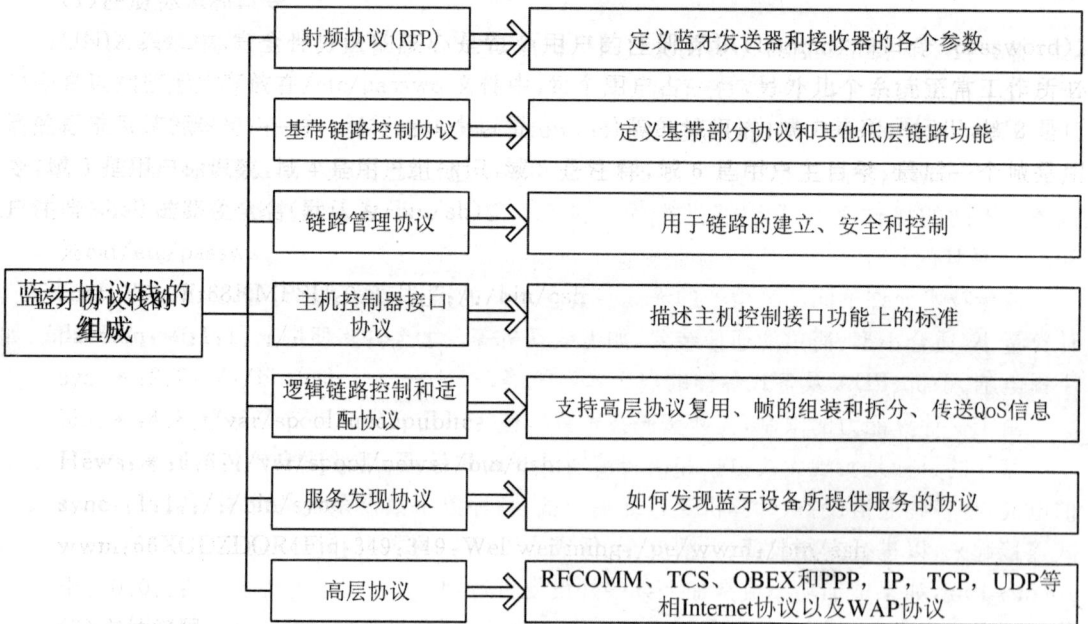

图 4-17　蓝牙协议栈的组成

蓝牙协议是蓝牙设备间交换信息所应该遵守的规则。与开放系统互联（OSI）模型一样，蓝牙技术的协议体系也采用了分层结构，从底层到高层形成了蓝牙协议栈，各层协议定义了所完成的功能和使用数据分组格式，以保证蓝牙产品间的互操作性，如图 4-18 所示。

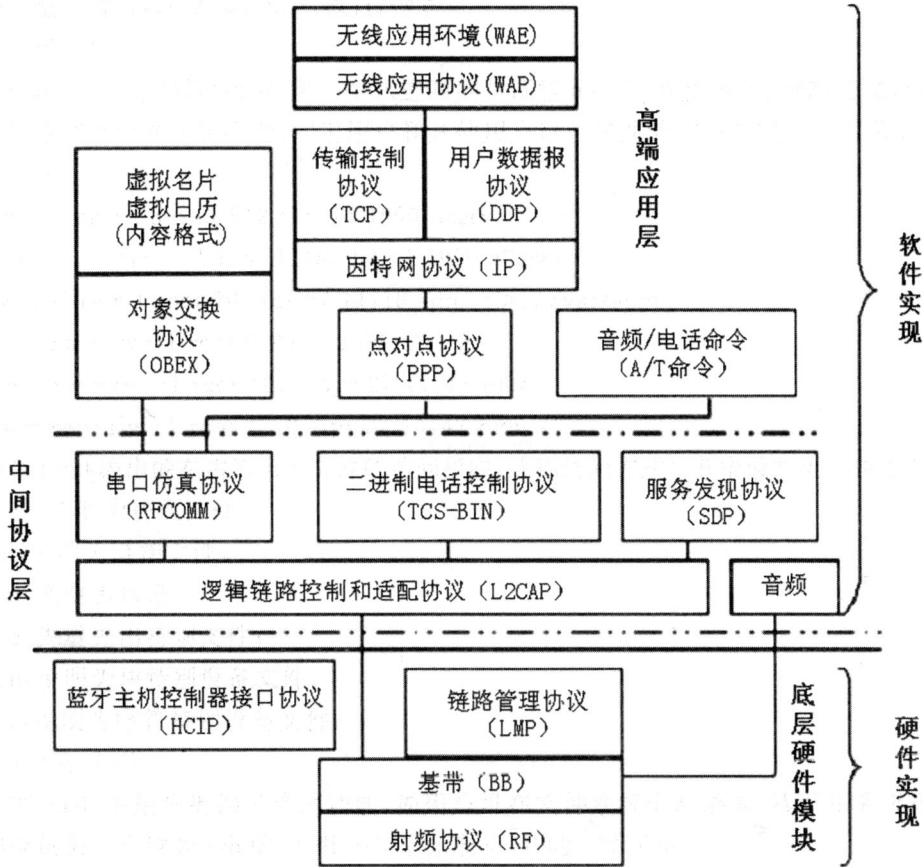

图 4-18　蓝牙的协议

　　两个蓝牙设备必须具有相同的协议组成才能够相互通信。例如要在蓝牙实现 WAP 应用,则双方都必须经过基带协议→L2CAP→RFCOMM→PPP→IP→UDP→WAP 的路径来实现。

3. Pico 网

　　蓝牙是在 Pico 网上实现的。Pico 网是一个自配置和自组织的动态无线网,它允许新设备动态加入和网内设备动态离开,而且不需要使用无线网切入点和任何固定通信设施。一个 Pico 网能够支持 8 个通信设备使用同一频道通信。Pico 网内所有的设备都是对等的,可直接通信。这些设备会动态选举一个设备作为主点,用于协调其余设备进行同步通信。没被选为主设备的设备称为仆点。仆点将与主点同步。

　　为了节省能源消耗,蓝牙设备设有三种状态,即活跃状态、停泊状态和待命状态。正在进行通信的设备(包括主点和仆点)呈活跃状态,处在停泊状态的设备可随时进入活跃状态,而处在待命状态的设备则需要更长的时间才能进入活跃状态。一个 Pico 网最多可包含 255 个停泊设备。图 4-19 给出了 Pico 网的示意图。

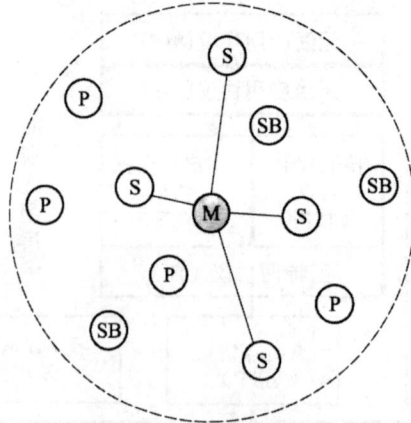

图 4-19　Pico 网示意图

M:主点；S:仆点；P:处在停泊状态的设备；SB:处在待命状态的设备

若干 Pico 网的覆盖区域可能重合而构成一个散布网。任何蓝牙设备在任何时刻都只能加入一个 Pico 网。图 4-20 给出散布网的示意图。

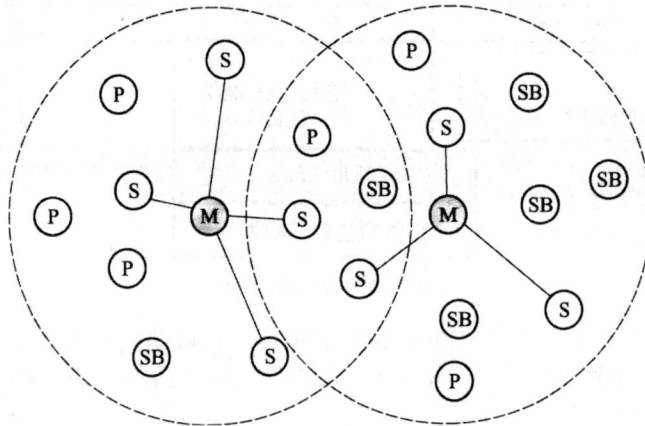

图 4-20　给出散布网的示意图

4. SAFER+ 分组加密算法

蓝牙设备进行认证时，采用的是 SAFER+ 分组加密算法，SAFER+ 是"安全与快速加密程序"的增强版，是 Feistel 密码体系的一种具体实施，其分组大小为 128bit，而且和 AES 一样允许三种长度的密钥，分别为 128bit、192bit 和 256bit。蓝牙使用密钥长度为 128bit 的 SAFER+，记为 SAFER+ K-128。

与任何 Feistel 密码体系相同，SAFER+ K-128 包含一个子钥产生算法及加密和解密算法。SAFER+ K-128 加密算法由 8 轮相同的运算及一个输出转换组成，共需要 17 把子钥：每轮运算各需要两把子钥，而输出转换需要一把子钥。

（1）SAFER+ 子钥

令 $X = x_1 x_2 \cdots x_k$ 为 k 字节二元字符串，并令 $X[i]$ 表示第 i 个字节 x_i，$X[i:j]$ 表示子串

$x_i \cdots x_j$，其中 $0 \leqslant i \leqslant j \leqslant k$。

令 $K = k_0 k_1 \cdots k_{15} K$ 为 128bit 密钥，每个 k_i 长 1 字节，$i = 0, 1, \cdots, 15$。令

$$k_{16} = k_0 \oplus k_1 \oplus \cdots \oplus k_{15}$$

令 X 为一个字节，令 $LS_k[X]$ 表示对 X 执行 k 次左循环运算得到的新的字符串。SAFER+ 按以下方式产生 128bit 子钥 $K_1, K_2, \cdots, K_{17}$：

首先令 $K_1 = K$。然后令

$$K_e \leftarrow k_0 k_1 \cdots k_{15} k_{16}$$

并按以下方式生成其余子钥 $K_i (i = 2, \cdots, 17)$：首先对 K_e 中的每个字节做 LS_3 运算即连续做 3 次左循环位移，然后按左循环的方式依次选取 16 字节二元字符串。令 L_i 为按此方式从第 $i-1$ 次选取中得到的字符串，$i = 2, 3, \cdots, 17$。令 B_i 一个长为 16 字节的常数字符串，称为偏移向量，其值满足如下关系：

$$B_i[j] = (45^{(45^{17i+j+1} \bmod 257)} \bmod 257) \bmod 256$$
$$j = 0, 1, \cdots, 15$$
$$B_i = B_i[0] B_i[1] \cdots B_i[15]$$
$$i = 2, 3, \cdots, 17$$

子钥 $K_i (i = 2, 3, \cdots, 17)$ 由以下方式产生：

$K_1 \leftarrow k_0 k_1 \cdots k_{15}$

for $j = 0, 1, \cdots, 16$ do

　　$k_j \leftarrow LS_3(k_j)$

$K_2 \leftarrow k_1 k_2 \cdots k_{15} k_{16} \oplus_8 B_2$

for $i = 3, 4, \cdots, 17$ do

　　for $j = 0, 1, \cdots, 16$ do

　　　　$k_j \leftarrow LS_3(k_j)$

　　$K_i \leftarrow k_{i-1} k_i \cdots k_{16} k_0 \cdots k_{i-3} \oplus_8 B_{i-3}$

其中 $\oplus_8$ 表示字节相加运算取 $\bmod 2^8$，即如果 $X = x_1 x_2 \cdots x_k$ 和 $Y = y_1 y_2 \cdots y_k$ 为两个二元字符串，其中 x_i 和 y_i 为字节，$i = 1, 2, \cdots, k$，则

$$X \oplus_8 Y = x_1 \oplus_8 y_1 \parallel x_2 \oplus_8 y_2 \parallel \cdots \parallel x_k \oplus_8 y_k$$

图 4-21 给出 SAFER+ 子钥产生示意图。

(2)SAFER+ 加密算法

SAFER+ K-128 将 128bit 明文通过 8 轮相同的运算及一个输出转换进行加密。

1)加密算法中的轮运算

SAFER+ 加密算法的每轮运算由一个类似于哈达姆变换的运算(简记为 PHT)、若干阿门尼亚混合运算(简记为 ArS)、替换运算、排斥加和 $\oplus_8$ 等运算组成。最后两个运算使用两把不同的子钥。

PHT 的输入为字节 x 和字节 y，它产生一个 2 字节长的输出如下：

$$\mathrm{PHT}(x, y) = (2x + y) \bmod 2^8 \parallel (x + y) \bmod 2^8$$

令 $X = x_1 x_2 \cdots x_{2k-1} x_{2k}$ 为二元字符串，其中 x_i 为字节，$i = 1, 2, \cdots, 2k$，令

$$\mathrm{PHT}(X) = \mathrm{PHT}(x_1, x_2) \parallel \mathrm{PHT}(x_3, x_4) \parallel \cdots \parallel \mathrm{PHT}(x_{2k-1}, x_{2k})$$

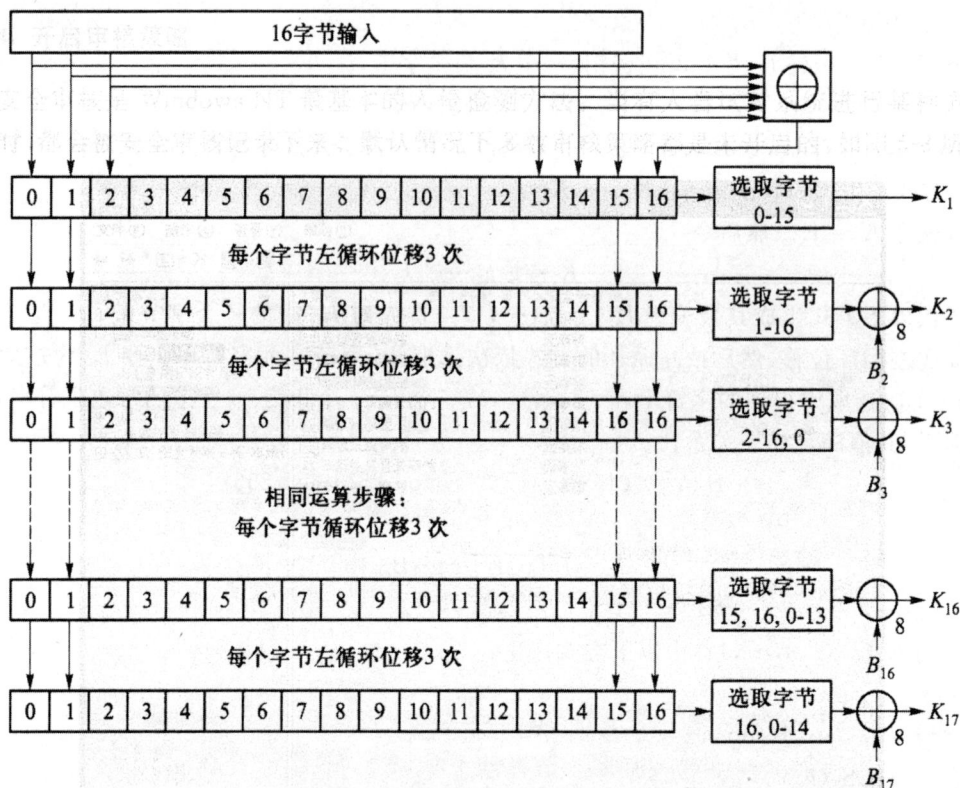

图 4-21　SAFER+ 子钥产生示意图

ArS 将 $X = x_0 x_1 \cdots x_{15}$，$x_i$ 中的每个字节进行置换，其中每个 x_i 长 1 字节，$i = 0, 1, \cdots, 15$：

$$\text{ArS}(X) = x_8 x_{11} x_{12} x_{15} x_2 x_1 x_6 x_5 x_{10} x_9 x_{14} x_{13} x_0 x_7 x_4 x_3$$

替换运算使用两个 S-匣子 e 和 l。e 是一个含 28 个元素的表，其下标从 0 到 255，用一个字节表示。令 x 为输入字节，则

$$e(x) = (45^x \bmod (2^8 + 1)) \bmod 2^8$$

替换运算将用 $e(x)$ 取代 x。

l 是 e 的逆匣子，即 l 含 28 个元素，其下标从 0 到 255，用一个字节表示。对每个字节秒，如果 $e(x) = y$，则

$$l(y) = x$$

令 Y_i 表示第 i 轮运算的输入，它是长 128bit 的二元字符串，其中 $1 \leqslant i \leqslant 8$。即 $Y_i (i > 1)$ 是第 $i-1$ 轮运算的输出，Y_1 为明文段。令 K_{2i-1}、K_{2i} 为子钥，Z_1、Z_2 为两个临时变量，分别表示 128bit 二元字符串。

SAFER+ 加密算法的第 i 轮运算如下：

$$Z_0 = Y_i$$
$$Z_1[2j-2] = e(Z_0[2j-2] \oplus K_{2i-1}[2j-2])$$
$$Z_1[2j-1] = l(Z_0[2j-1] \oplus_8 K_{2i-1}[2j-1])$$
$$Z_1[2j] = l(Z_0[2j] \oplus_8 K_{2i-1}[2j])$$

$$Z_1[2j+1]=e(Z_0[2j+1]\oplus K_{2i-1}[2j+1])$$
$$j=1,3,5,7$$
$$Z_2[2j-2]=l(Z_1[2j-2]\oplus_8 K_{2i}[2j-2])$$
$$Z_2[2j-1]=e(Z_1[2j-1]\oplus K_{2i}[2j-1])$$
$$Z_2[2j]=e(Z_1[2j]\oplus K_{2i}[2j])$$
$$Z_2[2j+1]=l(Z_1[2j+1]\oplus_8 K_{2i}[2j+1])$$
$$j=1,3,5,7$$
$$Y_{i+1}=\mathrm{PHT}(\mathrm{ArS}(\mathrm{PHT}(\mathrm{ArS}(\mathrm{PHT}(\mathrm{ArS}(\mathrm{PHT}(Z_2)))))))$$

2）输出转换

经过 8 轮相同的运算后，输出转换运算将 Y_9 通过以下运算得密文 C：

$$C[2j-2]=Y_9[2j-2]\oplus K_{17}[2j-2]$$
$$C[2j-1]=Y_9[2j-1]\oplus_8 K_{17}[2j-1]$$
$$C[2j]=Y_9[2j]\oplus_8 K_{17}[2j]$$
$$C[2j+1]=Y_9[2j+1]\oplus K_{17}[2j+1]$$
$$j=1,3,5,7$$

5. 蓝牙算法 E_1、E_{21} 和 E_{22}

蓝牙用 SAFER+ 算法和一个经过修改的 SAFER+ 算法构造 E_1，并用修改后的 SAFER+ 算法构造 E_{21} 和 E_{22}。修改后的 SAFER+ 算法与原算法的不同之处在于，它将第 1 轮运算的输入 Y_1 和第 3 轮运算的输入 Y_3 用 $\oplus$ 和 $\oplus_8$ 运算，给出新的 Y_3，这样做的目的是使得修改后的算法不可逆。

$$Y_3[2j-2]\leftarrow Y_3[2j-2]\oplus Y_1[2j-2]$$
$$Y_3[2j-1]\leftarrow Y_3[2j-1]\oplus_8 Y_1[2j-1]$$
$$Y_3[2j]\leftarrow Y_3[2j]\oplus_8 Y_1[2j]$$
$$Y_3[2j+1]\leftarrow Y_3[2j+1]\oplus Y_1[2j+1]$$
$$j=1,3,5,7$$

为方便，用 A_r 表示 SAFER+ 加密算法，A' 表示修改后的 SAFER+ 算法。

（1）E_1

令 K 为 16 字节长的密钥，ρ 为 16 字节二元字符串，α 为 6 字节地址。定义 $\widetilde{K}$ 如下：

$$\widetilde{K}[0]=K[0]\oplus_8 233,\widetilde{K}[1]=K[1]\oplus 229$$
$$\widetilde{K}[2]=K[2]\oplus_8 223,\widetilde{K}[3]=K[3]\oplus 193$$
$$\widetilde{K}[4]=K[4]\oplus_8 179,\widetilde{K}[5]=K[5]\oplus 167$$
$$\widetilde{K}[6]=K[6]\oplus_8 149,\widetilde{K}[7]=K[7]\oplus 131$$
$$\widetilde{K}[8]=K[8]\oplus 233,\widetilde{K}[9]=K[9]\oplus_8 229$$
$$\widetilde{K}[10]=K[10]\oplus 223,\widetilde{K}[11]=K[11]\oplus_8 193$$
$$\widetilde{K}[12]=K[12]\oplus 179,\widetilde{K}[13]=K[13]\oplus_8 167$$
$$\widetilde{K}[14]=K[14]\oplus 149,\widetilde{K}[15]=K[15]\oplus_8 131$$

用扩张函数 E 将 α 循环扩张成 16 字节长的二元字符串，定义如下：

$$E(\alpha) = \alpha \parallel \alpha \parallel \alpha[0:3]$$

E_1 将 r、K 和 α 作为输入,其输出为一个 16 字节的二元字符串,定义如下:

(2) E_{21}

E_{21} 的输入为一个 16 字节的随机二元字符串 ρ 及 6 字节地址 α。令

$$\rho' = \rho[0:14] \parallel (\rho[15] \oplus b(6))$$

其中 $b(6)$ 为数字 6 的 8 字节二元表示,即 $b(6) = 00000110$。则

$$E_{21}(\rho, \alpha) = A'_r(\rho', E(\alpha))$$

(3) E_{22}

E_{22} 的输入为 16 字节随机二元字符串 ρ、6 字节地址 α 及 ℓ 字节 PIN 码 p,其中 $1 \leqslant \ell \leqslant 16$。令

$$PIN' = \begin{cases} PIN \parallel \alpha[0] \parallel \cdots \parallel \alpha[\min\{5, 15-\ell\}], & \ell < 16 \\ PIN, & \ell = 16 \end{cases}$$

令 $\ell' = \min\{16, \ell+6\}$。令

$$\kappa = \begin{cases} PIN' \parallel PIN' \parallel PIN'[0:1], & \ell' = 7 \\ PIN' \parallel PIN'[0:15-\ell'], & 8 \leqslant \ell' < 16 \\ \rho, & \ell' = 16 \end{cases}$$

$$\rho' = \rho[0:14] \parallel (\rho[15] \oplus b(\ell'))$$

其中 $b(\ell')$ 为 ℓ' 的 8bit 二元表示。则

$$E_{22}(PIN, \rho, \alpha) = A'_r(\kappa, \rho')$$

4.4　无线网络常用的安全技术

无线局域网的安全技术包括物理地址(MAC)过滤、服务区标志符(SSID)匹配、连线对等保密(WEP)等。

4.4.1　物理地址过滤

每个无线客户端网卡都有唯一的 48b 物理地址(MAC)标志,可在 AP 中手工维护一组允许访问的 MAC 地址列表,实现物理地址过滤。物理地址过滤属于硬件认证,而不是用户认证。这种方式要求 AP 中的 MAC 地址列表必须随时更新。如果用户增加,则扩展能力变差,其效率会随着终端数目的增加而降低,因此只适用于小型网络规模。

非法用户通过网络监听就可获得合法的 MAC 地址表,而 MAC 地址并不难修改,因而非法用户完全可以通过盗用合法用户的 MAC 地址非法接入。物理地址过滤如图 4-22 所示。

4.4.2　802.1X 认证架构

802.1X 认证架构已经被采用在 IEEE 802.11 工作组 I(TGI)中作为 802.11 MAC 层安全的增强手段,如图 4-23 所示。

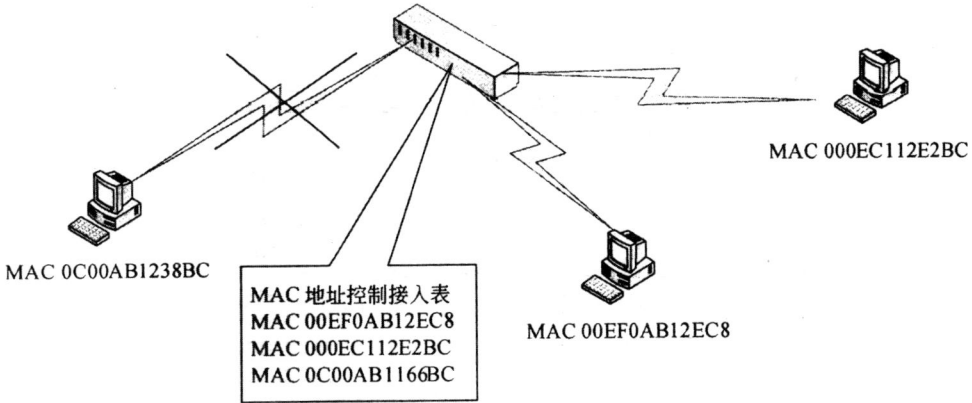

图 4-22　MAC 地址过滤

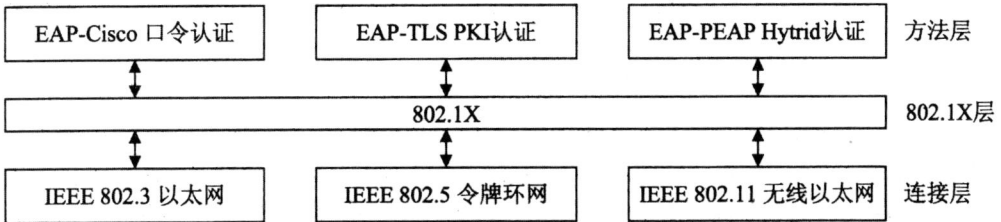

图 4-23　802.1X 网络层结构

完成 802.1X 认证需要 3 个实体。

①请求者:这个实体驻留在 WLAN 终端内。

②认证者:这个实体驻留在 AP 内。

③认证服务器:这个实体驻留在 RADIUS 服务器内。

图 4-24 给出了 802.1X 组件间操作流程。

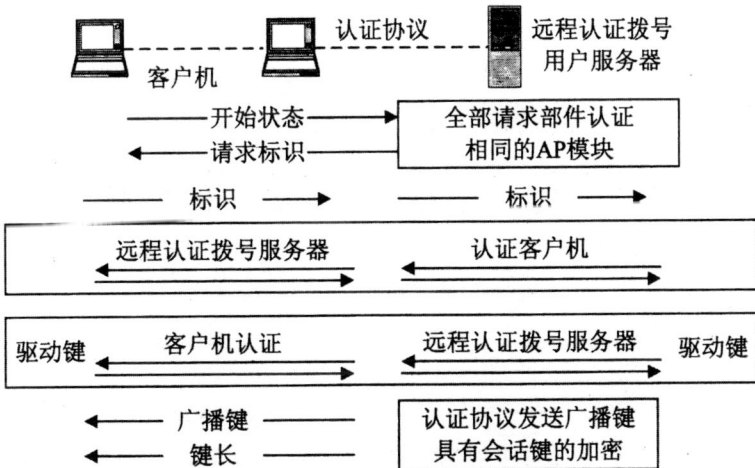

图 4-24　802.1X 组件间操作流程

由于 802.1X 是可扩展的,它允许在其上有多种认证算法。

4.4.3 服务区标识符匹配

无线客户端必须设置与无线访问点 AP 相同的 SSID 才能访问 IP。利用 SSID 设置,可以很好地进行用户群体分组,避免任意漫游带来的安全和访问性能降低的问题。可以通过设置隐藏接入点(AP)及 SSID 区域的划分和权限控制来达到保密的目的,因此可以认为 SSID 是一个简单的口令,通过提供口令认证机制,确保一定程度的安全。服务区标志匹配如图 4-25 所示。

如果配置 AP 向外广播其 SSID,那么安全程度将下降;因为一般情况下用户自己配置客户端系统,很多人都知道该 SSID,所以很容易共享给非法用户。

有的厂家支持所有 SSID 方式,只要无线工作站在某个 AP 范围内,客户端都会自动连接到 AP,这将跳过 SSID 安全功能。

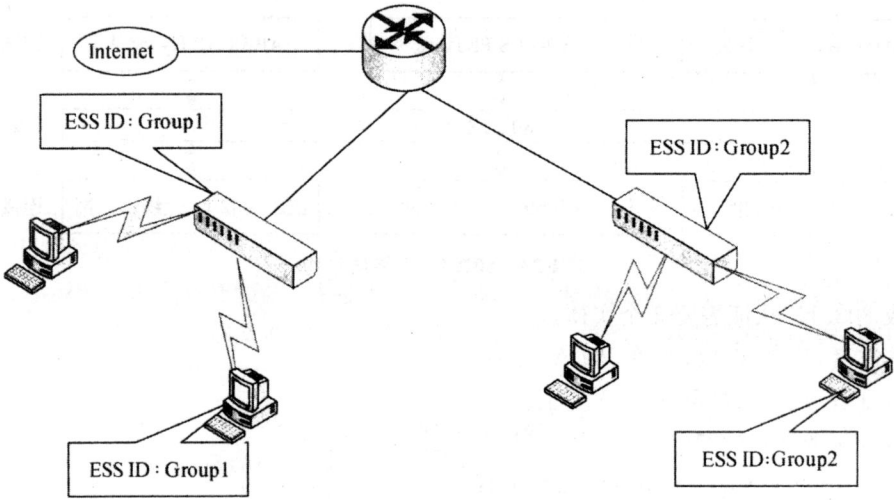

图 4-25　服务区标识匹配

第5章　操作系统安全

5.1　操作系统 NT 的安全

从本质上来看,微软公司第一个真正意义上的网络操作系统就是 Windows NT(New Technology),它的发展历经了 NT 3.0、NT 4.0、NT 5.0 和 NT 6.0 等众多版本,且在广大中小网络操作系统的市场中都可看到其身影。

5.1.1　Windows NT 的优点

Windows NT 操作系统的优点如图 5-1 所示。

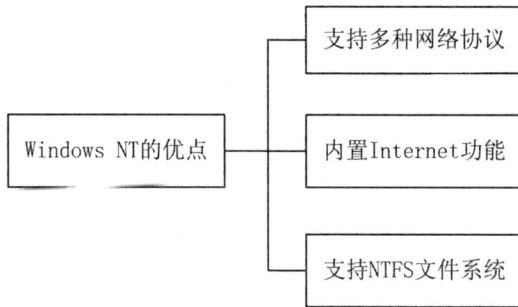

图 5-1　Windows NT 的优点

5.1.2　Windows NT 的安全基础

Windows NT 具备了由安全性模块和安全性配置分析这两个安全性配置工具,具体是由微软管理界面 MMC 的插件所提供的。安全性模板提供了针对 10 多种角色(从基本工作站、基本服务器一直到高度安全的域控制器)的计算机的管理模板,这些角色的安全性要求是有差异的。管理员为了完成创建针对当前计算机的安全性策略的目的,就需要实现安全性的配置了。以下是 Windows NT 系统的安全特性。

1. 数据的安全性

以下三个方面很好地体现了 Windows NT 所提供的数据保密性和完整性的特性。

①用户登录的安全性。始于用户登录网络,在 Kerberos 和 PKI 等验证协议的帮助下,Windows NT 拥有了强有力的口令保护和单点登录。

②网络数据的保护。在验证协议的帮助下,才有本地网络中数据的安全性可言。若这些安全性仍然无法满足客户的要求,就需要借助于 IPSec 的方法,实现点到点的数据加密安全性。

③存储数据的保护。至于软件产品或者加密文件系统的签署，需要借助于数字签名的机制来实现。在一般的加密文件系统中，每个文件都采用随机密钥来加密，不但可以加密本地的NTFS文件或文件夹，即使是远程的文件也可以实现加密，且文件的输入/输出不会受到任何影响。具体采取什么样的恢复策略，是由 Windows NT 的整体安全性策略确定的，数据的恢复要由具有恢复权限的管理员才能够进行操作，有一点需要注意的是，用来加密的密钥是无法被恢复的。

2. 企业之间通信的安全性

为了满足不同企业之间通信的需要，Windows NT 提供了多种安全协议和用户模式的内置的集成，其实现方式如图 5-2 所示。

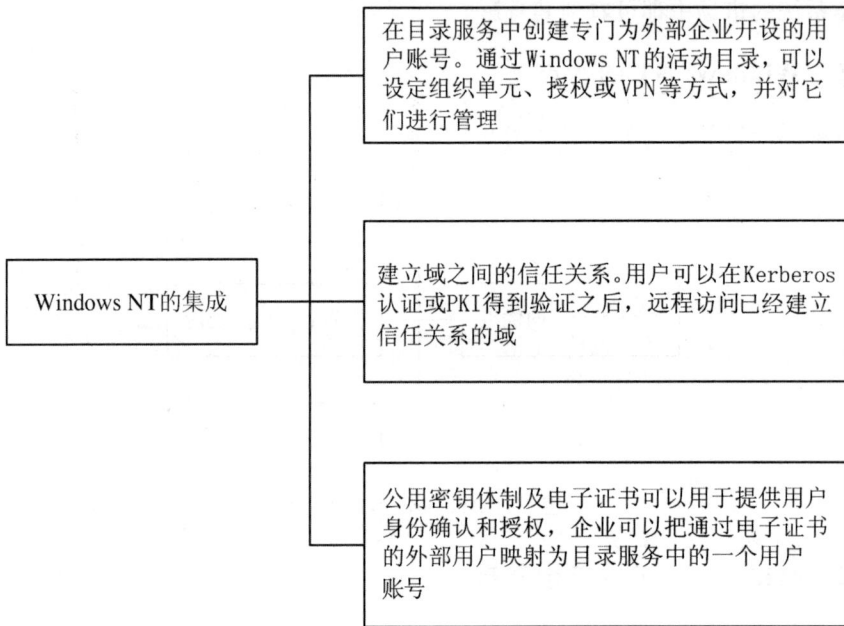

图 5-2　Windows NT 的集成

3. 企业和 Internet 的单点安全登录

当用户成功地登录到网络之后，一个用户的安全属性就会被 Windows NT 透明地管理，而这跟是通过用户账号还是用户组的权限规定来体现的安全属性没多大关系，跟是通过数字签名还是电子证书也关系不大。先进的应用服务器是可以得到用户安全属性的，具体是借助于从用户登录时所使用的安全支持提供器接口（Security Support Provider Interface,SSPI）来实现的，这样的话，用户就可以借助单点登录实现所有服务的访问了。

4. 安全管理的易操作性和良好扩展性

在活动目录中，在组策略的帮助下，所需要的安全保护会被管理员集中加强到某个计算机对象上。一些安全性模板也包含在 Windows NT 中，既可以针对计算机所担当的角色来实施,作为创建定制的安全性模板的基础也是不错的选择。

5.1.3　Windows NT 的系统结构

层次结构和客户机/服务器结构的混合体即为 Windows NT 的结构,具体如图 5-3 所示。唯一运行的核心模式的部分即为执行者,它分为三层:硬件抽象层、微内核层和一系列实现基本系统服务的模块所构成的层。硬件抽象层为微内核提供硬件设备的接口,方便系统移植。微内核则为硬件抽象层提供执行、中断和异常处理等支持。基本系统服务的模块主要包括:安全参考监视器、进程管理、对象执行服务、局部过程调用、虚拟 DOS 机控制、对象管理、配置管理以及内存管理等。

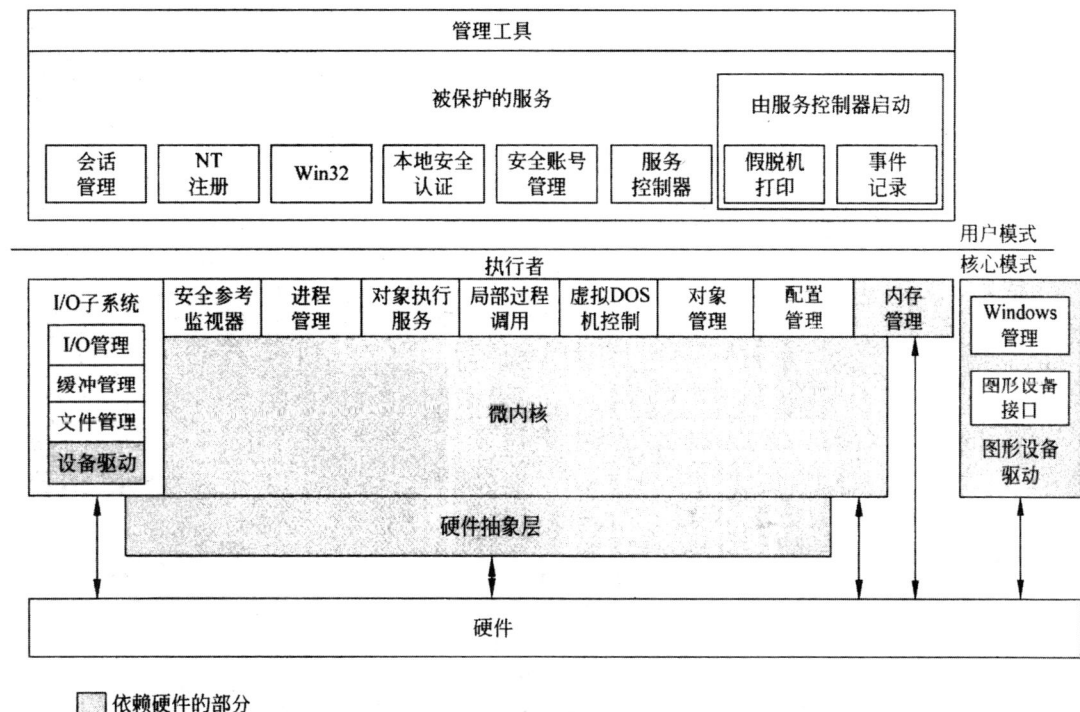

图 5-3　Windows NT 系统结构

服务器或被保护服务即为被保护的子系统,其具体实现是在用户模式下,以具有一定特权的进程形式进行的。被保护的子系统提供了应用程序接口,当一个应用调用 API 时,消息通过局部过程调用发送给对应的服务器,服务器则通过发送消息应答调用者。

Windows NT 提供的标准服务包括:会话管理、NT 注册、Win32 服务、本地安全认证和安全账户管理等,具体如图 5-4 所示。

5.1.4　Windows NT 的安全模型

在 Windows NT 系统中,安全模型是由三大部分构成的,具体为本地认证、安全账户管理器和安全参考监视器。此外,囊括了注册、访问控制和对象安全服务等,安全模型的重要组成部分也是这些。Windows NT 系统的安全模型如图 5-5 所示。

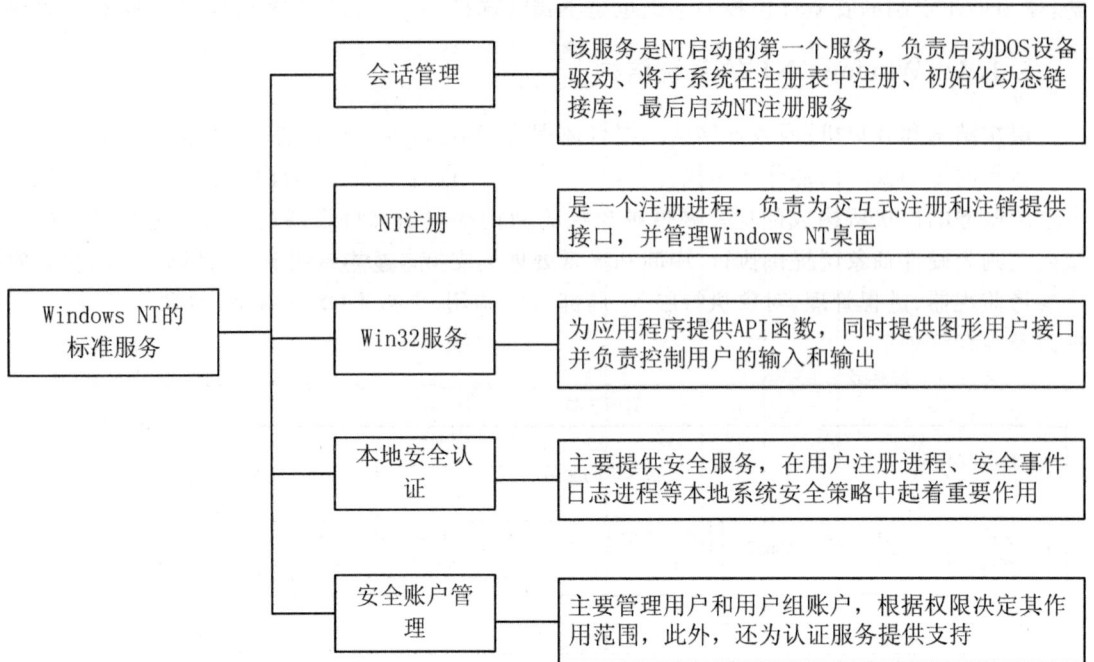

图 5-4　Windows NT 的标准服务

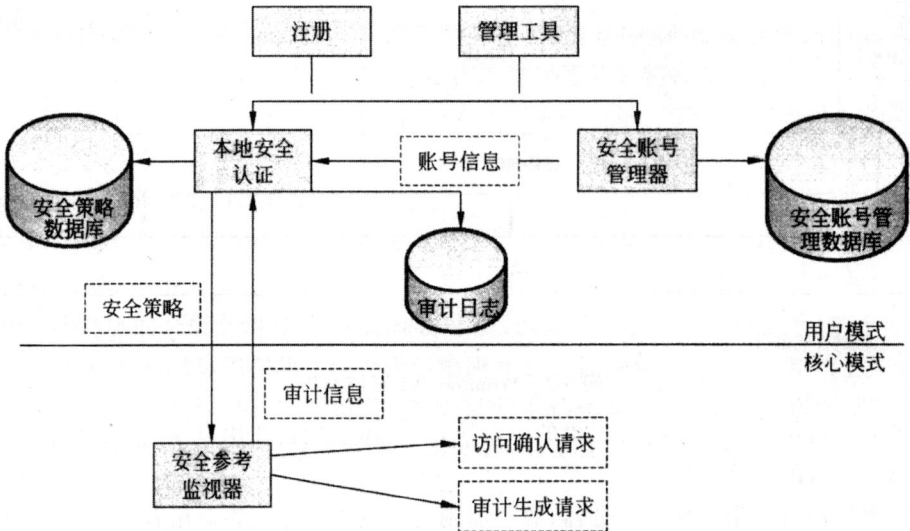

图 5-5　Windows NT 系统安全模型

5.1.5　Windows NT 的安全技术

(1)活动目录和域

整个网络上资源的目录信息都会存储在活动目录中。活动目录提供了集中组织、管理和控制网络资源访问的方法等一些目录服务功能。同时,对于整个活动目录资源的访问,要求用户仅需登录一次即可,这属于活动目录所提供的对网络资源的集中控制。

Windows NT 的安全机制是建立在对象的基础上的,因此对象的概念与安全问题密切相关。活动目录中存储网络对象的信息。活动目录对象代表网络资源,例如用户、组、计算机和打印机,而且网络中所有的服务器、域和站点都作为对象。

域是活动目录中逻辑结构的核心单元。一个域包含多台计算机,它们由管理者设定,共用一个目录数据库。每一个域都有一个唯一的名称。在 Windows NT 网络中,域起着安全边界的作用——保证域的管理者只能在该域内有必要的管理权限,除非管理者获得其他域的明确授权。每个域都有自己的安全策略和与其他域的安全联系方式。

信任关系是域与域之间建立的连接关系。它可以执行对经过委托的域内用户的登录审核工作。域之间经过委托后,用户只要在某一个域内有一个用户账户,就可以使用其他域内的网络资源了。

Windows NT 系统提供四种基本的域模型:单域模型、主域模型、多主域模型和完全信任域模型。

①单域模型:网络中只有一个域,就是主域,域中有一个主域控制器和一个或多个备份域控制器。该模型适用于用户较少的网络。

②主域模型:网络中至少有两个域,但只在其中一个域(主域)中创建所有用户并存储这些用户信息。其他域则称为资源域,负责维护文件目录和打印机资源,但不需要维护用户账户。资源域都信任主域,使用主域中定义的用户和全局组。该模型适用于用户不太多,但又必须将资源分组的情况。

③多主域模型:网络中有多个主域和多个资源域,其中主域作为账户域,所有的用户账户和组都在主域之上创建。各主域都相互信任,其他的资源域都信任主域,但各资源域之间不相互信任。该模型便于大型网络的统一管理,具有较好的伸缩性。因此,该模型适用于用户数很多且有一个专门管理机构的网络。

④完全信任域模型:网络中有多个主域,且这些域都相互信任;所有域在控制上都是平等的,每个域都执行自己的管理。该模型适用于各部门管理自己的网络。

(2)Kerberos 验证协议

Kerberos 是由 MIT 开发的,用于提供网络认证服务的系统。它可用来为网络上的各种Server 提供认证服务,使得口令不再是以明文方式在网络上传输,并且连接之间的通信是加密的。它和 PKI 认证的原理不同,PKI 使用公钥体制(不对称密码体制),Kerberos 基于私钥体制(对称密码体制)。Kerberos 称为可信的第三方验证协议,意味着它运行在独立于任何客户机或服务器的服务器之上。Kerberos 5 的身份验证协议提供了一种相互验证(通过服务器和客户端相互验证或者一台服务器与其他服务器之间相互验证)的身份验证机制。Kerberos 为远程登录提供安全性并可提供单个登录解决方案,以便用户无须每次访问新服务器时都登录。验证服务器将所有用户的密码存储在中央数据库中,由它颁发凭据,而客户端使用凭据来访问验证服务器领域内的服务器。适用范围包括接入服务器跟踪的所有用户和服务器。验证服务器由一个管理人员在物理上进行保护和管理。由于它验证用户身份,因此应用程序服务器得以免除此任务,它们“信任”验证服务器为特定客户颁发的凭据。Kerberos 系统对用户的口令进行加密后作为用户的私钥,如此一来,口令在信道中的传输也是以加密的方式进行的,实现了较高的安全性;用户在使用过程中,为了实现对合法用户的透明性,口令的输入仅发生在登录时。Kerberos 还可以较方便地实现用户数的动态改变。Kerberos 协议已被完全集成到 Windows NT 5.0 的安全性结构中。

（3）加密文件系统 EFS

对受保护文件的访问，可以通过用户权限来限制。然而，如果入侵者能够得到用户对磁盘驱动器的权限，即可在其他计算机上安装该驱动器，然后在该机的操作系统平台上，用管理级特权访问存储在该驱动器上的数据。为了防止这种情况的发生，Windows NT 提供了一种解决方案——数据加密。数据加密使用一种称为"加密文件系统（Encrypting File System，EFS）"的功能。在 Windows NT 的 NTFS 文件系统中，内置了 EFS 加密系统，利用 EFS 加密系统可以对保存在硬盘上的文件进行加密。EFS 加密系统作为 NTFS 文件系统的一个内置功能，其加密和解密过程对应用程序和用户而言是完全透明的。另外 Windows NT 内置了数据恢复功能，可以由管理员恢复被另一个用户加密的数据，保证了数据在需要使用的情况下始终可用。

（4）安全性支持——Windows IP Security

Windows NT 5.0 推出了一种新的网络安全性方案——IP Security，简称 IPSec。它符合 IETF 宣布的 IP 安全性协议的标准，支持在网络层一级的验证、数据完整性和加密。IPSec 的主要目的是为 IP 数据包提供保护。IPSec 的基础是端-端的安全性模型，也就是说只有发送者和接收者这两台主机知道有关 IPSec 保护的情况。各个计算机都在它自己的一端处理安全性。

在进行数据交换之前，先相互验证计算机，在两个计算机之间建立安全性协作关系。在数据传输之前，加密要传输的数据。在鉴别或者加密数据时，IPSec 采用标准的 IP 数据包格式。因此，中间的网络设备没有必要用不同于标准 IP 数据包的方法来处理 IPSec 数据包。IP Security 存在于传输层之下，因此它对应用程序和用户来说都是透明的。也就是说，当在防火墙和路由器上实现 IP Security 时，用户桌面的网络应用程序不需要做任何修改。

5.1.6 Windows NT 的安全管理措施

1. 物理安全

服务器应当放置在安装了监视器的隔离房间内，并且应当保留 15 天以内的监控录像记录；机箱、键盘、抽屉等要上锁，钥匙要放在安全的地方，以保证他人即使在无人值守时也无法使用此计算机；此外，还应该禁止 DOS 或其他操作系统访问 NTFS 分区，在服务器上设置系统启动口令，设置 BIOS 禁用软盘引导系统，不创建任何 DOS 分区；保证机房的物理安全等。

2. 安装策略

采用自定义安装，设置系统文件格式为 NTFS，选择必要的系统组件和服务。在 Windows NT 操作系统下，应该充分利用 NTFS 文件系统的安全性——NTFS 文件系统可以将每个用户允许读/写文件的权限限制在磁盘目录下的任何一个文件夹内。

3. 用户账户策略

(1)为用户设置密码策略

适当地使用密码策略并养成良好的习惯,可以将受到伤害的可能性降到最低,有效地避免攻击者获得受保护信息的访问权、在计算机中放入特洛伊木马或是进行其他的破坏活动。对于密码,我们可以创建密码策略来做些强制设置。

(2)保护默认的管理员账户

管理员账户 Administrator 拥有整台计算机的完全控制权,任何人只要获得了管理员身份,就可以在该台计算机上做他想做的任何事情。因为用户名是已知的,所以攻击者只需要破解密码就可以了。这时就需要对默认的管理员账户采取一定的保护措施。

(3)设置用户锁定策略

账户锁定是指为保护账户的安全而将此账户进行锁定,使其在一定的时间内不能再次使用,以防止连续的尝试猜解口令攻击。账户锁定策略设定的第一步就是指定账户锁定的阈值,即锁定前该账户无效登录的次数 n。如果 n 次登录全部失败,就会锁定该账户。通过账户锁定策略,可以有效地避免自动猜解工具的攻击,同时对于手动尝试者的耐心和信心也可造成很大的打击。锁定用户账户常常会造成一些不便,但系统的安全有时更为重要。

(4)限制用户登录

对于企业网的用户还可以通过对其登录行为进行限制,来保障其用户账户的安全。这样,即使是密码出现了泄漏,系统也可以在一定程度上将黑客拒之于门外。在 Windows NT 系统中,可以限制用户登录的时间和地点。

4. 系统权限与安全配置

对系统设置,有一句话颇具代表性,即"最小的权限＋最少的服务＝最大的安全"。因此,在进行系统设置时,要始终设置用户所能允许的最小目录和文件的访问权限,还要关闭服务器上不必要的服务及端口。

具体是通过以下几个方面来设置:

- 设置 NTFS 系统权限;
- 删除默认共享 ipcMYM 空连接,禁用不用端口;
- 服务最小化。

5. 系统监控策略

在实际管理过程中,除了对安全漏洞进行修补之外,还要对系统的运行状态进行实时监控,以便及时发现利用各种漏洞的入侵行为。

具体是通过以下几个方面来设置:

- 启用系统审核机制;
- 日志监视;
- 监视开放的端口和连接;
- 监视共享。

6. 应用系统的安全

在 Windows NT 上运行的应用系统,应及时通过各种途径获得补丁程序,以解决其安全问题;应将 IIS 中的 sample、scripts、iisadmin 和 msadc 等 Web 目录,设置为禁止匿名访问并限制 IP 地址;将 FTP、Telnet 的 TCP 端口改为非标准端口;Web 目录、CGI 目录、scripts 目录和 WinNT 目录只允许管理员完全控制;凡是涉及访问与系统有关的重要文件,除系统管理员账号 Administrator 外,其他账号均应设置为只读权限。

5.2 操作系统 UNIX 的安全

UNIX 系统是为支持多用户而设计的,故为多用户提供了访问机器的多种途径,同时也为用户之间和多机之间通信提供了多种工具,然而在当今世界上出于各种目的,未授权人员常常进入计算机系统,当用户越来越依赖于 UNIX 机器以及机器中的文件和数据时,系统安全性也随之变得越来越重要,虽然可以采取措施阻止非法访问,但是一种复杂操作系统的自然趋势是时间越久,安全性越差,必须警惕安全性缺陷,及时堵塞漏洞,保护系统。下面首先讨论 UNIX 的安全保护机制,然后探讨一些不安全的因素,最后提出相应的安全措施。

1. UNIX 的安全保护机制

(1)注册标识和口令

UNIX 系统中,安全性方法的核心是每个用户的注册标识(loginid)和口令(password)。口令是以加密形式存放在/etc/passwd 文件中,每个用户占一行,另外几个系统正常工作所必需的标准系统标识也占一行,每行由几个以冒号(:)分隔的域组成:域 1 是用户标识,域 2 是口令,域 3 是用户标识数,域 4 是用户组标识,域 5 是注释,域 6 是用户主目录,最后一个域是用户注册 shell 的路径全名(默认为/bin/sh)。

```
%cat/etc/passws
root:Y0q0Fr68KMPSU:0:1:'[]':/:/bin/csh
daemon:*:1:1: :/:
sys:*:2:2::/:/bin/csh
bin:*:4:8:t/var/spool/uucppublic:
Hews:*:6:6::/var/spool/news:/bin/csh
sync::1:1::/:/bin/syne
wwm:66XGDZDOR4Fjq:349:349:Wei wei ming:/pe/wwm:/bin/esh
+::0:0:::
```

(2)文件权限

文件安全是操作系统安全最重要的部分,下面是文件的权限位格式:

```
U G T R W X/S R W X/S R W X/S
|  |  |  用户   同组   其他
调 调 粘
```

整　整　着 R:读 W:写 X/S:执行/搜索
主　组　位

它们由 4 个八进制数组成:第一个八进制数是调整 uid 位、调整 gid 位和粘着位,后面 3 个八进制数分别表示文件所有者、同组用户和其他用户对该文件的访问权限。下面是命令 ls-l 的输出形式:

drwxr-sr-x 3 root 512 Oct 14 1990 nserve

-rw-r--r--1 root 1145 Oct 14 1990 aliases

lrwxrwxrwx 1 root 10 Apr 27 14:18 adm->../var/adm

srw-rw-rw-1 root 0 Apr 12 06:42 log

brw-rw-rw-1 root 16,0 Apr 27 14:47 fd0a

crw-rw-rw-1 root 13,0 Apr 27 14:47 mouse

命令 ls-l 输出的左边给出了文件的访问权限(或称访问方式),其中最左边位的含义如下:

①-:说明为普通文件;

②l:说明为链接文件;

③d:说明为目录;

④p:先进先出特别文件;

⑤b:说明为块特别设备文件;

⑥c:说明为字符特别设备文件。

(3)约束 shell

标准 shell 为用户提供了许多功能,如用户可在文件系统中漫游等,然而几乎所有 UNIX 系统都提供另一个称为 rsh 的 shell,rsh 是标准 shell 的一个子集。

(4)文件加密

有了正确的文件权限,非法用户对文件的访问会受到很大的限制,然而一些技术水平比较高的入侵者或者是权限较高的用户仍然能够顺利读取到文件。有的系统还提供 DES 命令,遗憾的是人们对 UNIX 的加密算法了解太深,有一种打破 crypt 的程序是分析普通英语文本中和加密文件中字符的出现频率,因此,过分相信文件加密是危险的,但我们可以在加密前用另一个过滤程序改变字符出现的频率,如用 pack:

％pack example. txt

％cat example. txt. z|crypt>out. file

解密时要扩张(unpack)这一文件,另外,压缩后通常可节约原文件 20％～40％的空间。

％cat out. file|crypt>example. txt. z

％unpack example. txt. z

当然,将文件写到磁带上,删除机器中的原文件,并妥善保管磁介质是最保险的方法。

2. 不安全的因素

(1)口令

由于 UNIX 允许用户不设置口令,因此具体哪些是没有使用口令的用户,非法用户可借助于/etc/passwd 文件查找到,盗用其名进入系统,该用户的文件就会被读取甚至是破坏。另外就是口令猜测程序,入侵者可借助于由程序产生或者是不断地由手工将可能的口令输入进去。

(2)文件

某些设置可以增加文件的不安全因素,例如,下面几个是设置了不正确权限的文件的例子:

-rwxrwxrwx 1 root 1496 Oct 14 1990/bin/tty

drwxrwxrwx 7 bin 2048 Aug 7 07:57 etc

-rwsrwxrwx 1 root 8832 Oct 14 1990/bin/df

(3)特洛伊木马

在所有的不安全因素中,最隐蔽的不安全因素当属特洛伊木马,它是获得系统特权和用户口令的一种有效方法。

非法用户为了窃取用户的口令,会在 shell 程序的帮助下进一步伪装成录入程序,使该程序运行在某终端上,等待受骗者的到来即可。特洛伊木马程序在不注意的情况下植入到某用户的目录下,这也是侵入者常用的手段,此程序会在用户不知情的情况下得以执行,如此一来,侵入者便会轻而易举地得到了该用户权限,进而破坏用户文件,如伪装的 pwd 命令、ls 命令和su 命令等。

(4)设备特殊文件

UNIX 系统的两类设备(块设备和字符设备)被当作文件看待,称为特别文件,都在/dev目录下,对于特别文件的访问,事实上就访问了物理设备。这些特别文件是系统安全的一个重要方面,在此不做进一步的探讨。

(5)网络

在 UNIX 系统中,uucp(UNIX to UNIX copy)是 UNIX 网络程序的一个重要组成部分,文件的传输和命令的远程执行都可以借助于 uucp 来实现。由于历史的原因,UNIX 系统中最不安全的部分可以说就是它了。

(6)其他

其他不安全因素还包括邮件、后台命令和任务调度等。

5.3 操作系统的安全配置

1. 操作系统安全策略

利用 Windows NT 的安全配置工具来配置安全策略,微软提供了一套基于管理控制台的安全配置和分析工具,可以配置服务器的安全策略。

在管理工具中可以找到"本地安全设置",主界面如图 5-6 所示。默认情况下这些安全策略都是关闭的。

2. 关闭不必要的服务

Windows NT 的终端服务和 IIS 服务等都可能给系统带来安全漏洞,为了使服务器能够被远程地操作和管理,就需要开启相关计算机的终端服务,在完成相关终端服务的开启之后,就需要确认终端服务是否被正确地配置。要留意服务器上开启的所有服务并每天检查。

　　关闭服务的方法是,选择"控制面板"→"管理工具"→"服务"选项,双击选定的服务,在弹出的服务属性对话框中进行相应设置。

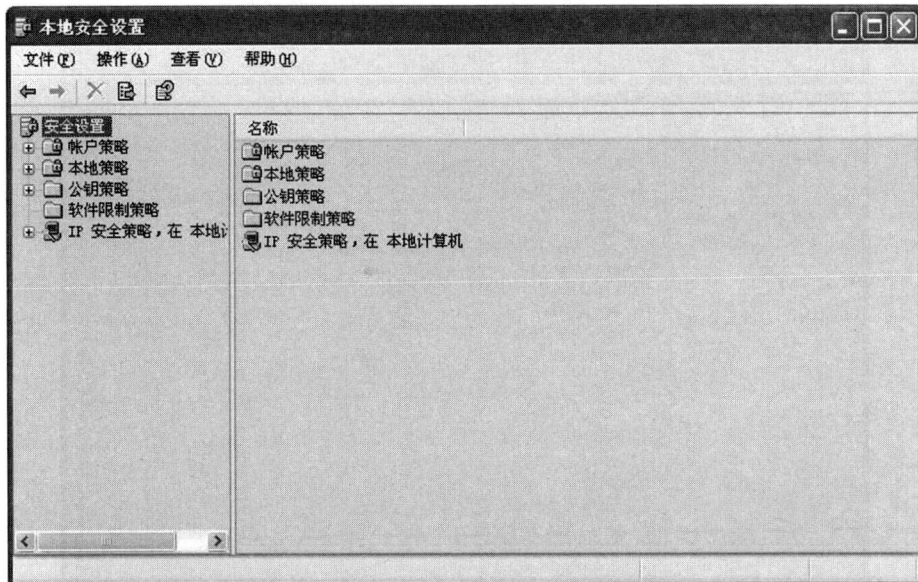

图 5-6　"本地安全设置"主界面

3. 关闭不必要的端口

　　开放的端口越多,即提供的服务越多,意味着潜在的安全威胁就越大。因此,有必要限制本机开放的端口数量,需要将不必要的端口调整到"关闭"状态。首先,在 IP 地址设置窗口中单击"高级"按钮,然后在出现的对话框中切换到"选项"选项卡,选中其中的"TCP/IP 筛选",单击"属性"按钮,进入 TCP/IP 端口筛选设置界面,如图 5-7 所示。

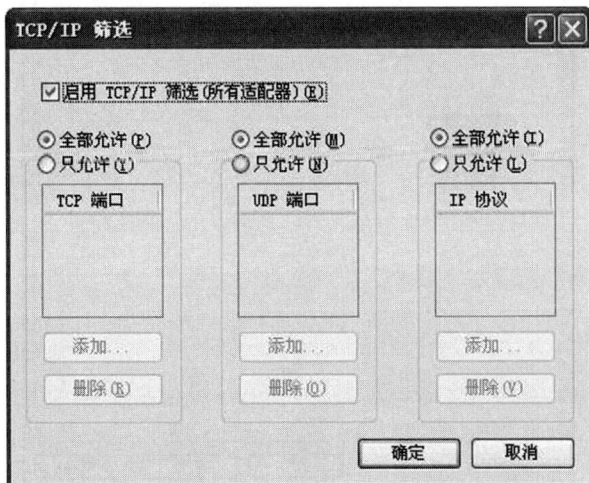

图 5-7　启用 TCP/IP 筛选

4. 开启审核策略

安全审核是 Windows NT 最基本的入侵检测方法。当有人尝试对系统进行某种方式的入侵时,都会被安全审核记录下来。默认情况下多数审核策略都是未开启的,如图 5-8 所示。

图 5-8　审核策略默认设置

双击审核列表的某一项,出现设置对话框,将复选框"成功"和"失败"都选中,如图 5-9 所示。

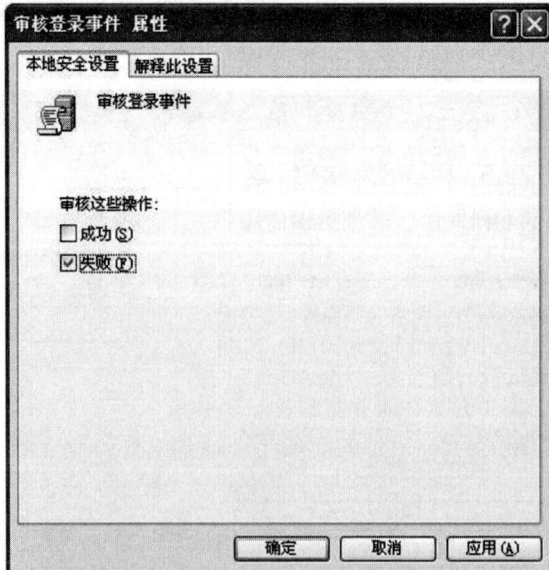

图 5-9　设置审核策略

5. 开启密码策略

密码对系统安全是非常重要的,然而,默认情况下本地安全设置中的密码策略都没有开启,需要开启的密码策略如表 5-1 所示。

表 5-1　必须开启的密码策略列表

策略	设置	策略	设置
密码复杂性要求	启用	密码最长存留期	15 天
密码长度最小值	6 位	强制密码历史	5 个

6. 开启账户策略

开启账户策略可以有效地防止字典式攻击,其设置如表 5-2 所示。其中,当某个用户连续尝试 5 次登录失败后将会自动锁定该账户,30 分钟后再自动复位被锁定的账户。

表 5-2　必须开启的密码策略

策略	设置	策略	设置
复位账户锁定计数器	30 分钟	账户锁定阈值	5 次
账户锁定时间	30 分钟		

7. 备份敏感文件

尽管目前计算机系统的硬盘容量都很大,但还是要将一些敏感文件和重要的用户数据(文件、数据表及项目文件等)备份到另一台安全服务器中。

8. 不显示上次登录名

默认情况下,终端系统接入服务器时,登录对话框中将会显示上次登录的账户名,本地的登录对话框也有此功能。攻击者可以因此得到系统的用户名信息,进而猜测密码。因此,建议将系统设置为不显示上次登录名,其方法是选择"控制面板"→"管理工具"→"本地安全策略",在"安全选项"中进行设置。

另一种方法是,直接设置注册表键 HKEY_LOCAL_MACHINE\Software\Microsoft\WindowsNT\CurrentVersion\WinlogonkDontDisplayLascUserName 的值为 1。

9. 禁止自动播放

当前有许多病毒、木马等恶意程序都选择通过 U 盘等移动存储介质进行传播,其传播的机理实际上就是利用了 Windows NT 系统的自动播放功能。该功能默认情况下是开启的,为避免系统通过移动存储介质感染恶意程序,有必要关闭系统的自动播放功能。

一种有效地关闭自动播放功能的方法是在命令行下执行组策略编辑命令 gpedit.msc,在弹出的界面上依次选择"计算机配置"→"管理模板"→"系统",双击"关闭自动播放",然后在弹出的"停用自动播放属性"对话框中,选择"已启用"和"所有驱动器"。

10. 安装最新安全补丁

Windows NT 操作系统不可避免地存在许多安全漏洞,这些漏洞被公布后若没有及时修补将很快被攻击者视为攻击目标。修补安全漏洞的有效方法是启用 Windows NT 的自动更新功能,及时下载并安装最新的安全漏洞补丁程序。

第6章   电子邮件安全

6.1   电子邮件安全概述

目前,网络信息安全的目标领域主要由两部分组成:网络信息交换安全和电子商务信息安全。电子邮件安全属于信息安全的一部分,它是信息安全中最具代表性的一种,对它的研究可以推广到网络信息安全的多个方面,尤其是对电子商务的安全具有很大的参考意义,无论是以后的推广,还是安全邮件本身都有很大的使用价值。

6.1.1   电子邮件简介

1. 电子邮件的基本概念

电子邮件就是人们通常所说的 E-mail。在英语中,mail 是邮件的意思,而 E 则是英语中电子一词 Electronic 的缩写。

随着 Internet 的发展,电子邮件已经成为人们在网上互通信息的最常用的手段之一。通过电子邮件可以实现极为迅速的远距离通信,可以传输个人信息,或者向亲戚朋友致以问候,还可以传输语音、图像、视频等多媒体文件,也可以为电子商务服务。不论距离远近,完成整个过程只需要几分钟,价格也比普通的国际邮件便宜得多。此外,电子邮件还有一个显著的优点,就是无论身在何处,只要有一台能够连接 Internet 的计算机,就能随时随地收发电子邮件。

2. 电子邮件的工作原理

电子邮件也有类似普通邮件之处,发信者会详细注明的邮件地址,实际就是收件人的姓名与地址,发送方服务器把邮件传到收件方服务器,邮件在收件方服务器的帮助下,会转发到收件人的邮箱中。电子邮件的传输过程如图 6-1 所示。

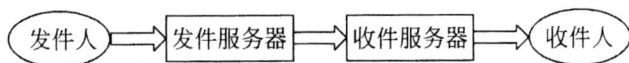

发件人 ➡ 发件服务器 ➡ 收件服务器 ➡ 收件人

图 6-1   电子邮件的传输过程

产生电子邮件安全隐患的原因如图 6-2 所示。

3. 电子邮件的特点

对于大多数国内用户来说,收发 E-mail 是 Internet 上一个最常用的功能。为什么人们要用 E-mail 收发邮件呢? 因为它和普通邮件相比有很多优点。

①方便。E-mail 非常方便,足不出户就可以和远在万里之外的他人通信。而且用户的信箱与普通信箱不同,是存在于 Internet 上的电子信箱,只要能连接到 Internet 就能随时随地读取和发送邮件。此外,还能把同一封信同时发给好几个不同的朋友。

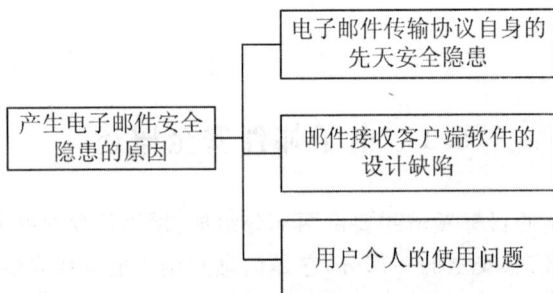

图 6-2　产生电子邮件安全隐患的原因

②快捷。Internet 上的信息在光纤中是以光速传播的,因此 E-mail 比普通的邮政信件快得多,甚至比普通的电报还要快。在网络通畅的情况下,一封几 Kb 的 E-mail 邮件只要几分钟就能到达收信人的电子信箱,不论其信箱是在国内还是国外。

③便宜。对于拨号上网的用户,为了尽量节省上网费用,通常应该在没有联网的时候把信写好。由于收发 E-mail 所占用的上网时间很短,所以相对寄送普通邮件来说,E-mail 是很便宜的,尤其对收发国际邮件的用户更是如此。

④信息多样。寄送普通信件,信息的量和种类十分有限。E-mail 则不同,它能把可以用数字表示的所有信息以附加文件的方式发给收件人,这些信息可以是文字、图像,也可以是声音甚至动画等形式的多媒体文件。

⑤功能强大。E-mail 不仅可以用来向网上的亲朋好友发邮件,还可以参加范围广泛的专题讨论组(Mailing List)、订阅电子期刊、完成文件传输(FTP)等功能。

6.1.2　电子邮件的安全威胁

1. 邮件病毒

邮件病毒的扩散一般是要借助于邮件中的附件来进行的,一旦附件中的病毒程序被运行的话,计算机就会感染病毒了。由于技术的不断发展,一些新型邮件病毒还能够做到仅仅打开邮件正文或浏览标题时就能够感染计算机。

2. 垃圾邮件

垃圾邮件的属性如图 6-3 所示,该定义是由中国互联网协会在《中国互联网协会反垃圾邮件规范》中给出的。

3. 监听

监听可分为如图 6-4 所示的两种方式。

```
                              ┌─────────────────────────────┐
                              │ 收件人事先没有提出要求或者同意      │
                              │ 接收的广告、电子刊物、各种形式      │
                              │ 的宣传品等宣传性的电子邮件        │
                              └─────────────────────────────┘
                              ┌─────────────────────────────┐
                              │ 收件人无法拒收的电子邮件           │
   ┌─────────────┐           └─────────────────────────────┘
   │ 垃圾邮件的属性   │           ┌─────────────────────────────┐
   └─────────────┘           │ 隐藏发件人身份、地址、标题等信      │
                              │ 息的电子邮件                   │
                              └─────────────────────────────┘
                              ┌─────────────────────────────┐
                              │ 含有虚假的信息源、发件人、        │
                              │ 路由等信息的电子邮件             │
                              └─────────────────────────────┘
```

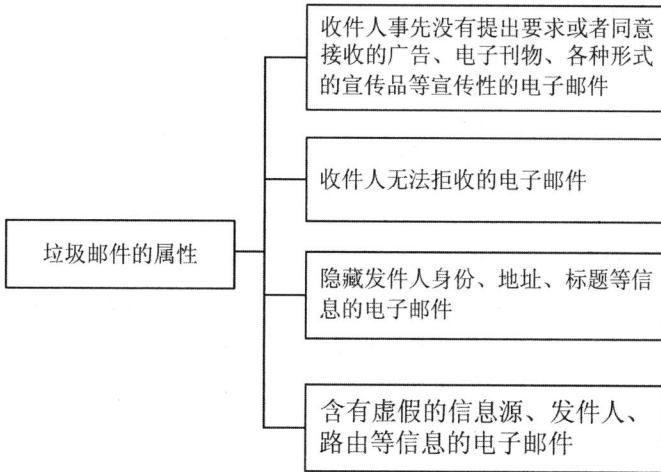

图 6-3　垃圾邮件的属性

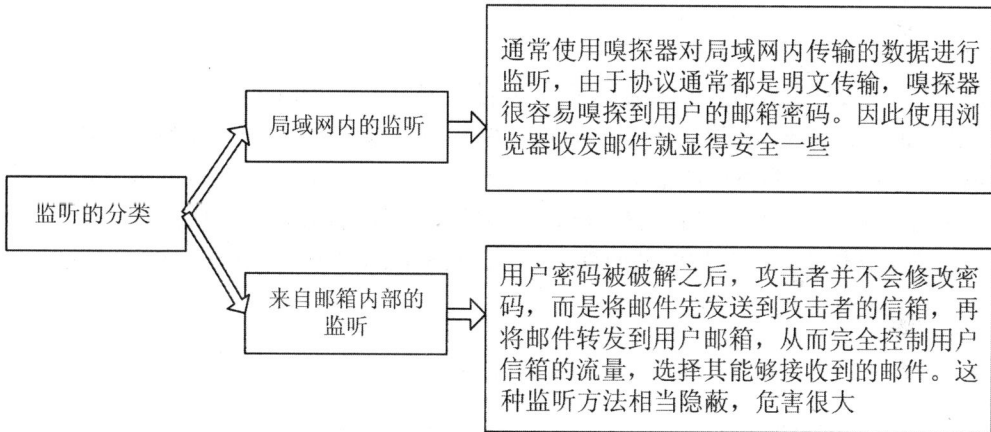

```
                    ┌─────────────┐    ┌─────────────────────────────┐
                    │ 局域网内的监听   │    │ 通常使用嗅探器对局域网内传输的数据进行   │
                    └─────────────┘    │ 监听,由于协议通常都是明文传输,嗅探器   │
   ┌─────────────┐                     │ 很容易嗅探到用户的邮箱密码。因此使用浏   │
   │ 监听的分类     │                     │ 览器收发邮件就显得安全一些            │
   └─────────────┘                     └─────────────────────────────┘
                    ┌─────────────┐    ┌─────────────────────────────┐
                    │ 来自邮箱内部的   │    │ 用户密码被破解之后,攻击者并不会修改密   │
                    │ 监听        │    │ 码,而是将邮件先发送到攻击者的信箱,再   │
                    └─────────────┘    │ 将邮件转发到用户邮箱,从而完全控制用户   │
                                       │ 信箱的流量,选择其能够接收到的邮件。这   │
                                       │ 种监听方法相当隐蔽,危害很大           │
                                       └─────────────────────────────┘
```

图 6-4　监听的分类

6.1.3　电子邮件的安全需求

以下几个方面体现了电子邮件的安全需求:

①机密性:保证只有真正的接收方能够阅读邮件。

②完整性:保证传递的电子邮件信息在传输过程中不被修改。

③认证性:保证信息的发送者不是非法用户顶替的。

④不可否认性:确保发信人无法否认发过电子邮件。

6.2　几种电子邮件安全技术

6.2.1　PGP 标准

自从 Philip Zimmermann 在 1991 年发布了 PGP 1.0 以来,PGP 取得了长足的发展。

PGP 能够免费运行在各种平台（DOS/Windows、UNIX、Macintosh 等）上，经过检验和审查后，其具体采用的算法被证实安全性也非常高，如公钥加密算法 RSA、DSS 和 Diffie-Hellman，对称加密算法 IDEA、3DES 和 CAST-128 以及散列算法 SHA-1 等。需要强调的是，PGP 加密系统不仅可以用于邮件的加密，也可用于普通文件的加密，还可以用于军事目的，完全能够实现电子邮件的安全性。

PGP 的特点是速度快、效率高，而且具有可移植性，可在多种操作系统平台上运行，是一个不可多得的集优秀密钥算法、理想设计、综合软件处理、充分兼容于一体的开源密码系统。后来 Zimmermann 组建了 OpenPGP 联盟（http://www.openpgp.org），以促进 PGP 标准的规范化。另外，Linux 下还有 PGP 的开源版本 GnuPG，简称 GPG，可以从 http://www.gnupg.org 上下载。

1. PGP 的功能

PGP 的主要功能如下：完整性鉴别、数字签名、压缩、机密性、电子邮件的兼容性以及分段和重装。PGP 具体工作原理如图 6-5 所示。

（1）完整性鉴别

用 MD5 算法对输入的任意长度的报文进行散列，以 512bit 的分组进行处理，产生一个128 位长度的报文摘要。报文摘要和原始报文保持一一对应关系，如果原始报文改变并再次进行散列，最终将会得到不同的报文摘要。运行相同散列算法的邮件接收者收到的报文摘要应该与他对收到的邮件明文进行散列得到的散列值相匹配；否则，报文的完整性也就无法得到保证。用于完整性鉴别的几种常见的算法有 MD5、SHA-1、RIPEMD-160 和 HMAC，在 PGP系统中使用的算法是 MD5。

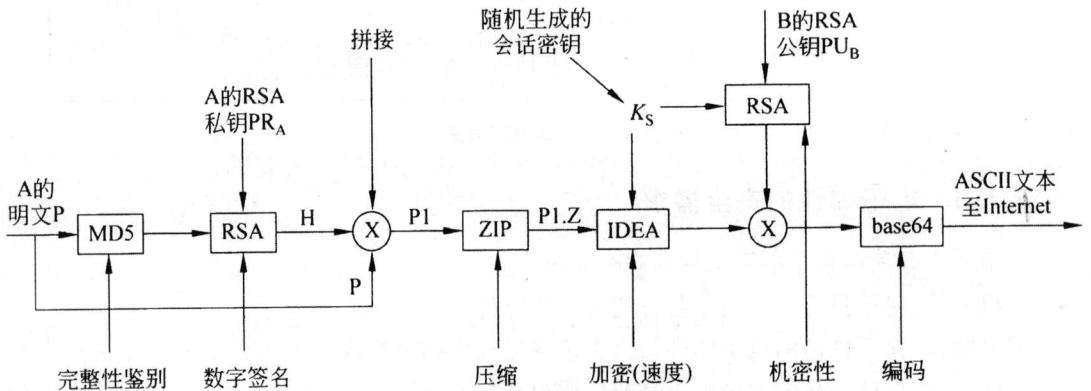

图 6-5　PGP 的工作原理

（2）数字签名

PGP 中的数字签名是由 RSA 算法来实现的。发送方 A 要传送文件给接收方 B，无论是发送方还是接收方都知道对方的公钥。A 就用 B 的公钥加密文件后发送，当 A 发送出的明文被 B 收到后，B 就会有自己的私钥解密该明文。由于没有别人知道 B 的私钥，所以即使是 A本人也无法解密发送的明文，如此一来，文件机密性的问题就得到了很好地解决。

B 是无法确认文件是由谁发来的，这是因为 B 的公钥是公开的。这时可以用发送方 A 的

RSA 私钥 PRA 对要发送明文的散列进行加密,即使用所谓的数字签名技术,接收方只能用发送方的公钥才能解开,实现了发送方对所发送报文的不可否认性,还保证了数据的完整性,同时,实现签名的速度还比较快。利用数字签名在一定程度上认证了发送方的身份。

(3)压缩

在 PGP 中,先对未压缩的消息签名,然后压缩以便将来验证时使用。如果是将压缩的消息进行签名,那么在后来的验证中就要对验证签名得出的结果进行动态解压缩,因为算法很不稳定,现有的 PGP 解密操作就变得很困难。

PGP 内核使用 PKZIP 算法对加密前的明文进行压缩。这种预处理,一方面减少了网络传输时间和磁盘空间。另一方面,从本质上来看明文经过压缩就是一次变换,此后明文中上下文的关系也会有一定的减弱,对攻击的抵御能力更强。此外,若先加密后压缩,压缩效果较差。

(4)机密性

用接收方 B 的公开密钥 PU_B 对随机生成的对称会话密钥 K_S 进行加密,同时以 K_S 作为密钥用 IDEA 算法对压缩后的明文进行加密,从而实现了电子邮件的机密性。这种链式加密方式(数字信封)既有 RSA 体系的保密性,又有 IDEA 算法的快捷性,从而既保证了消息自身的安全性,又安全地传递了 IDEA 密钥,可谓是一举两得。同时 K_S 是发送方随机产生的,不需要和接收方协商;而且 K_S 的偶然泄露不影响其他密文传递的安全。

用接收方 B 的公钥 PU_B 对随机生成的密钥 K_S 进行加密,保证了只有接收方 B 才能得到密钥 K_S,这样的话,在对称加密算法中的密钥安全传递问题就得到了很好地解决。这里使用了公开加密算法 RSA,虽然 RSA 算法较慢,但这里只是对较短的密钥 K_S 加密,并不影响整个 PGP 加密的速度。同时用随机生成的密钥 K_S 对拼接压缩后的明文用 IDEA 算法进行加密,这里之所以选择对称加密算法 IDEA 进行加密是出于速度上的考虑,如果用 RSA 算法加密,一旦待加密的数据文件比较长,RSA 加密的时间就会很长,从而影响整个 PGP 系统执行的速度。

(5)电子邮件的兼容性

借助于 base64 转换算法,加密的报文会被转换成 ASCII 字符串,这么做是使文件应用的透明性得到保证。当使用 PGP 时,鉴于任意 8bit 的数据流组成了部分或全部的结果报文这一点,故就需要加密传输报文的一部分了。但由于很多的文件系统只允许使用 ASCII 字符组成的报文,所以 PGP 提供了 base64 转换方案,将原始二进制流转化为可打印的 ASCII 文本,即实现了电子邮件的兼容性。

在实际中,使用 base64 转换将导致消息大小增加 33%。但幸运的是,会话密钥和消息的签名部分都相当紧凑,使得原始消息将被压缩。实际上,压缩的效果不仅可以补偿 base64 转换导致的膨胀,还可以大大减少占有的空间。

(6)分段和重装

文件设施经常受最大报文长度(50000 字节)的限制,PGP 之所以需要完成报文的分段和重新装配,就是为了使最大报文长度的限制得到满足。

2. PGP 消息格式及收发过程

根据 PGP 的工作原理,可以进一步讨论 PGP 传递的消息格式,如图 6-6 所示。消息由报文部分、签名(可选)和会话密钥(可选)3 部分组成。

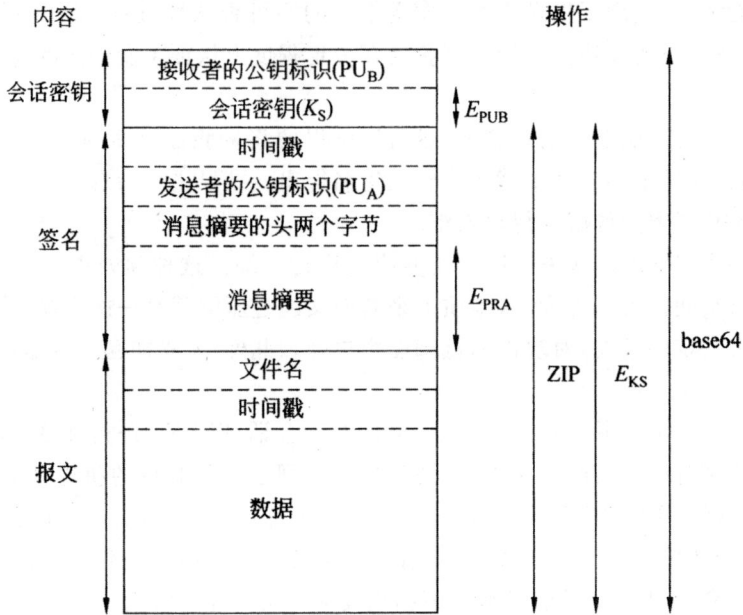

图 6-6　PGP 消息的格式

①报文包括实际存储或传输的数据,如文件名、消息产生的时间戳等。

②签名部分包括产生签名的时间戳、消息摘要、作为消息的 16 位校验序列的消息摘要的头两个字节、发送者的公钥标识(从而标识了加密消息摘要的私钥)。

③会话密钥部分包括会话密钥本身和标识发送方加密会话密钥时所使用的接收方的公钥标识。

base64 转换编码在整个消息中都用到了。

使用 PGP 系统对电子邮件进行加密和解密的过程:当发送者利用 PGP 加密一段明文时,PGP 首先算出明文散列值,然后进行数字签名,接着压缩明文与数字签名拼接的报文,然后 PGP 生成一个随机的会话密钥,采用对称加密算法(例如 DES、IDEA、AES 等)加密刚才压缩后的明文,产生密文。然后用接收者的公钥加密刚才的会话密钥,并与密文拼接,经过编码后传输给接收方。接收方首先用自己的私钥解密,获得会话密钥,最后用这个密钥解密密文,再通过匹配消息的散列值分析消息是否具有完整性,从而保证了电子邮件的机密性、完整性、认证性和不可否认性。

3. PGP 的安全性分析

PGP 加密系统关键部分的安全性问题包括以下四个方面。

(1)IDEA 安全性分析

事实上,IDEA 是 PGP 密文的加密算法,IDEA 于直接攻击的解密者来说,是 PGP 密文的第一道防线。

128 位是 IDEA 密钥的长度,如果想要将全部的密钥个数借助于十进制的方式来表示出来,可能的密钥个数不得不说是一个天文数字。故无法明文攻击 IDEA,更不用说基于 PGP

的原理来看,一个 IDEA 的密钥失密只会将一次加密信息泄露出去,且 RSA 密钥对的保密性也不会受到任何干扰。

从以上内容可以看出,似乎 IDEA 的安全性是毋庸置疑的,因为非法用户是无法从算法中找到漏洞,也没办法实施明文攻击的。然而,漏洞仍然是存在的,这个漏洞就是随机产生的 IDEA 密钥没办法真正随机。

(2)RSA 安全性分析

一些密码学方面的缺陷是有可能存在于 RSA 中的,相信随着时间的推移,伴随着数论的不断发展,找到一种耗时以多项式方式增长的分解算法也不是没有可能。具体说起来,RSA 的安全性会受到以下三种事物发展的影响,分解技术、计算机性能的不断提高和计算机成本的不断降低。

对 RSA 算法的攻击有计时攻击、公共模数攻击、小指数攻击、选择密文攻击等。

在 PGP 中,每个公钥都由一个可信任的第三方签过名后,才认为是可信的,且每个公钥环在加入新的公钥时,都必须被 PGP 公钥环检查,然后标记它们是可信的。对密钥环的攻击有如图 6-7 所示的几个方面。

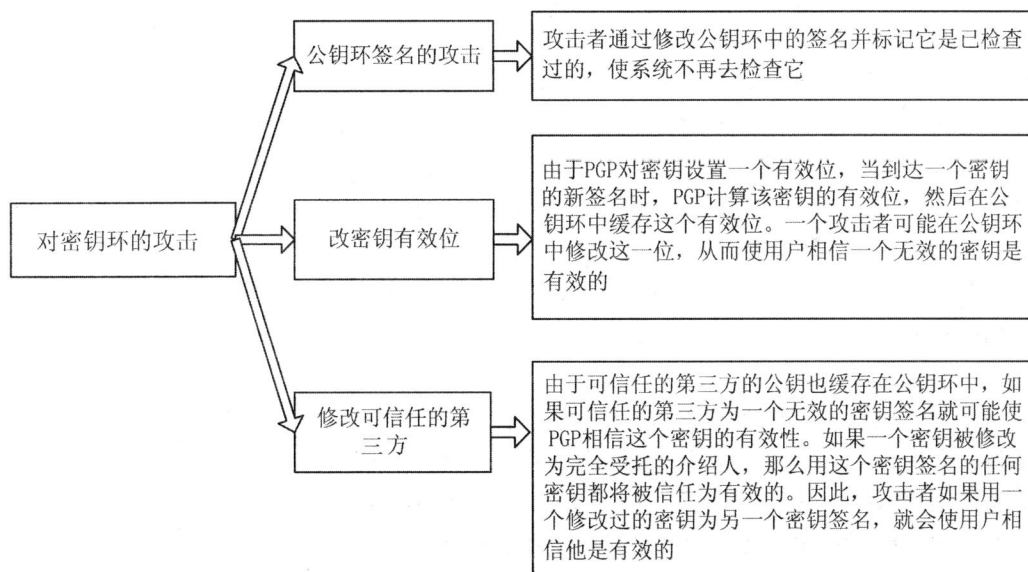

```
                    ┌─────────────┐      ┌─────────────────────────────────┐
                 ┌─▶│ 公钥环签名的攻击 │─────▶│ 攻击者通过修改公钥环中的签名并标记它是已检查 │
                 │  └─────────────┘      │ 过的,使系统不再去检查它            │
                 │                       └─────────────────────────────────┘
                 │
                 │                       ┌─────────────────────────────────┐
┌─────────────┐  │  ┌─────────────┐      │ 由于PGP对密钥设置一个有效位,当到达一个密钥 │
│ 对密钥环的攻击 │──┼─▶│ 改密钥有效位  │─────▶│ 的新签名时,PGP计算该密钥的有效位,然后在公 │
└─────────────┘  │  └─────────────┘      │ 钥环中缓存这个有效位。一个攻击者可能在公钥环 │
                 │                       │ 中修改这一位,从而使用户相信一个无效的密钥是 │
                 │                       │ 有效的                          │
                 │                       └─────────────────────────────────┘
                 │
                 │                       ┌─────────────────────────────────┐
                 │                       │ 由于可信任的第三方的公钥也缓存在公钥环中,如 │
                 │  ┌─────────────┐      │ 果可信任的第三方为一个无效的密钥签名就可能使 │
                 └─▶│ 修改可信任的第 │─────▶│ PGP相信这个密钥的有效性。如果一个密钥被修改 │
                    │ 三方        │      │ 为完全受托的介绍人,那么用这个密钥签名的任何 │
                    └─────────────┘      │ 密钥都将被信任为有效的。因此,攻击者如果用一 │
                                         │ 个修改过的密钥为另一个密钥签名,就会使用户相 │
                                         │ 信他是有效的                     │
                                         └─────────────────────────────────┘
```

图 6-7　对密钥环的攻击

(3)MD5 安全性分析

在 PGP 中,MD5 可以被用来单向变换用户口令和对消息签名的单向散列算法。进一步划分的话,对单向散列算法的直接攻击还可以分为以下两种,具体就是普通直接攻击和"生日攻击"。

1)对 MD5 的普通直接攻击

所谓直接攻击又叫穷举攻击。攻击者为了找到一份和原始明文 m 散列结果相同的明文 m',就是 $H(m')=H(m)$。普通直接攻击,意思就是穷举可能的明文去产生一个和 $H(m)$ 相同的散列结果。

2)对 MD5 的生日攻击

从本质上来看,将两条能够产生同样散列结构的明文找出来是生日攻击的目的所在。

MD5 曾一度被认为是非常安全的,但是我国山东大学的王小云教授发现的散列值碰撞方法可以很快地找到不同明文的相同 MD5 值,使得两个文件可以产生相同的"数字指纹"。

(4)随机数发生器安全性分析

众所周知,计算机是无法产生真正的随机数的。PGP 使用了两个伪随机数发生器,一个是 ANSIX 9.17 发生器,另一个是从用户击键的时间和序列中计算出具有高熵值的随机数,输入的熵越大,输出的随机数的熵也就越大。ANSIX 9.17 使用三重 DES 来产生随机数种子,RANDSEED. BIN 文件存放利用用户击键信息产生的随机数种子。

RANDSEED. BIN 文件采用了和待加密文件一样的加密算法加密,用来防止他人从此文件中分析出实际的加密密钥,因此,对 RANDSEED. BIN 文件的保护和对公钥和私钥环的保护一样是非常重要的,因为一旦攻击者得到了加密密钥就很可能较容易地计算出待加密文件。

此外,在 PGP 加密体系中,除了上面 4 个具体的加密算法存在安全性问题外,在系统的具体实现中还存在如下安全问题:

①公开密钥的冒充。PGP 中的公钥是永久有效的,这虽然简化了管理,也增加了冒充的可能性。由于缺乏有效的 CRL 机制,公钥在各个用户之间的同步性较差,容易给攻击者造成机会。因此 PGP 主要适用于信任用户之间的安全通信。

②猜测口令。对于 PGP 而言,存在字典攻击口令的可能性还是较大的:首先,对于公开加密机制,攻击者很容易获得明文/密文对,可以对攻击结果进行测试;其次,因为 PGP 的源码是公开的,所以攻击者可以使用自己编写的对私钥破解的程序以加快连续攻击的速度;最后,用户常常使用容易记忆的口令,这使字典攻击的成功率大增。

③改变主机时间。改变主机时间对于破解 PGP 本身并无帮助,但是可以使某些恶意用户对他们的行为进行否认。PGP 的签名可以使签名者不能否认,但是 PGP 不能保证用户不会改变自己主机的时间,以便否认签名的时间。

④多用户系统中的安全问题。PGP 的实现中已经考虑到非常具体的安全问题:PGP 使用过的每一个内存区,都会把该区清零;PGP 使用过的每一个临时文件,都会全部清零以后再删除。在多用户系统中,PGP 也无法防止其他用户访问临时文件,获得加密的私钥文件。在多用户系统中,键盘和 CPU 之间的链路很可能是不安全的。

6.2.2　DKIM

DKIM(域名密钥识别邮件)是一个电子邮件信息密码签名规范,它通过一个签名域对邮件流中的某个邮件负责。信息接收者(或代理人)可以通过直接查询签名者的域,获得适当的公钥并确定信息是由掌握特定密钥的一方发出,从而验证签名。DKIM 是一种被提出的网络标准,它被众多 E-mail 使用者广泛接收,包括团体、政府机构、Gmail、Yahoo 以及许多互联网服务提供商。

1. 互联网邮件体系结构

为了理解 DKIM 的工作,了解互联网邮件体系结构很有必要,它由[CROC09]给出定义,下面介绍一些基本概念。

互联网邮件体系结构由用户和传输组成,前者表现为信息用户代理(MUA),后者表现为信息处理服务(MHS),它由信息传输代理(MTA)组成。MHS 从一个用户接收信息,然后把它发送给一个或多个用户,建立一个虚拟的用户到用户的交换环境。这个体系结构有三种协同工作能力。其中一个直接在用户之间:信息发送者发出的信息必须被 MUA 转化成指定格式,使得它可以被目标信息接收方接收。另一个协调工作需求是在 MUA 和 MHS 之间,首先信息从 MUA 发往 MHS,然后信息从 MHS 送往目标 MUA。在经过 MHS 传输路径上的 MTA 成员之间同样需要协同工作。

图 6-8 表明了互联网邮件体系结构中关键的组成部分。

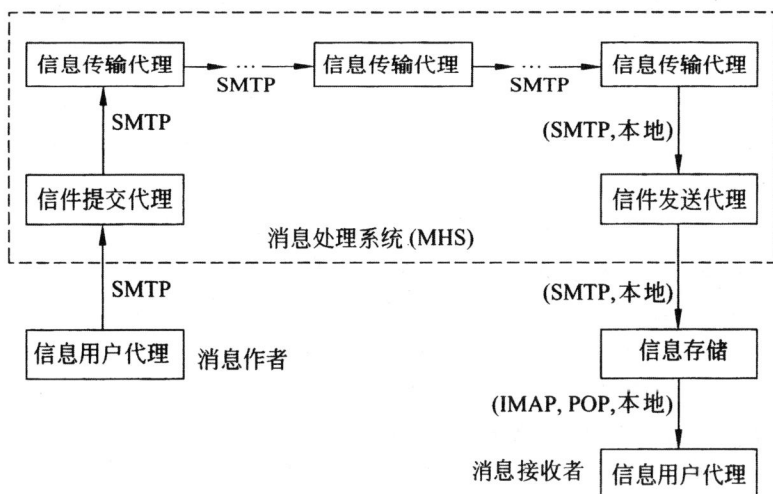

图 6-8 功能模块和互联网标准化协议

- 信息用户代理(MUA):代表用户和用户应用完成工作,这是它们在 E-mail 服务中代表性的任务。一般来说,用户的计算机中的客户 E-mail 程序或者本地网络 E-mail 服务器完成这个功能。发送方 MUA 将信息转换格式并通过 MSA 发送给 MHS。接收方 MUA 处理收到的信件,存储或者显示给接收用户。

- 信件提交代理(MSA):接收 MUA 提交的信息,并且执行主域政策和互联网标准需求。该功能可能被安排在 MUA 或者单独的功能模块。在后面一种情况中,MUA 和 MSA 中使用基本信件传输协议(SMTP)。

- 信息传输代理(MTA):接力传播信件到应用层。就像一个包交换或者 IP 路由器,它进行路由分析,并把信息传向接收者。所谓接力是被一系列 MTA 实现的,一直到信息传到目标 MDA,MTA 还在信息开始端加上踪迹信息。在 MTA 之间以及 MTA 和 MSA、MDA 之间使用 SMTP。

- 信件发送代理(MDA):负责把信息从 MHS 传输到 MS。

- 信息存储(MS):一个 MUA 可以使用长期的 MS。一个 MS 可以被放置在远端的服务器或者与 MUA 放在同一台机器上。一般来说,一个 MUA 使用邮局协议(POP)或者互联网消息访问协议(IMAP)从远端服务器获得信息。

另外两个概念需要定义。一个行政管理域(ADMD)是互联网 E-mail 提供者。例如,一个使用本地信件传播(MTA)的部门,一个使用企业邮件传播的 IT 部门,一个使用共享 E-mail 服务的网络服务供应商。每一个行政管理域可以有不同的执管政策和基于信任的决定。一个明显的例子是,组织内部交换的信件与独立组织之间交流的信件之间的区别。

域名系统(DNS)是一个路径查找服务,提供互联网上用户的名称以及对应 IP 地址的映射。

2. E-mail 威胁

RFC 4684(DKIM 的威胁分析)从特性、能力、潜在攻击者的位置三个角度描述了 DKIM 处理的威胁。

RFC 描述了攻击者的三个威胁等级。

①在最低级,攻击者只是想要发送接收者不想接收的 E-mail。攻击者可以从众多可买到的工具中选择一个,伪造信息的原始发送地址。这使得接收者很难基于原始地址来过滤垃圾信息。

②更高等级是职业的垃圾邮件发送者。这些攻击者通常是商业公司,代表第三方发送信息。他们使用更加复杂的工具,包括 MTA、已经注册的域名以及控制了的计算机(僵尸)网络,发送信息或者大量获得可以发送的地址。

③在最专业的层次上,攻击者技术娴熟并有充实的财力支持(例如从基于电子邮件的诈骗中获取的商业利益)。这些攻击者会使用上述各种手段,并且攻击网络基础设施,包括 DNS 缓存病毒攻击和 IP 路由攻击。

RFC 4686 列出了攻击者可能具备的能力。

①向互联网上不同位置的 MTA 和 MSA 提交信息。

②随意构造信息报头域,包括那些可以表示目标地址清单、中继者和其他邮件代理。

③在他们的控制下对信息进行域签名。

④生成大量貌似签名或者未签名的消息,从而进行拒绝服务攻击。

⑤重发已经被域签名过的信息。

⑥传输任何封装了必要信息的消息。

⑦假装成某个被控制的计算机并发送消息。

⑧操纵 IP 路由。这可以从特定或难以追踪的地址发送信息,或者转发消息到某指定的目标域。

⑨使用例如缓存病毒等来对部分 DNS 施加有限影响。这可以用来影响消息的路由或者伪造基于 DNS 的广告者的密钥和签名。

⑩控制大量的计算机资源,例如,通过征召感染蠕虫的僵尸计算机,这样可以让攻击者进行各种蛮力攻击。

⑪窃听现有的通信信道,例如无线网络。

定位 DKIM 主要关注处于管理单元之外的攻击者,这些管理单元声称是源发送者和接收者。这些管理单元频繁地与发送者、接收者身边受到保护的网络部分进行通信。在这些范围里,可信的消息提交所需信任关系并不存在,并且也不太可能实现。因此,在这些管理单元内部,相对于 DKIM,有其他更简单、更可能使用的方法。外面的攻击者通常企图利用电子邮件自由收发的特性,这一特性使得接收方的 MTA 接收任何地方发到本地域的信息。他们可能不使用签名,或使用错误的签名,或使用难以追踪域中的正确签名来生成信息。他们还可以伪造邮件列表、贺卡或者其他可以合法发送或重发信息的代理。

3. DKIM 策略

DKIM 被用来提供一种对终端用户透明的 E-mail 认证技术。实际上,一个用户的 E-mail 信息被管理域中的私钥签名。签名包括了信息的所有内容以及一些 RFC 5322 信息头。在接收端,MDA 可以通过 DNS 获得对应公钥并且验证签名,从而确定信息来自特定的管理域。这样,来自其他地方却声称源于指定域的信件不会通过认证测试,从而被拒绝。该方法不同于 S/MIME 和 PGP,后两者使用发送者的私钥来对信息内容签名。使用 DKIM 是基于以下原因。

①S/MIME 要求发送方和接收方都使用 S/MIME。对于多数用户来说,大部分接收的信件并不使用 S/MIME,大部分发送的信息也不使用 S/MIME。

②S/MIME 只对信息内容签名。因此,RFC 5322 关于来源的头信息就被损失了。

③DKIM 不在用户程序(MUA)中实现,这样它就对用户透明,使用者不必对其操作。

④DKIM 适用于所有来自协作域的邮件。

⑤DKIM 使得合法发送者可以证明他们的确发送了消息,并且避免伪造者假扮成合法发送者。

图 6-9 是 DKIM 工作的简单例子。从一个由用户生成的消息开始,它进入 MHS 被送至用户管理域中的 MSA。E-mail 信息通过客户程序生成,信息的内容加上 RFC 5322 的头信息被 E-mail 提供商使用私钥签名。签名人与域相关,域可以是联合的局域网,互联网服务供应商,公共 E-mail 机构。被签名的信息随后通过一系列 MTA 穿过互联网。在目的地,MDA 收取签名的公钥并且验证签名,之后才把消息继续传送给客户。默认的签名算法是使用 SHAre-256 的 RSA。使用 SHA-1 的 RSA 也被使用。

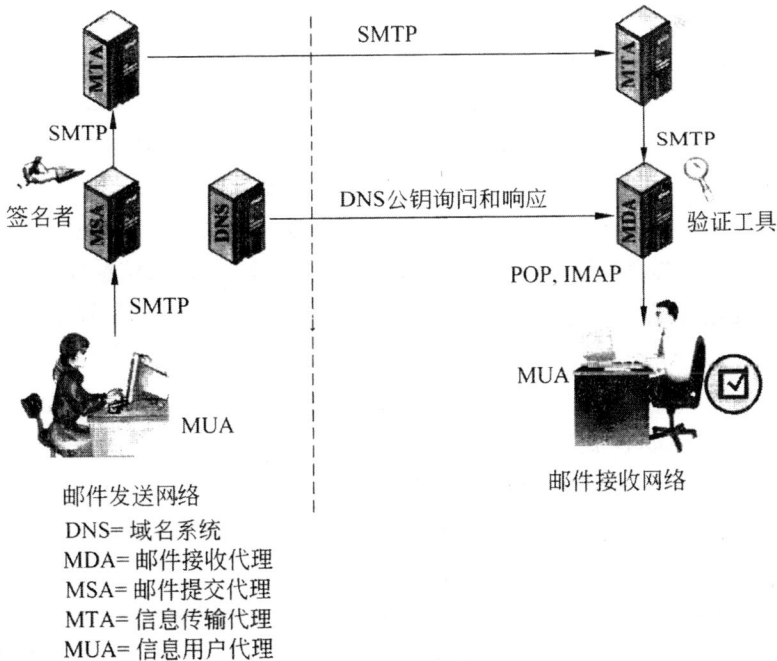

邮件发送网络
DNS= 域名系统
MDA= 邮件接收代理
MSA= 邮件提交代理
MTA= 信息传输代理
MUA= 信息用户代理

图 6-9　DKIM 的应用举例

4. DKIM 的功能流程

图 6-10 对 DKIM 工作中的元素提供了更加详细的说明。基本的信息处理被分为签名行政管理域（ADMD）和一个验证用的 ADMD。最简单的情况是，过程涉及发送端的 ADMD 和接收端的 ADMD,但是可能还有处理路径上的其他 ADMD。

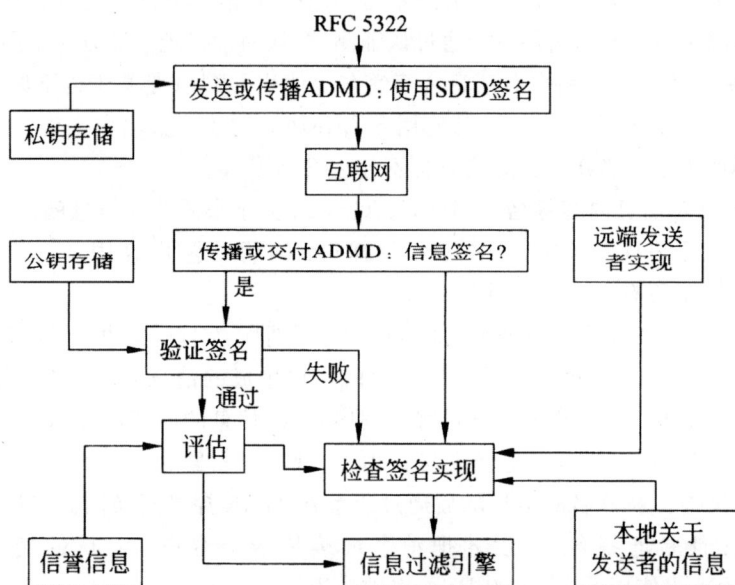

图 6-10 DKIM 功能流程

签名过程通过签名 ADMD 中经过授权的模型实现,并且使用密钥存储中的私密信息。在发送端 ADMD 中,签名可能由 MUA、MSA 或者 MTA 实现。验证过程通过验证 ADMD 中经过授权的模型实现,在接收端 ADMD 中,验证可能由 MTA、MDA 或者 MUA 实现。模型验证签名并且决定是否需要特定签名。验证过程使用密钥存储中的公共信息。如果签名通过,使用信任信息来评估签名者,信息被送往信息过滤系统。如果签名失败或者没有使用所有者域中的签名,则关于签名的信息会与远程或本地的所有者联系,该信息也会通过邮件过滤系统。例如,如果发送者（如 Gmail）使用 DKIM 但没有用 DKIM 的签名,那么信息就会被认为是欺骗性的。

签名以附加报头的形式添加到 RFC 5322 信息中,它以关键字 Dkim-Signature 开头。可以使用 View Long Headers 选项查看文件,例如:

Dkim-Signature:v=1;a=rsa-sha256;c=relaxed/relaxed;D=gmail. com;s=gamma;
h=domainkey-signature:mime-version:received:data:message-id:
subject:from:to:content-type:content-transfer-encoding;
bh=5mZvQDyCRuyLb1Y28K4zgS22MPOemFToDBgvbJ7GO90s=;
b=PcUvPSDygb4ya5Dyj1rbZGp/VyRiScuaz7TTGJ5qW5s1M+klzv6kcfYdGDHzEVJW+Z
FetuPfF1ETOVhELtwH0zjSccOyPKEiblOf6gLLObm3DDRm3Ys1/FVrbhV01A+/jH9Aei
uIIw/5iFnRbSH6qPDVv/beDQqAWQfA/wF7O5k=

在信息被签名之前,RFC 5322 的报头域和正文都需要经过一个被称为规范化的过程。规范化是用来处理信息中微小变化的可能性,包括字符编码、消息行中的空格处理以及头域中可折叠和不可折叠的行。规范化的目的是尽最大可能减少消息的传输,使得在接收端最大可能地产生规范的值。DKIM 定义了两个报头标准化算法("simple"和"relaxed")和两种正文算法。simple 算法几乎不允许修改,而 relaxed 算法允许普通的修改。

签名包括一系列域。每个域用标识码开头,后面跟着等号并以分号结束。域包括以下这些:

- V＝DKIM 版本。
- a＝用来生成签名的算法,必须是 rsa-sha1 或者 rsa-sha256。
- c＝对报头和正文的标准化方法。
- d＝作为标识符的域名,用来识别一个负责用户或组织。在 DKIM 中,这个标识符叫做签名域标识符(SDID),在例子中,这个域是指发送者使用 gmail 地址。
- s＝为了使不同的密钥可以用在同一域的不同情况,DKIM 定义了一个选择器,它被验证工具用来在验证过程中获得恰当的密钥。
- h＝签名的报头域。一个冒号分隔的报头域名称列表,这些报头域名标志了签名算法的报头域。注意在例子中,签名涵盖了域密钥签名域。这与一个目前仍在使用的更老的算法有关。
- bh＝为消息正文部分标准化后的散列值,这提供了消息验证失败时的附加信息。
- b＝64 基格式的签名数据,是加密后的散列编码。

6.3　PKI 技术

PKI 也是一种安全技术,是基于公开密钥的理论和技术发展起来的,在此基础上用户才拥有一个囊括了数据加密、数字签名等安全应用中所需要的密钥和证书的综合基础平台,如此一来,就与其他安全设施共同构成了信息安全基础。

6.3.1　PKI 概述

1. PKI 的概念

在有效融合了密码学中的公钥概念和加密技术之后,公钥基础设施可以说为网上通信提供了符合标准的一整套安全基础平台。为了使网上传递信息的安全性、真实性、完整性以及不可抵赖性得到满足,就需要 PKI 提供包括身份识别与鉴别(认证)、数据保密性、数据完整性、不可否认性及时间戳服务等多种安全服务,基于这些服务,网络上各种不同安全需求的用户就可以拥有各自所需的密钥和服务。之所以有了 PKI 技术用户能够更安全地从事各种活动是因为,基于 PKI 技术一个可信的网络应用环境可得以方便地建立和维护,如此一来,即使是在一个没有办法直接面对的环境里,人们也能够确认对方的身份和需要交换的信息。

PKI 技术基础之一是公开密钥体制。因为加密密钥和解密密钥在公开密钥体制中都是不一样的,发送者对信息的加密是利用接收者的公开密钥来进行的,接收者对收到信息的解密是利用自己的私有密钥来进行的。这种方式有两个方面的优势,即信息的机密性和信息的不可抵赖性都得到了保证。

PKI 的技术基础之二是加密机制。在 PKI 中,所有在网络中传输的信息都是经过加密处理的。为此,加密算法的可靠性决定了 PKI 系统的可靠性,加密系统的效率决定了 PKI 系统的效率。

PKI 从技术的层面上为网络应用提供了可靠的安全保障,PKI 作为技术基础有利地支持了认证、完整性、机密性和不可否认性,使一些常见的安全问题得以从技术角度上得到了解决,具体为网上身份认证、信息完整性和不可抵赖等。PKI 在技术层面解决了很多问题,但它功能远非如此,例如在电子商务、电子政务及政府信息化中均是重要的基础设施,是一个囊括了相关技术、应用、组织、法律和法规的一个综合概念。

2. PKI 的组成

图 6-11 给出了一个典型 PKI 的组成。

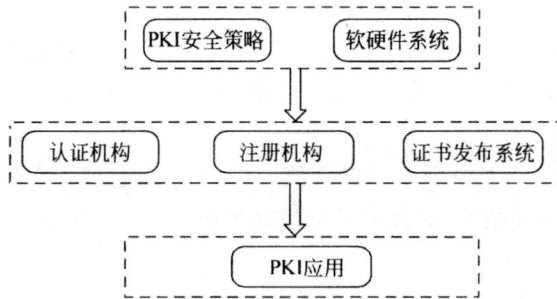

图 6-11 PKI 的组成

(1)PKI 安全策略

借助于 PKI 安全策略,一个用于实施信息安全的策略得以被创建,与此同时,还确定了密码系统的使用方法和原则。一般情况下,在 PKI 中有如图 6-12 所示的两种类型的安全策略。

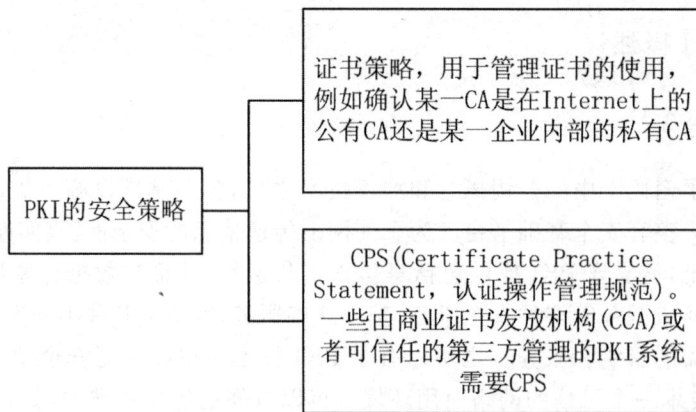

图 6-12 PKI 的安全策略

一是证书策略,用于管理证书,例如确认某一 CA 是在 Internet 上的公有 CA 还是某一企业内部的私有 CA;另一种是 CPS(Certificate Practice Statement,认证操作管理规范)。一些由商业证书发放机构(CCA)或者可信任的第三方管理的 PKI 系统需要 CPS。

PKI 安全策略如下。

①CA 的创建和运作方式。

②证书的申请、发行、接收和废除方式。

③密钥的产生、申请、存储和使用方式。

(2)认证机构

认证机构(Certificate Authority,CA)也称为"认证中心",其负责证书的发放、证书有效期的规定以及发布证书废除列表(CRL)等公钥整个生命周期的管理工作,故称其为 PKI 的信任基础一点都不过分。CA 制定了一些规则,这些规则可以使申请和使用证书的用户确信该 CA 是可以依赖的。描述 CA 在各方面受约束的情况及运作方式的规则都被定义在 CPS 中,CPS 最初是由美国律师协会在其数字签名指南(Digital Signature Guidelines)中提出的。管理证书的 CA 必须将其认证操作管理规范在用户申请证书时以方便用户查阅的方式提供给用户,由用户确定是否需要在该 CA 申请数字证书。如果一个 CA 没有 CPS,那么人们就很可能会怀疑该 CA 的真实性,并降低对该 CA 所颁发数字证书的信任程度。

(3)注册机构

注册机构(Registered Authority,RA)有效地将用户和 CA 连接在一起,它在能够完成用户身份的获取和认证的同时,还可以将证书请求提交给 CA。RA 的工作重点是用户信息的收集和用户身份的确认。

需要说明的是,RA 所做的工作是对用户的身份进行资格审查,且是不会给用户签发证书的。鉴于此,RA 可以设置在如银行的营业部、机构认证部门等需要直接面对客户的业务部门。当然,对 PKI 应用系统规模不大的情况下,无需单独设立独立运行的 RA,具体可由认证中心 CA 来完成注册管理职能。这么做并不是说 PKI 不再具备注册功能,其将仅仅作为 CA 的一项功能存在而已。为了使应用系统的安全性得到保证,PKI 国际标准推荐由一个独立的 RA 来完成对于注册管理任务的完成,PKI 国际标准会推荐一个独立的 RA 来承担。

(4)证书发布系统

顾名思义,证书的发放是由证书发布系统负责完成的。目前一般要求证书发布系统可以通过 Web 方式与 Internet 用户交互,用于处理在线证书业务,方便用户对证书进行申请、下载、查询、注销和恢复等操作。

(5)PKI 应用

在 Web 服务器和浏览器之间的通信、电子数据交换(Electronic Data Interchange,EDI)、电子邮件、在 Internet 上的信用卡交易和虚拟专用网(Virtual Private Network,VPN)等均可见到 PKI 的身影。同时,随着以 Internet 为主的计算机网络的发展,新 PKI 的应用也在不断发展。

另外,想要为应用程序提供 PKI 服务,在 PKI 系统的组成中还应有 PKI 应用接口。PKI 应用接口在规范 PKI 系统各部分之间相互通信的格式和步骤时,用到了 PKI 的协议标准规范。具体是如何使用这些协议的是由 API(Application Programming Interfaces,应用程序接口)给出具体定义的,且上层应用所需的 PKI 服务也可由 API 来提供。当应用程序需要用到如获取某一用户的公钥、请求证书撤销信息或请求证书等一些常见 PKI 服务时,都会用到

API。目前,API没有统一的国际标准,更多时候仅仅是操作系统或某一公司产品的一种扩展。

一个简单 PKI 系统的组成如图 6-13 所示。

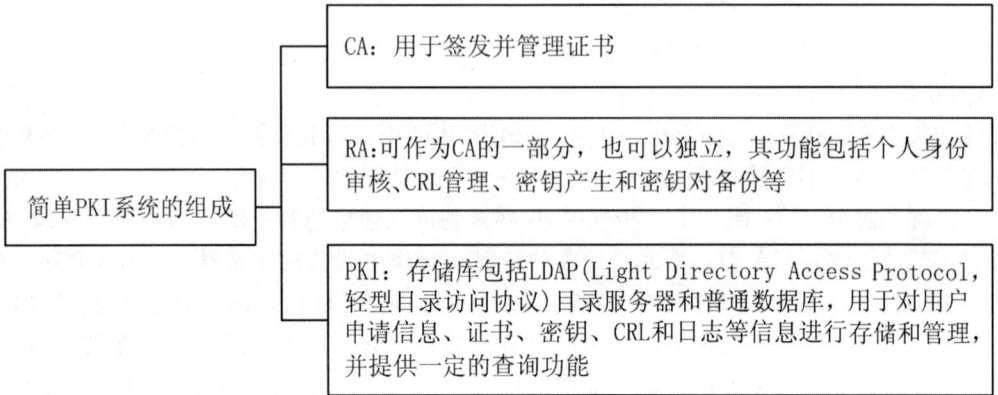

```
                        ┌─────────────────────────────────────────────┐
                        │ CA:用于签发并管理证书                          │
                        └─────────────────────────────────────────────┘
                        ┌─────────────────────────────────────────────┐
                        │ RA:可作为CA的一部分,也可以独立,其功能包括个人身份 │
  ┌──────────────┐      │ 审核、CRL管理、密钥产生和密钥对备份等             │
  │ 简单PKI系统的组成 │──┤  └─────────────────────────────────────────────┘
  └──────────────┘      ┌─────────────────────────────────────────────┐
                        │ PKI:存储库包括LDAP(Light Directory Access Protocol, │
                        │ 轻型目录访问协议)目录服务器和普通数据库,用于对用户 │
                        │ 申请信息、证书、密钥、CRL和日志等信息进行存储和管理, │
                        │ 并提供一定的查询功能                           │
                        └─────────────────────────────────────────────┘
```

图 6-13 简单 PKI 系统的组成

6.3.2 认证机构

PKI 系统的关键是如何实现对密钥的安全管理。公开密钥机制涉及公钥和私钥,私钥由用户自己保存,而公钥在一定范围内是公开的,需要通过网络来传输。所以,公开密钥体制的密钥管理主要是对公钥的管理,目前,较好的解决方法是采用大家共同信任的认证机构。

1. CA 的概念

认证机构的工作重点集中在产生、分配并管理所有参与网上安全活动的实体所需的数字证书,可以看出它在整个网上电子交易等安全活动中有不可忽视的重要地位。在公开密钥体制中,一种存储和管理密钥的文件就是数字证书。它被看作是一种电子文档,其采用了特定格式且具有权威性的,其主要作用是证明证书中列出的用户名称与证书中列出的公开密钥是相对应的,并且所有信息都是合法的。如果要验证其合法性,就必须要有一个可信任的主体对用户的证书进行公证,证明主体的身份及与公钥之间的对应关系,CA 便是这样的一个管理和能够提供相关证明的机构。

CA 是一个具有权威性、可信赖性和公正的第三方信任机构,专门解决公开密钥机制中公钥的合法性问题。CA 是整个 PKI 系统的核心,负责发放和管理数字证书,其功能类似于办理居民身份证、出入境护照等证书的发证机关。在 PKI 系统中,CA 采用公开密钥机制,专门提供网络身份认证服务,负责签发和管理数字证书。同时,在证书发布后,CA 还负责对证书进行撤销、更新和归档等管理。

由此可见,CA 是保证电子商务、电子政务、网上银行和网上证券等安全交易的、权威的、可信任的和公正的第三方机构,是 PKI 系统的核心。

从证书管理的角度来看,每个 CA 的功能是有限的,需要按照上级策略认证机构制定的策略,负责具体的用户公钥证书的签发、生成和发布,以及 CRL 的生成和发布等职能。CA 的主要职能如图 6-14 所示。

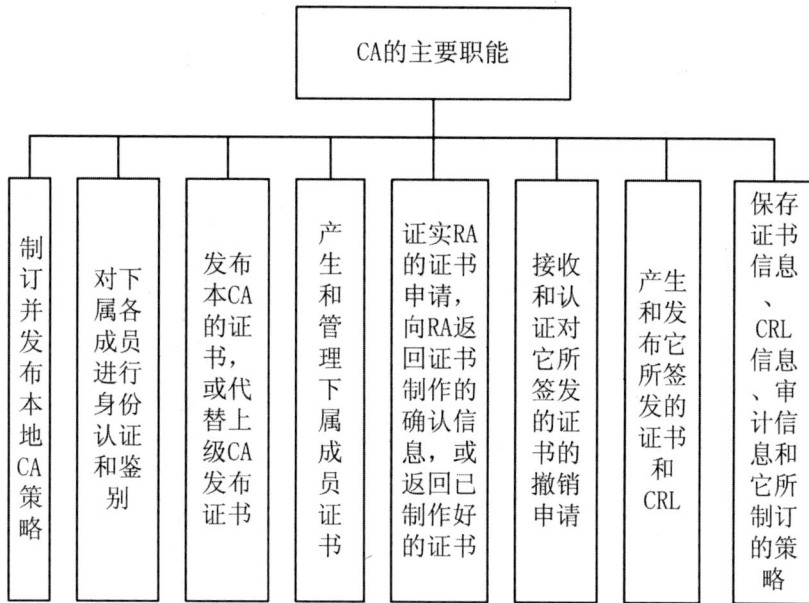

图 6-14　CA 的主要职能

2. CA 的组成

一个典型 CA 系统包括安全服务器、注册机构、CA 服务器、LDAP 目录服务器和数据库服务器等,具体如图 6-15 所示。

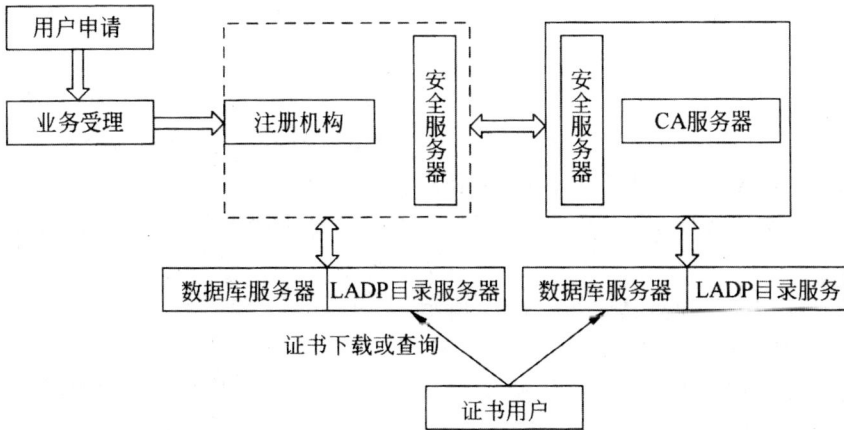

图 6-15　典型 CA 的组成

3. CA 之间的信任关系

从实际应用来看,不同的组织或单位往往具有自己的 PKI 系统,而这些不同的 PKI 系统之间又需要建立彼此之间的联系。因此,解决单个 PKI 系统中用户与 CA 之间的信任问题,以及各个独立 PKI 系统间的交叉信任问题就显得尤为重要。

(1)单 CA 信任模型

如图 6-16(a)所示,单 CA 信任模型是最基本的信任模型,也是目前许多组织或单位在 Intranet 中普遍使用的一种模型。在这种模型中,只有一个 CA 存在于整个 PKI 系统,且 PKI 中的所有终端用户的签发和证书的管理都是该 CA 需要承担的工作。此 CA 是 PKI 中的所有终端用户都信任的。该 CA 的公钥是全部证书路径的起点。该 CA 的公钥成为 PKI 系统中唯一的用户信任节点。信任节点也称为"认证起点"或"信任锚"(Trust Anchor),它是整个 PKI 系统中 CA 的根。

优点:无论是实现还是管理都比较容易,用户若想要实现相互认证只需建立一个根 CA 即可。

缺点:扩展起来有难度,无法满足不同群体用户的需求。

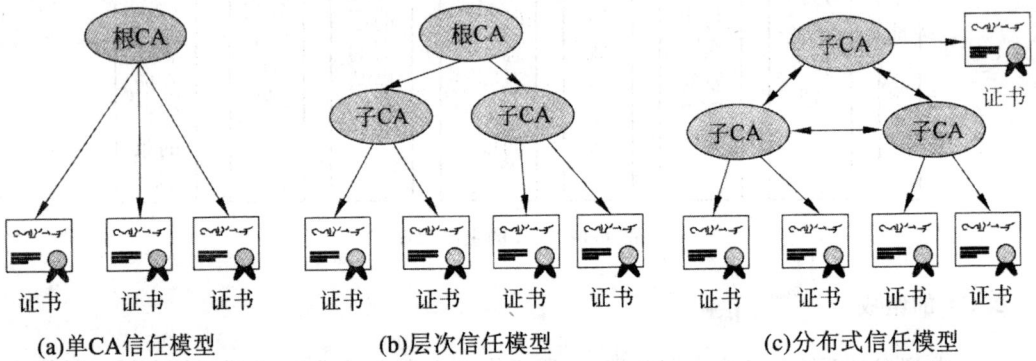

(a)单CA信任模型　　　　**(b)层次信任模型**　　　　**(c)分布式信任模型**

图 6-16　单 CA、层次和分布式信任模型

(2)层次信任模型

层次信任模型也称为分级信任模型,它是一个以主、从 CA 关系建立的分级 PKI 结构,具体结构如图 6-16(b)所示。层次信任模型是典型的树型结构,树根为根 CA,是整个 PKI 的信任锚,所有实体都信任它。树枝向下伸展,树叶在末端,代表申请和使用证书的终端用户。

通常情况下,作为信任锚,根 CA 只给子 CA 颁发证书,是不会直接为终端用户颁发证书的。会有多层子 CA 存在于根 CA 下面,所有实体集合的根就是子 CA。在该层次模型中,上级 CA 可以而且必须认证下级 CA,而下级 CA 不能认证上级 CA,由此看出,信任关系是单向的。

层次信任模型的优缺点具体如图 6-17 所示。

(3)分布式信任模型

分布式信任模型也称为网状信任模型,从图 6-16(c)中可以看出,在这种模型中,有交叉认证存在于 CA 间。如果这种模型称得上是严格意义上的网状信任模型的话,需要有交叉认证存在于任意两个 CA 之间。在层次信任模型中,唯一根 CA 是所有实体都会信任的,网状信任模型正好与这种模型相反,会有两个或更多个 CA 承担信任。分布式信任模型的优点如下。

①灵活性更强。即使是单个 CA 安全性的削弱,整个 PKI 系统也不会受到任何影响,这是因为有多个信任锚的存在。

②新 CA 的增加更加容易。此种信任方式的有效性会因一个组织想要整合各个独立开发的 PKI 系统时得以增强。

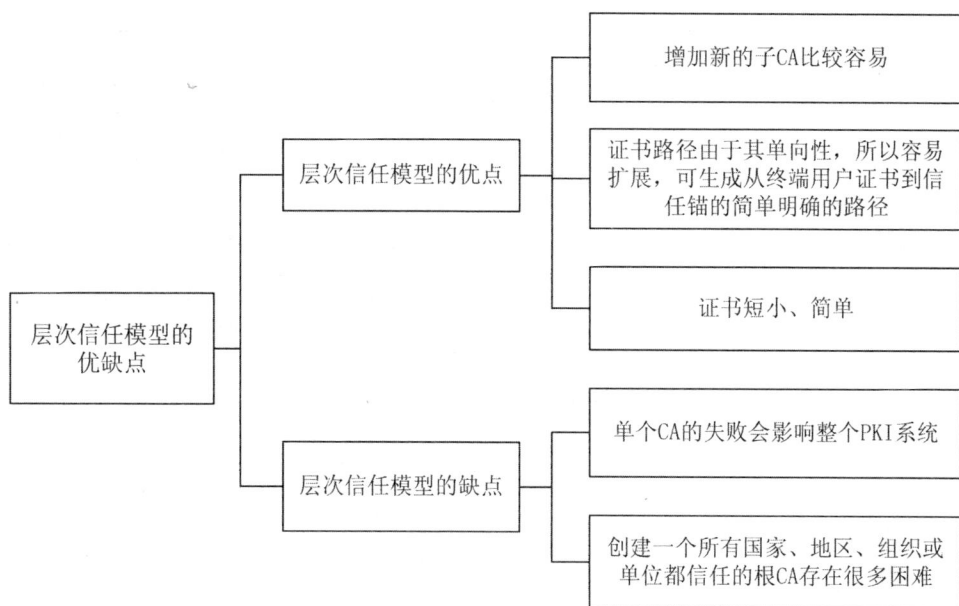

图 6-17　层次信任模型的优缺点

③系统的安全性较高。

路径的发现比较有难度是分布式信任模型的主要缺点。从终端用户证书到信任锚建立证书的路径是不确定的,使得路径发现会因存在着多种选择性而难度比较人。

(4)桥 CA 信任模型

桥 CA 信任模型也称为中心辐射式信任模型,在该模型中,层次信任模型和分布式信任模型的缺点得以有效克服,不同的 PKI 系统借助于该模型得以有效连接在一起,如图 6-18 所示。

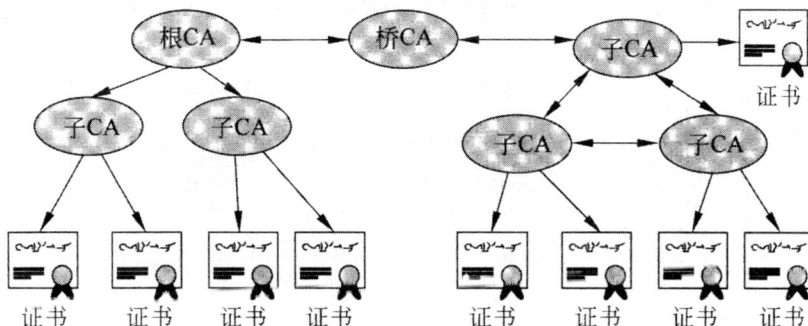

图 6-18　桥 CA 信任模型

不同于分布式信任模型中的 CA,对等的信任关系会存在于桥 CA 与不同的信任域(子CA)之间,如此一来,用户就可以保持原有的信任锚了。正因这些关系的有效结合,信任桥才得以形成,借助于桥 CA,来自不同信任域的用户可以相互作用。

正如在网络中所使用的 Hub 一样,可以通过桥 CA 将任何结构类型的 PKI 连接起来,也就可以建立彼此间的信任,通过桥 CA,每一个单独的信任域都可以扩展到整个 PKI 系统中。桥 CA 模型的优缺点如图 6-19 所示。

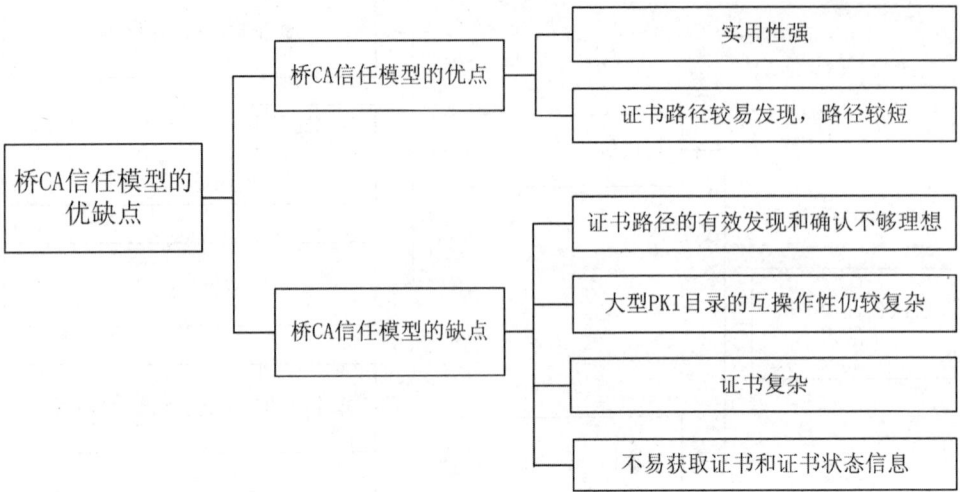

图 6-19　桥 CA 信任模型的优缺点

（5）Web 信任模型

有了 Web 浏览器才有 Web 信任模型构建,浏览器厂商将多个根 CA 内置在了浏览器（如 Internet Explorer、Tencent Traveler、Mozilla Firefox 和 Opera 等）中,每个根 CA 相互间是平行的,多个根 CA 会被浏览器用户同时信任,且这些根 CA 还作为了自己的信任锚。以 Internet Explorer 为例,选择"工具"→"Internet 选项"→"内容"→"证书"命令,在打开的如图 6-20 所示的"证书"对话框中就会看到 Internet Explorer 的信任锚。

图 6-20　Internet Explorer 的信任锚

从表面上来看,Web 信任模型非常接近于分布式信任模型,实际上它跟层次信任模型更加接近。Web 信任模型通过与相关域进行互连而不是扩大现有的主体群，来使用户实体成为在浏览器中所给出的所有域的依托方，如图 6-21 所示。各个嵌入的根 CA（如图 6-20 所示）直接内置在各个浏览器软件中，使用中这些根 CA 不会显示有关信息。

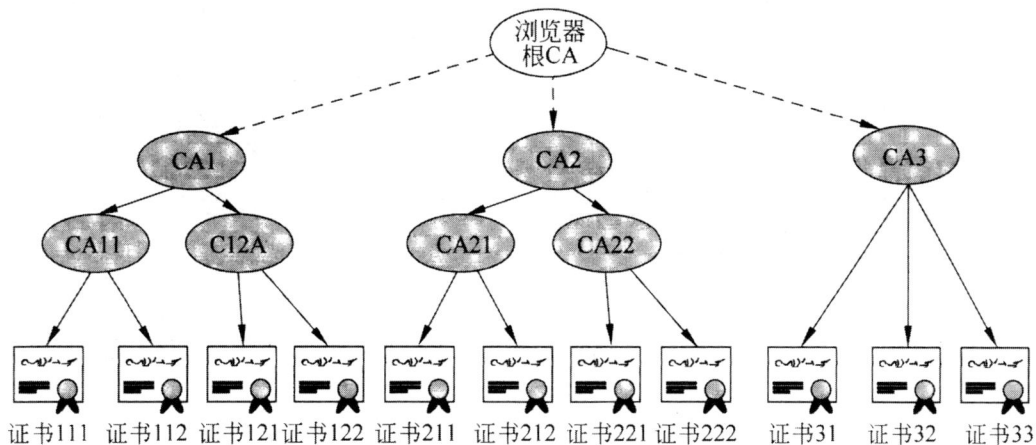

图 6-21　Web 信任模型

Web 信任模型的优缺点如图 6-22 所示。

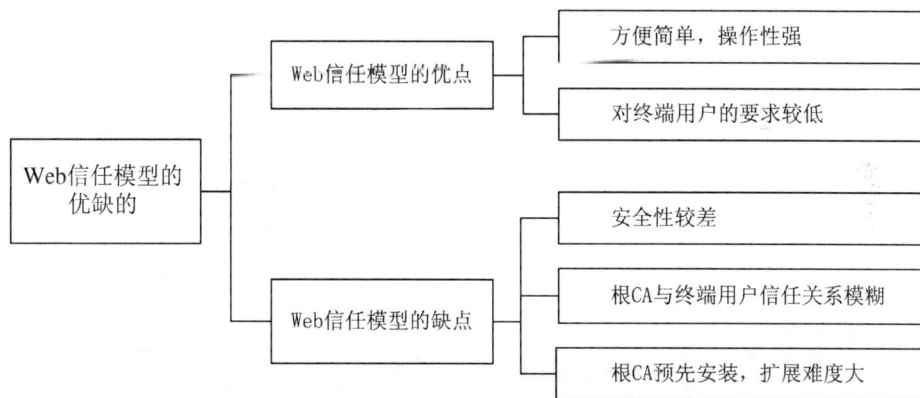

图 6-22　Web 信任模型的优缺点

6.3.3　PKI 的功能

图 6-23 是 PKI 认证体系的基本模型，一般来说，PKI 是一系列软件、硬件、人员、策略和过程的集合，该集合负责证书的创建、管理、存储、分发和作废，它主要完成以下几项功能：

①为需要的用户生成一对密钥（公钥和私钥），并通过一定的途径分发给用户。

②认证机构 CA 为用户签发数字证书，其中 CA 用自己的私钥对用户身份及其真正公钥进行了绑定，需要的用户会在一定的途径下收到分发的数字证书。

③用户能够验证数字证书的有效性。

④科学有效地管理用户的数字证书，如发布有效证书、发布已撤销的证书、证书归档等。

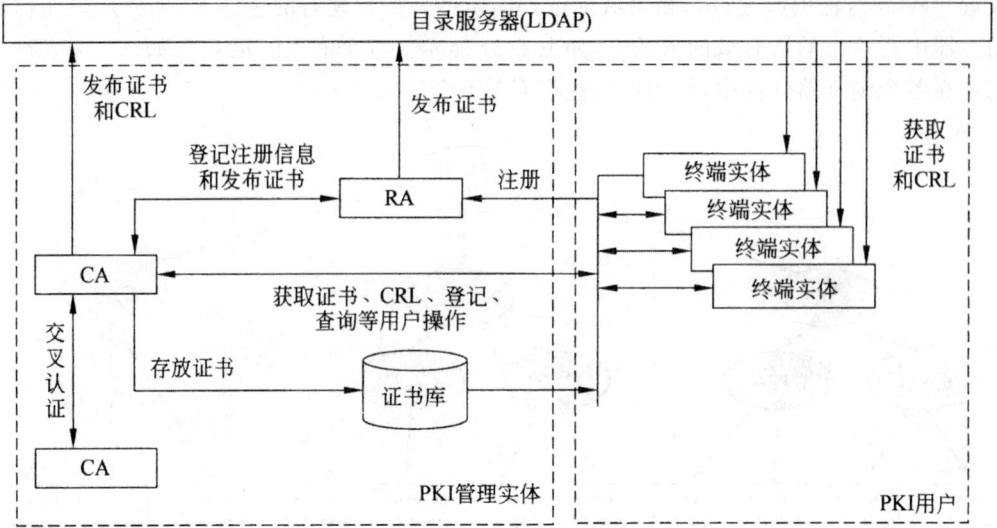

图 6-23　PKI 认证体系的基本模型

（1）初始化阶段

1）终端实体注册

建立和验证单个用户或进程的身份的过程就是所谓的终端实体注册。可以通过不同的方法来实现注册过程，图 6-24 所示为一个可能的包括 RA 和 CA 的实体初始化方案。

注册中心 RA 是数字证书注册审批机构，它是 CA 的延伸部分，与 CA 逻辑上是一个整体，执行不同的功能。RA 可以单独实现，也可以合并在 CA 中实现。

如果审查通过，即可实时或批量地向 CA 提出申请，要求为用户签发数字证书。任何环境下 RA 都不真正地签发证书，只有 CA 有权颁发证书和发送证书撤销信息。

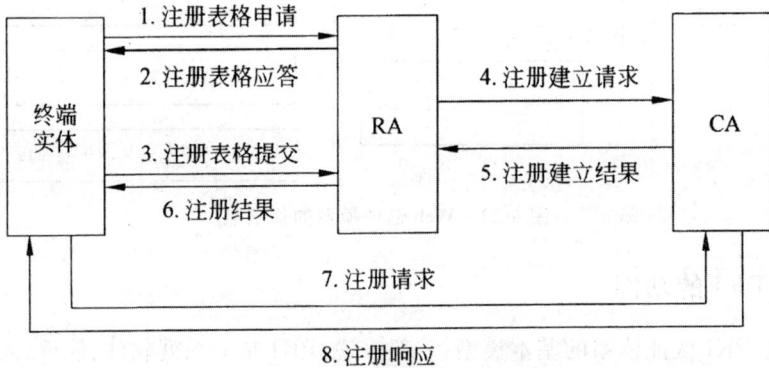

图 6-24　终端实体初始化方案

2）密钥对产生

密钥的产生主要利用噪声源技术。噪声源的功能是产生二进制随机序列或与之对应的随机数。

终端实体（用户）的密钥对有两种可能的产生方式：

①用户自己生成密钥对，然后将公钥以安全的方式（如物理方式）传送给 CA，该方法的优

点是,即使是 CA 也不知道用户的私钥,尤其是用户的签名私钥只有用户自己知道,所以安全性高;缺点是,由于条件的限制,用户产生的密钥对的安全强度可能不是非常高。这种方式不适于比较重要的安全网络交易。

②由 RA 或 CA 产生密钥资料。CA 替用户生成密钥对,然后以安全的方式将用户私钥传递给用户。这种方式的优缺点和上一种正好相反,此时 CA 必须具有高度的可信性,且必须在事后有效地销毁自己保存的用户私钥。这种方式适于重要的应用场合。

在实际使用中,每个终端实体会拥有两个密钥对,可以被用来支持截然不同的服务。例如,一个密钥对可以被用作支持不可否认性服务而另一个密钥对可以被用作支持机密性服务,这就是所谓的"双密钥对模型":签名私钥/验证公钥对和加密公钥/解密私钥对。在许多 PKI 系统中,由 CA 为用户产生加密公钥/解密私钥对,而签名私钥/验证公钥对由用户自己产生,签名私钥不存在存档问题,因此无须传送给 CA。值得注意的是,两对密钥在管理上是互相冲突的,双密钥对模型中密钥管理上的区别见表 6-1。

表 6-1　双密钥对模型中密钥管理的区别

	两个密钥对	本人使用的私钥的管理	他人使用的公钥的管理
一个用户	签名私钥/验证公钥对(生存期长)	签名私钥不能备份和存档	验证公钥需备份和存档(即密钥档案)
	加密公钥/解密私钥对(生存期短)	解密私钥需备份和存档(即密钥历史)	加密公钥不需备份和存档

3)证书创建

无论密钥对在哪里产生,创建数字证书的职责都将单独落在被授权的 CA 上。所有要与该用户进行安全通信的其他用户都会向 CA 请求获得该用户的证书。

4)证书分发

有一种或多种将一个实体的公钥证书分发给该用户和另一个实体的方法:

· 带外分发。

· 在一个公共的资料库或数据库中公布,以使查询和在线检索简便。

· 带内协议分发,例如,包括带有安全 E-mail 报文的适用的验证证书。

目前,使用的最成熟的证书分发方法是证书的使用者查询网上的证书库,以得到某个用户的证书。注意,与该用户进行通信的对方必须容易获得该用户用于机密性目的的证书和用于数字签名目的的证书。

5)密钥备份和托管

一定比例的解密私钥会因许多原因(如忘记用于保护解密私钥的口令、磁盘被破坏、失常的智能卡或雇员被解雇)使这些密钥的所有者无法访问,这就需要事先进行密钥备份。密钥备份发生在用户申请证书阶段,如果注册时声明公钥/私钥对是用于数据加密/解密,那么 CA 即可对该用户的解密私钥进行备份。

密钥托管是指用户把自己的解密私钥交由第三方保管,允许他监听某些通信和解密有关密文,这样做的问题是哪些密钥应委托保管以及谁是可以信任的第三方。如果由政府担任可信任第三方,这种被托管的密钥就叫做 GAK(Government Access Key,政府访问密钥)。换句话说,除通常解密方法之外,GAK 为政府提供访问加密数据的其他方法。

6)密钥存储

如果是 CA 中心为用户产生密钥对,那么密钥对生成后,CA 将用户身份信息和公钥封装签名生成数字证书,然后将数字证书及其相关联的私钥通过加密封装在一起,形成 PKCS♯12 证书传递给用户。许多应用都使用 PKCS♯12 标准作为用户私钥和 X.509 证书的封装形式。

(2)颁布阶段

1)证书检索

证书检索与访问一个终端实体证书的能力有关。有两种不同的情况需要检索一个终端实体证书:

①将数据加密发给其他实体的需求。

②验证从另一个实体收到的数字签名的需求。

2)证书验证

证书验证与评估一个给定证书的合法性和证书颁发者的可信赖性有关。证书验证工作主要对证书进行如下验证:

- 验证证书的完整性。
- 保证证书是由一个可信 CA 颁发的(包括证书路径验证)。
- 证书的有效期是适当的。
- 证书被按照任何预期的策略限制(如用于加密还是用于数字签名)来使用。

3)密钥恢复

密钥恢复是指当一个密钥由于某种原因被破坏了,并且没有被泄露出去时,从它的一个备份重新得到该密钥的过程。密钥管理生命周期包括从远程备份设施(如可信密钥恢复中心或 CA)中恢复解密私钥的能力。解密私钥的恢复要使 PKI 管理员和终端用户的负担减到最小,这个过程必须尽可能最大程度自动化。CA 可以根据用户的密钥历史对解密私钥进行恢复。

4)密钥更新

当证书被颁发时,其被赋予一个固定的生存期。当证书"接近"过期时,或者私钥泄露时,必须颁发一个新的公钥私钥对和相关证书,这称为密钥更新。

(3)取消阶段

1)证书过期

证书在颁布时被赋予一个固定的生存期,在其被建立的有效期结束后,证书将会过期。

2)证书撤销

在证书自然过期之前对给定证书的即时取消(如由于 CA 签名私钥的泄露、用户的身份改变、遗失用于保护签名私钥的口令、用户私钥可能被盗、作业状态的变化或者雇佣终止等引起),警告其他用户不要再使用这个公钥。RA 可以代表终端用户初始化证书撤销,经授权的管理者也可以有能力撤销终端实体的证书,并将已撤销的证书放入作废证书列表 CRL 中,或者使用在线证书状态协议 OCSP 支持用户对证书是否被撤销进行在线查询。OCSP 比 CRL 处理快得多,并避免了令人头疼的逻辑问题和处理开销。一个证书撤销的实例方案如图 6-25 所示。

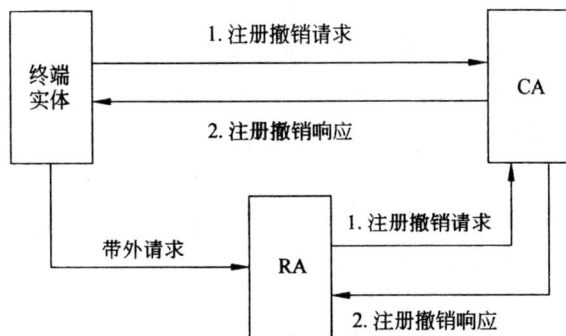

图 6-25　证书撤销实例方案

3）密钥销毁

没有加密密钥能无限期地使用，它应当和护照、许可证一样能够自动失效，否则会带来无法意料的结果：

①密钥使用时间越长，它泄露的机会就越大，因为对用同一密钥加密的多个密文进行密码分析一般比较容易。

②如果密钥已泄露，那么密钥使用越久，损失就越大。

③密钥使用越久，破译者就愿意花费更多的精力去破译它，甚至使用穷举攻击的方法。

所以密钥必须定期更换，更换密钥后，原来的密钥必须销毁。当密钥的所有副本都被删除，重新生成该密钥所需的信息也被全部删除时，该密钥的生命周期就终止了。

4）密钥历史

由于保证机密性的用户公钥最后总要过期，因此安全可靠地存储用作解密的用户私钥是必须的，这被称作"密钥历史"，否则其他用户会使用该用户已经过期的公钥发送加密消息，该用户则无法恢复出明文。

5）密钥档案

密钥档案与密钥历史不同，主要用于审计和出现交易争端时使用。一个用户应该可靠地保存已经过期的用于验证其他用户数字签名的公钥，以便再次对历史文档中他人的数字签名进行验证，防止以后其他用户对曾经发送的带数字签名消息的否认。最好由 PKI 自动完成密钥历史和密钥档案的管理工作。

6.3.4　PKI 的优缺点

PKI 有如下优点：

①PKI 能提供 Kerberos 所不能提供的服务——不可否认性。

②相对 Kerberos 来说，PKI 从开始设计就是一个容易管理和使用的体制，PKI 的设计就是为了让单位和个人容易使用数字证书和公开密钥。

③PKI 提供了密钥管理的所有功能，在这方面它远远超过了 Kerberos 和其他的解决方案，所以这些功能都让用户很容易进行密钥管理。

④PKI 还有一个优点就是它利用证书库进行数字证书和公钥的安全发布，CA 和证书库都不会像 Kerberos 中的 KDC 那样容易形成瓶颈。

PKI 也有如下缺点：

①PKI 还是一个正在发展的标准，而且它的实现需要一套完整的标准。

②实现 PKI 的代价可能过于昂贵，如果实现 PKI 失败，最主要的原因可能是代价高昂。

③在 PKI 中，每个人都必须看管好自己的数字身份证——用户私钥，这也不是一个简单的工作。

但总的来看，PKI 的市场需求非常巨大。它几经改进，目前已具有空前的稳定性和安全性，将会为中国的电子商务起到越来越大作用。

6.4　应用实例：通过 Outlook Express 发送电子邮件

Outlook Express 是微软公司用于收发电子邮件的软件。下面以 Outlook Express 软件为例，讲述如何通过 Outlook Express 发送安全的电子邮件。

6.4.1　Outlook Express 中的安全措施

随着电子邮件和电子商务的逐渐普及，在 Internet 上传递的机密信息也在迅速增加。因此，对电子邮件的安全性和非公开性提出了更高的要求。另外，随着 ActiveX 控件、脚本和 Java 小程序的广泛使用，收到的电子邮件中 HTML 内容在未经许可的情况下访问或修改计算机中文件的可能性也在不断增强。

Outlook Express 包含一些工具，有助于防止欺骗行为，增强电子邮件的非公开性并防止对计算机进行未授权的访问。这些工具使用户能够更安全地发送和接收邮件，并控制可能携带有害内容的电子邮件。

1. 安全区域

安全区域为用户的计算机和隐私提供了高级保护功能，Outlook Express 允许用户选择存放邮件的区域——Internet 区域或受限站点区域。选择哪个区域取决于用户更注重活动内容（例如 ActiveX 控件、脚本和 Java 小程序），还是更注重该内容在计算机上运行的自由度。另外，用户可以设置每个安全区域的安全级为高、中、低或自定义。

要更改 Outlook Express 的安全区域设置，需要单击"工具"菜单中的"选项"，然后单击"安全"选项卡。

注意：对 Internet 区域或受限站点区域设置的更改，也会更改 Internet Explorer 的设置。

2. 数字标识

数字标识（也叫证书）提供了一种在 Internet 上验证身份的方式，与司机驾照或日常生活中的其他身份证的方式相似。它允许给电子邮件签名，还允许发送加密邮件。

数字标识可从发证机构获得。发证机构是一个负责发布数字标识的组织，并不断地验证数字标识是否仍然有效。Verisign 公司是第一个商业发证机构，是 Microsoft 首选的数字标识提供商。通过 Verisign 的特殊指定，Microsoft Internet Explorer 用户可获得一个个人数字标识。

当用户发送安全电子邮件时,个人数字标识可以对用户的身份进行有效证明。

数字标识可以通过以下几个步骤来获得和设置:

①在 Outlook Express 中,单击"工具"菜单中的"账号",如图 6-26 所示。

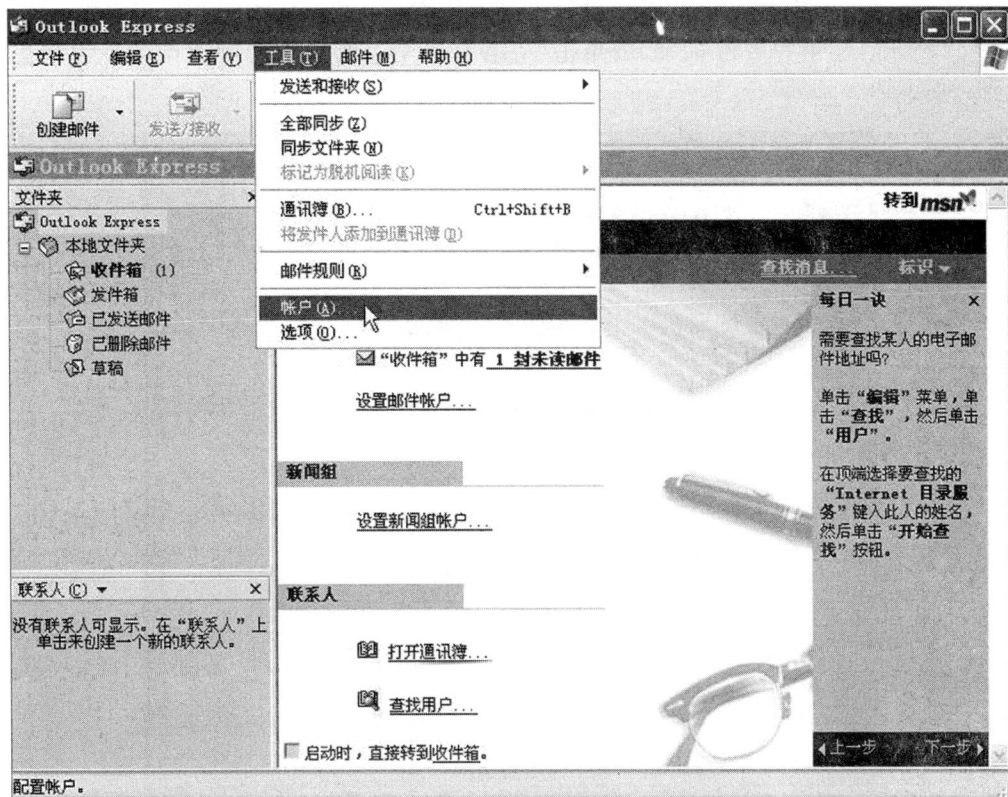

图 6-26　Outlook Express"工具"菜单

②在弹出的"Internet 账号"对话框中,选取"邮件",选项卡中是用于发送安全邮件的邮件账号。然后单击"属件"按钮,如图 6-27 所示。

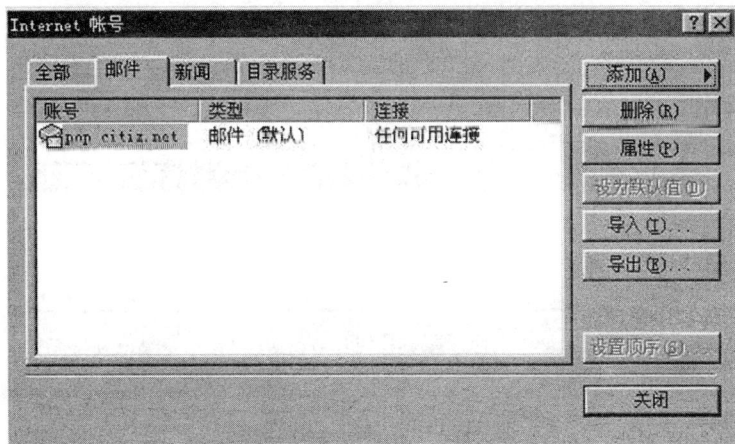

图 6-27　"邮件"选项窗口

③在打开的窗口中打开"安全"选项卡,如图 6-28 所示。

若用户还没有数字标识,可以单击"获取数字标识"按钮进行申请。若用户已经有数字标识,单击"数字标识"按钮。

④选择与该账号有关的数字证书(电脑只显示与该账号相对应的电子邮箱的数字证书),如图 6-29 所示。如果想查看证书,请单击"查看证书"按钮,将会看到详细的证书信息,如图 6-30 所示。

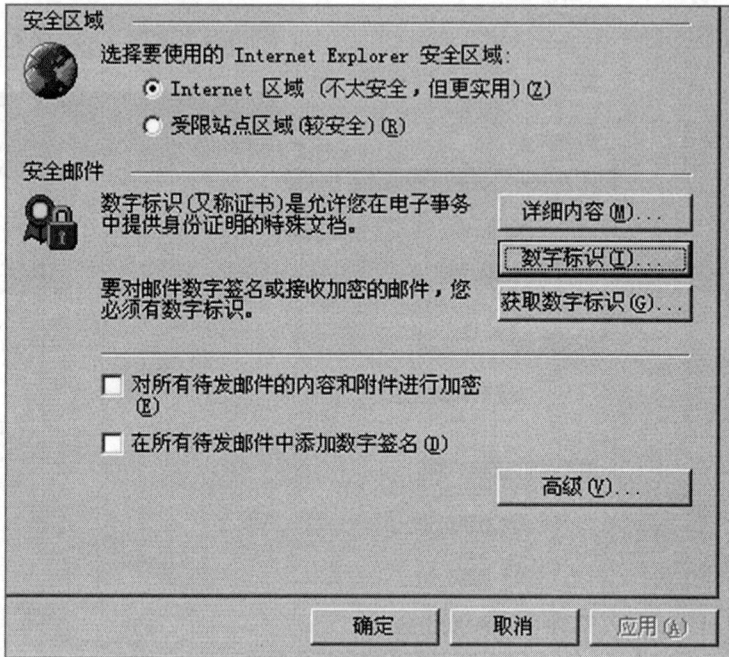

图 6-28 "安全"选项窗口

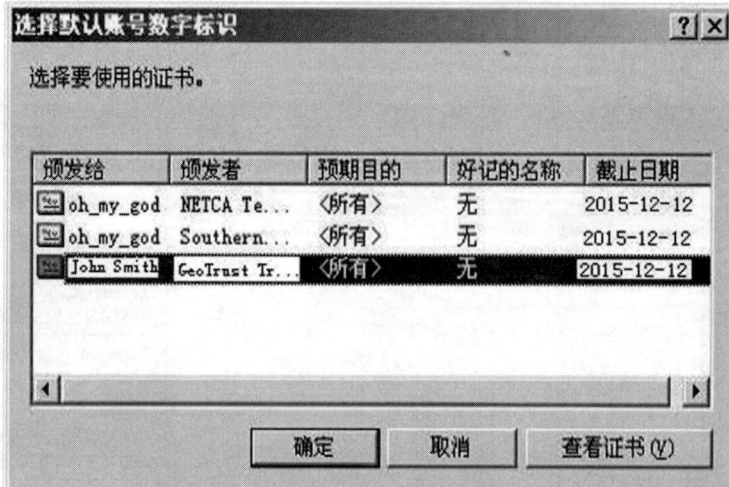

图 6-29 "数字标识"对话框

⑤单击"确定"按钮,设置完毕。至此,用户就可以使用安全电子邮件功能了。

3. 数字签名

在发送签名邮件之前必须在 Outlook Express 中设置数字标识,使电子邮件账号对应相应的数字证书。

①单击"新邮件"按钮,撰写新邮件。

②选取"工具"菜单中的"数字签名"。在信的右上角将会出现一个签名的标记。

③编辑好邮件内容后单击"发送"按钮。发送数字签名邮件即告完成。

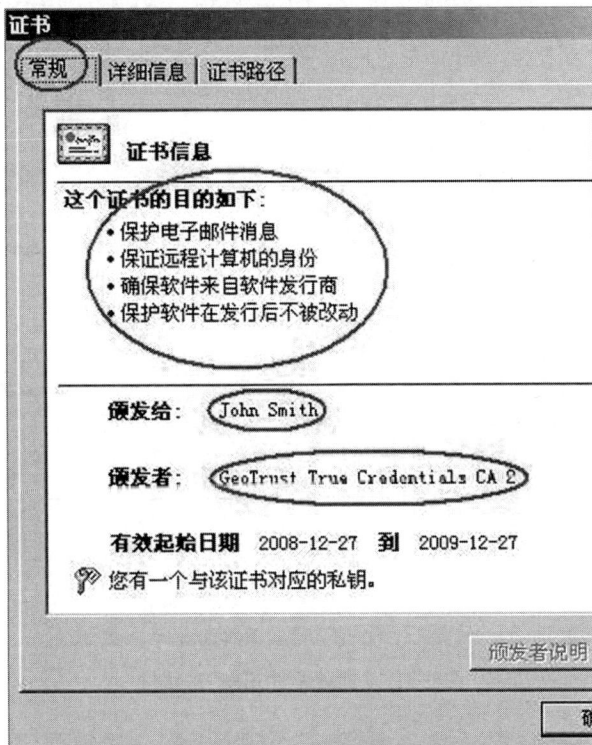

图 6-30　"证书"窗口

当收件人收到并打开有数字签名的邮件时,将看到"数字签名邮件"的提示信息,按"继续"按钮后,才可阅读到该邮件的内容。若邮件在传输过程中被他人篡改或发信人的数字证书有问题,页面将出现"安全警告"提示。

6.4.2　拒绝垃圾邮件

要处理垃圾邮件会浪费时间和精力,不处理这些邮件邮箱又会很乱。我们可以通过灵活运用 Outlook Express 的邮件规则拒绝垃圾邮件。

在 Outlook Express 中,选择"工具"→"邮件规则"→"邮件"→"新建邮件规则"对话框,可以根据平时所收的垃圾邮件的情况,建立相应的邮件规则,步骤如下:

①在"选择规则条件"列表中选中"若'主题'行中包含特定的词",在"选择规则操作"列表中选择"从服务器上删除",然后在"规则说明"列表中单击带下划线的词句,如图 6-31 所示。

②在新打开的对话框中,输入要删除邮件的主题。单击"添加"按钮,再单击"确定"按钮,如图 6-32 所示。

③我们可以在"规则名称"框中选择此邮件规则的名称,单击"确定"按钮,这条邮件规则就建好了。

对于经常收到的通过群发功能发送的垃圾邮件,也可以如此设定:只要收件人不是自己,就直接把邮件从服务器上删除。步骤如下:

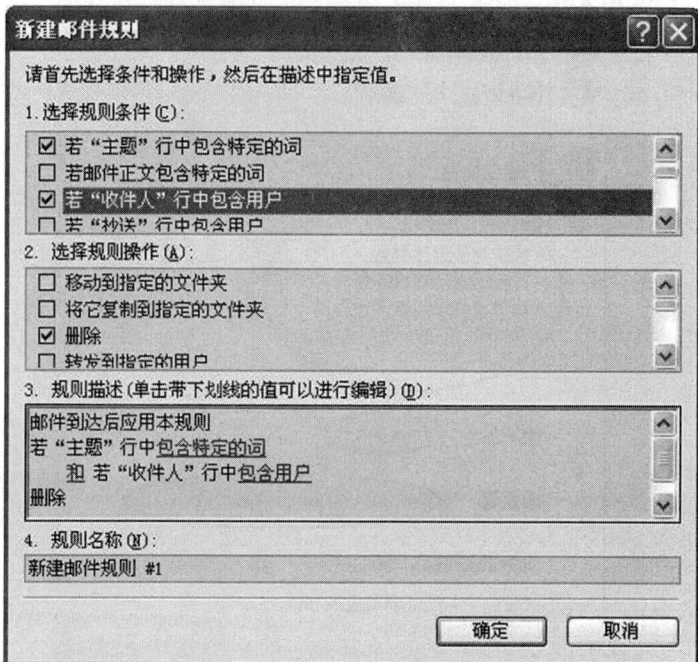

图 6-31 "新建邮件规则"对话框

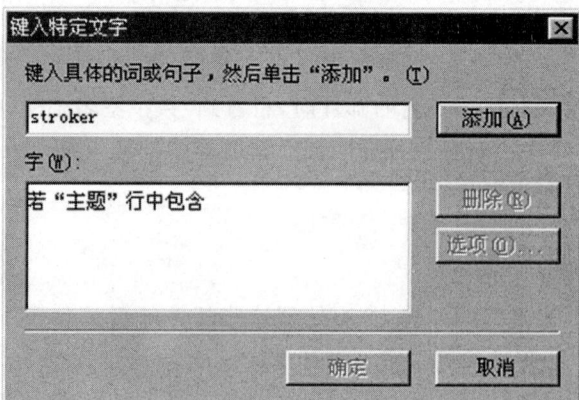

图 6-32 "添加邮件主题"对话框

①依次选择菜单上的"工具"→"邮件规则"→"邮件"。

②在出现如图 6-31 所示的"新建邮件规则"窗口中的"选择规则条件"项下,用鼠标单击

"若'收件人'行中包含用户",这时"规则说明"栏中出现规则条件,单击"包含用户"。

③在弹出的"选择用户"窗口第一栏中输入用户自己的 E-mail 地址,单击"添加"按钮。然后按下旁边的"选项"键,把"邮件包含下列用户"换为"邮件不包含下列用户",依次单击"确定"回到"新建邮件规则"窗口,这时邮件规则变为"若'收件人'行中不包含用户的邮件地址"。

④在"选择规则操作"项下,选定"从服务器上删除"。

⑤在"规则名称"处输入一个名称,例如"删除不是我的信件",单击"确定"按钮。

这样设置以后,就再也收不到群发的垃圾邮件了。

同样,我们可以建立其他一些邮件规则,让收到的邮件按账号转移到不同的文件夹中,或是自动分类、自动转发等。

第 7 章　防火墙

7.1　防火墙的概述

防火墙作为第一道安全防线,自从构建安全的网络环境以来受到的关注度日益增加。目前,防火墙已经成为世界上使用得最多的网络安全产品之一。

7.1.1　防火墙基本概念

广义上来说,防火墙是隔离在内联网络与外联网络之间的一个防御系统。防火墙拥有内联网络与外联网络之间的唯一进出口,因此能够使内联网络与外联网络,尤其是与 Internet 互相隔离。它能够有效地监控了内部网和 Internet 之间的所有活动,保证内部网络的安全。

工程师 William Cheswick 和 Steven Bellovin 认为防火墙是位于两个网络之间的一组构件或一个系统,具有以下属性:

①防火墙是不同网络或者安全域之间的信息流的唯一通道,所有双向数据流必须经过防火墙。

②只有经过授权的合法数据(即防火墙安全策略允许的数据)才可以通过防火墙。

③防火墙系统应该具有很高的抗攻击能力,其自身可以不受各种攻击的影响。

防火墙一般执行以下两种基本设计策略中的一种。

①除非明确不允许,否则允许某种服务。

②除非明确允许,否则将禁止某种服务。

一个有效的防火墙首先要设计和制定一个有效的安全策略,通常的防火墙的安全策略应包括用户账号策略、用户权限策略、数据加密策略、密钥分配策略、信任关系策略、包过滤策略、认证策略、签名策略以及审计策略。

本质上来说,防火墙就是位于两个(或多个)网络之间,实施访问控制策略的一个或一组组件集合。可将防火墙系统表示为如图 7-1 所示结构。

作为网络安全的第一道防线,可概括防火墙的功能如下:

①访问控制功能。这是防火墙最基本及最重要的功能,通过禁止或允许特定用户访问特定资源,保护内部网络的资源和数据。防火墙定义了单一阻塞点,使得未授权的用户无法进入网络,禁止了潜在的、易受攻击的服务进入或离开网络。

②内容控制功能。根据数据内容进行控制,例如过滤垃圾邮件、限制外部只能访问本地 Web 服务器的部分功能等。

③日志功能。防火墙需要完整地记录网络访问的所有信息活动情况,包括进出内部网的访问。一旦网络发生了入侵或者遭到破坏,便可对日志进行审计和查询,查明相关事实情况。

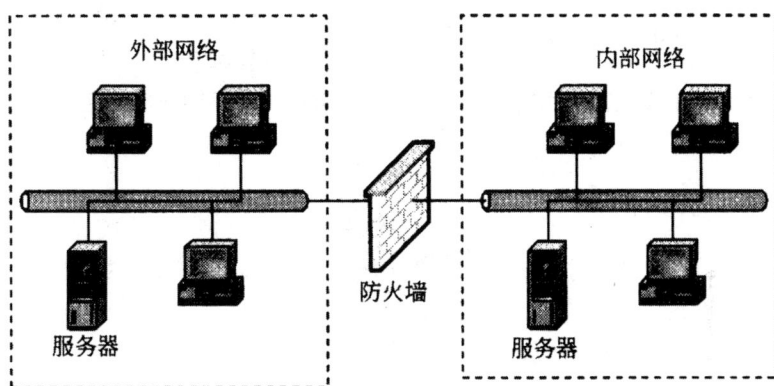

图 7-1 防火墙的位置与功能模型

④集中管理功能。针对不同的网络情况和安全需要,指定不同的安全策略,在防火墙上集中实施,能够对网络攻击进行检测和报警。使用过程中还可能根据情况改变安全策略。防火墙应该是易于集中管理的,便于管理员方便地实施安全策略。

⑤自身安全和可用性。防火墙要保证自己的安全,不被非法侵入,保证正常工作。

如果防火墙被侵入,安全策略被破坏,则内部网络就会变得不安全。此外,也要保证防火墙的可用性,否则将会导致网络中断,而使内部网络的计算机无法访问外部网的资源。

防火墙通过监视、限制、更改通过网络的数据流,一方面尽可能屏蔽内部网的拓扑结构,另一方面对内屏蔽外部危险站点,用以防范外对内、内对外的非法访问,最终达到控制对受保护网络的非法访问的目的,图 7-2 所示为防火墙的工作原理。

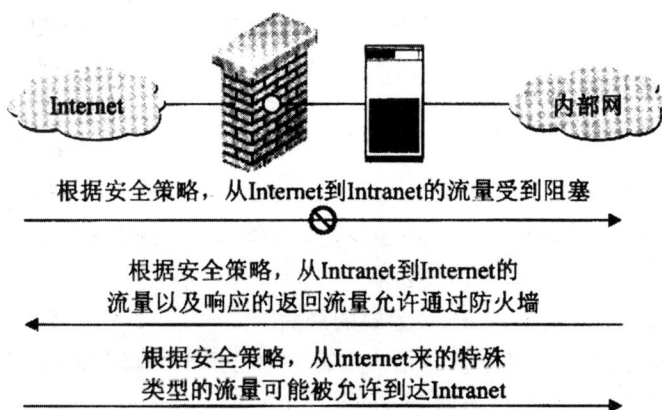

图 7-2 防火墙工作原理

另外,防火墙除了安全作用,可能还支持具有 Internet 服务特性的企业内部网络技术体系 VPN,将世界各地的 LAN 有机地联成一个整体。或支持网络地址转换(NAT)技术,将有限的 IP 地址动态或静态地与内部的 IP 地址对应起来,用来缓解地址空间短缺的问题等。

防火墙已经成为控制对网络系统访问的重要方法。事实上,在 Internet 上的 Web 网站中,超过 1/3 的 Web 网站都是由某种形式的防火墙加以保护,这是对黑客防范最严,安全性较强的一种方式,通常都建议将关键性的服务器放在防火墙之后。

7.1.2　防火墙的基本功能

防火墙技术随着计算机网络技术的发展而不断向前发展,其功能也越来越完善。一台高效可靠的防火墙应具有以下基本功能。

1. 监控并限制访问

针对网络入侵的不安全因素,防火墙通过采取控制进出内、外网络数据包的方法,实时监控网络上数据包的状态,并对这些状态加以分析和处理,及时发现存在的异常行为。同时,根据不同情况采取相应的防范措施,从而提高系统的抗攻击能力。

2. 控制协议和服务

针对网络自身存在的不安全因素,防火墙对相关协议和服务进行控制,使得只有授权的协议和服务才可以通过防火墙,从而大大降低了因某种服务、协议的漏洞而引起安全事故的可能性。例如,当允许外部网络用户匿名访问内部 Web 服务器时,就需要在防火墙上对访问协议和服务进行限制,只允许 http 协议利用 TCP 80 端口进入网络,而其他协议和端口将被拒绝。防火墙可以根据用户的需要在向外部用户开放某些服务(如 WWW、FTP 等)的同时,禁止外部用户对受保护的内部网络资源进行访问。

3. 保护内部网络

针对应用软件及操作系统的漏洞或"后门",防火墙采用了与受保护网络的操作系统、应用软件无关的体系结构,其自身建立在安全操作系统之上。同时,针对受保护的内部网络防火墙能够及时发现系统中存在的漏洞,对访问进行限制;防火墙还可以屏蔽受保护网络的相关信息。

4. 网络地址转换

网络地址转换(Network Address Translation,NAT)是指在局域网内部使用私有 IP 地址,而当内部用户要与外部网络(如 Internet)进行通信时,就在网络出口处将私有 IP 地址替换成公用 IP 地址。NAT 具有以下主要功能。

(1)缓解目前 IP 地址(主要是 IPv4)紧缺的局面

一个单位可以申请有限的几个甚至是一个合法的公用 IP 地址,通过 NAT 就可以实现使用私有 IP 地址的内部局域网用户访问 Internet。

(2)屏蔽内部网络的结构和信息

一个单位如果不希望外部网络用户知道本单位内部的网络结构时,可以通过 NAT 将内部网络与外部网络隔离开来,即使外部用户能够访问单位内部的部分网络服务(如 WWW、FTP 和电子邮件等),也感觉不到是通过 NAT 进行 IP 地址转换的。同时,所有内部网络中的计算机对于外部网络来说是不可见的,而位于内部网络中的计算机用户通常也不会意识到 NAT 的存在。

(3)保证内部网络的稳定性

如果内部网络更换了 ISP,意味着要更换公用 IP 地址。使用了 NAT 后,只需要在 NAT

设备(如防火墙、路由器等)上进行简单的设置即可,单位内部的计算机和网络设备不需要进行任何改动。

(4)适应目前国内互联网络的应用现状

目前,国内互联网络之间存在的互联互通问题已非常明显,许多高校和企业在网络出口处都提供了两条以上的线路,每一条线路连接一个 ISP,如中国电信、中国网通、中国联通、中国教育和科研网等。

通过 NAT 解决了同一内部网络使用多出口的问题。目前,NAT 主要通过防火墙和路由器来实现。

5. 虚拟专用网

虚拟专用网(Virtual Private Network,VPN)是在公用网络中建立的专用数据通信网络。在虚拟专用网中,任意两个节点之间(如局域网与局域网之间、主机与主机之间、主机与局域网之间)的连接并没有传统专用网络所需的端到端的物理链路,而是利用已有的公用网络资源(如 Internet、ATM 和帧中继等)建立的逻辑网络,节点之间的数据在逻辑链路中传输。虚拟专用网中的"虚拟"是指用户不需要拥有实际的长途数据线路,而是使用 Internet 等公用数据网络的长途数据线路;"专用网"是指用户可以为自己制定一个符合自己需求的网络。目前 VPN 在网络中得到了广泛应用,作为网络特殊位置的防火墙应具有 VPN 的功能,以简化网络配置和管理。

6. 日志记录与审计

当防火墙系统被配置为所有内部网络与外部网络(如 Internet)连接均需经过的安全节点时,防火墙会对所有的网络请求做出日志记录。日志是对一些可能的攻击行为进行分析和防范的十分重要的情报信息。另外,防火墙也能够对正常的网络使用情况做出统计。这样网络管理人员通过对统计结果的分析,就能够掌握网络的运行状态,进而更加有效地管理整个网络。

7.1.3　防火墙的安全区域和安全级别

与路由器在默认情况下允许所有的数据流量不同,作为专门的网络安全设备,防火墙在默认情况下以其接口为边界将网络划分成若干个安全区域,并为其赋予了不同的安全级别以控制不同安全区域之间的访问。典型的防火墙安全区域划分如图 7-3 所示。

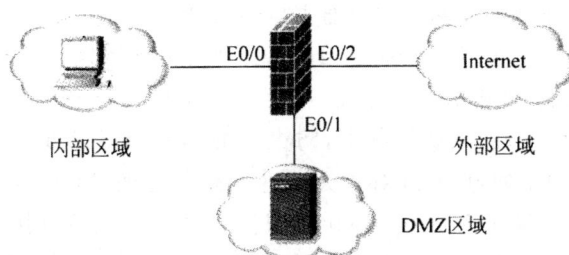

图 7-3　防火墙的安全区域划分

1. 内部区域

内部区域又称为 Trust 区域,该区域连接的是企业内部网络,该区域为受信任区域,受到防火墙的保护。该区域一般被赋予较高的安全级别,对于 Cisco 的 PIX 系列防火墙而言,为连接内部区域的 inside 接口设置最高的安全级别 100;对于 H3C 的防火墙而言,为 Trust 区域设置的安全级别为 85。

注意:Cisco 防火墙的安全级别是针对接口设置的,H3C 防火墙的安全级别是针对安全区域设置的。

在传统上,防火墙的安全级别以及安全策略配置均围绕接口进行,即为具体的物理接口配置不同的安全级别,并在接口之间设置安全策略。随着防火墙设备可以提供的物理接口数量增多,传统基于接口的安全策略配置方式配置和维护的工作量成倍增加,因此部分厂商开始围绕安全区域设置安全级别和安全策略。通过将安全需求相同的接口划分到同一个安全区域中,然后在安全区域间设置安全策略,实现了安全策略的分层管理,简化了安全策略维护的复杂度,同时也实现了网络业务和安全业务的分离。但是在网络复杂度不高的场合,一般还是建议为每一个物理接口单独设置不同的安全区域,以保证域间安全策略配置的灵活性。

2. 外部区域

外部区域又称为 Untrust 区域,该区域连接的是 Internet 等外部网络,该区域是不被信任的区域,位于该区域中的主机访问其他区域主机时将受到严格的安全策略限制。该区域一般被赋予最低的安全级别,对于 Cisco 的 PIX 系列防火墙而言,为连接外部区域的 outside 接口设置最低的安全级别 0;对于 H3C 的防火墙而言,为 Untrust 区域设置的安全级别为 5。

3. DMZ 区域

DMZ 区域即非军事化区域(Demilitarized Zone),它是一个物理上和逻辑上均与内部网络和外部网络相隔离的区域。一般在该区域内放置需要被外部网络访问的 Web 服务器、FTP 服务器等应用服务器,位于 DMZ 区域内的主机或服务器被称为堡垒主机。该区域一般被赋予介于内部区域和外部区域之间的安全级别,对于 Cisco 的 PIX 系列防火墙而言,为连接 DMZ 区域的接口设置最低的安全级别 0;对于 H3C 的防火墙而言,为 DMZ 区域设置的安全级别为 50。

通过设置 DMZ 区域,将企业内部对外提供服务的服务器和普通主机隔离开,在对外提供服务的同时有效保护了企业内部网络中普通主机的安全。

H3C 的防火墙除了 Trust、Untrust 和 DMZ 三个安全区域以外,还存在两个比较特殊的安全区域:Management 区域和 Local 区域,这两个区域的安全级别均为最高值 100。其中 Management 区域为管理区域,默认情况下,防火墙的第一个接口处于 Management 区域中,Management 区域专门用来通过 Web 对防火墙进行配置管理,Management 区域并不属于业务安全区域。防火墙上除属于 Management 区域接口外的其他所有接口均属于 Local 区域,将某个接口划分到某个特定的区域中只是意味着该接口下所连接的网络属于某个特定的区域,而接口本身只属于 Local 区域,不会发生改变。因此,对于 H3C 的防火墙,其在实际的网络应用中真正进行业务网络安全访问控制的依然是 Trust、Untrust 和 DMZ 三个安全区域。H3C 防火墙的安全区域划分如图 7-4 所示。

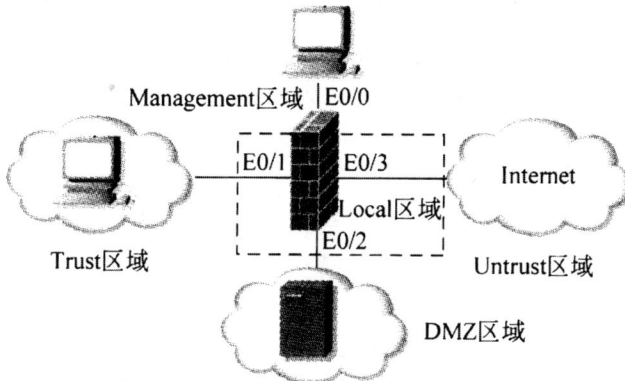

图 7-4　H3C 防火墙的安全区域划分

无论是 Cisco 的防火墙还是 H3C 的防火墙,其默认域间安全策略相同,均为高安全级别的区域能够访问低安全级别的区域,低安全级别的区域不能访问高安全级别的区域。但 H3C 防火墙上的 Local 区域相对比较特殊,虽然 Local 区域拥有最高的安全级别 100,但默认情况下 Local 区域能够访问其他区域,其他区域也能够访问 Local 区域,这就可以保证无论主机处于哪一个区域均可以保持与防火墙本身的联通性。

7.1.4　防火墙的位置

1. 物理位置

防火墙是由硬件、软件组成的系统,即路由器、计算机或者配有适当软件的网络设备的多种组合。根据不同的需求,防火墙实现的方式也有所不同,作为内联网络与外联网络之间实现访问控制的一种硬件设备,防火墙通常安装在内联网络与外联网络的交界点上。防火墙通常位于等级较高的网关位置或者与外联网络相连接的节点处,这样做有利于防火墙对全网(内联网络)的信息流的监控,进而实现全面的安全防护。有时为某些有特殊要求的子系统或内联子网提供进一步的保护,也可以将防火墙部署在等级较低的网关位置或者与数据流交汇的节点上。

从实现角度来看,防火墙由一个独立的进程或一组紧密联系的进程构成,运行于路由器或者任何提供网络安全的设备组合上。这些设备或设备组一边连接着受保护的网络,另一边连接着外联网络或者内联网络的其他部分。对于个人防火墙来说,防火墙一般是指安装在单台主机硬盘上的软件系统。防火墙在这些关键的数据交换节点或者网络接口上控制着经过它们的各种各样的数据流,并详细记录有关安全管理的系统活动。在很多中、小规模的网络配置方案中,为降低成本,防火墙服务器还经常被当作公共 WWW 服务器、FTP 服务器或者 E-mail 服务器来使用。

2. 逻辑位置

所谓防火墙的逻辑位置主要是指防火墙与网络协议相对应的逻辑层次关系,处于不同网络层次的防火墙实现不同级别的网络过滤功能,表现出的特性也不同。

由于防火墙技术是一种集成式的网络安全技术,涉及网络与信息安全等多方面内容,故需要统一的规范化描述,为此国际标准化组织的计算机专业委员会依据网络开放系统互连模型制定了一个网络安全体系结构:信息处理系统开放系统互连基本参考模型第 2 部分——安全体系结构,即 ISO 7498—2,它解决了网络信息系统中的安全与保密问题。

安全服务是由网络的某一层所提供的服务,主要是为了加强系统的安全性及对抗攻击。安全服务与 ISO OSI/RM 网络层次模型的对应关系如表 7-1 所示。

安全机制可分为实现安全服务和安全管理两类。该结构提供的 8 类安全机制分别为:加密机制、数据签名机制、访问控制机制、数据完整性机制、认证交换机制、防业务填充机制、路由控制机制和公证机制。

表 7-1　ISO OSI/RM 网络安全体系结构

网络层次 安全服务	物理层	数据 链路层	网络层	传输层	会话层	表示层	应用层
对等实体鉴别			√	√			√
访问控制	√	√	√	√			√
连接保密	√	√	√	√		√	√
选择字段保密						√	√
报文流安全	√		√				√
数据的完整性			√	√		√	√
数据源鉴别							√
禁止否认服务							√

按照 ISO OSI/RM 模型及表 7-1 的安全要求,防火墙可以设置在 ISO OSI/RM 7 层模型中的 5 层,如表 7-2 所示。

表 7-2　防火墙与网络层次关系

ISO OSI/RM 7 层模型	防火墙级别
应用层	网关级
表示层	—
会话层	—
传输层	电路级
网络层	路由器级
数据链路层	网桥级
物理层	中继器级
物理层	中继器级

7.1.5　防火墙的基本类型

根据防火墙所采用的技术可以将它分为以下几类(图 7-5)：

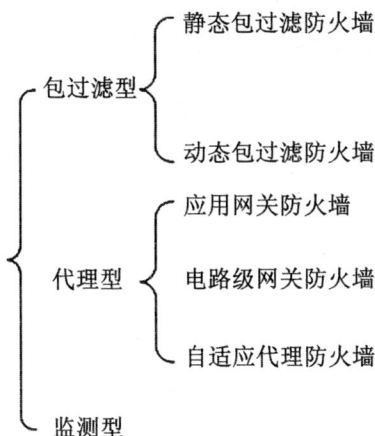

图 7-5　防火墙的基本类型

7.1.6　防火墙的基本准则

作为可信赖的单位内部网络与不可信赖的外部网络之间的连接节点,防火墙在安全功能上可以遵循以下的基本准则。

1. 所有未被允许的就是禁止的

这一准则是指根据用户的安全管理策略,所有未被允许的通信禁止通过防火墙。基于该准则,防火墙应封锁所有信息流,然后对希望提供的服务逐项开放,对不安全的服务或可能存在安全隐患的服务一律关闭。这是一种非常有效、实用的方法,可以构建一个较为安全的网络应用环境,因为只有经过管理人员确认是安全的服务才被允许使用。

这一准则的优势是安全性高,但弊端是用户所能使用的服务范围受到限制,造成用户使用不方便。例如,Cisco PIX 防火墙的初始化配置就采用了该准则。

2. 所有未被禁止的就是允许的

这一准则是指根据用户的安全管理策略,防火墙转发所有信息流,允许所有的用户和站点对内部网络的访问,然后网络管理员按照 IP 地址等参数对未授权的用户或不信任的站点进行逐项屏蔽。这种方法构成了一种更为灵活的应用环境,可为用户提供更多的服务。其弊端是随着网络服务的增多,网络管理人员的工作量将会随之增大,特别是受保护的网络范围增大时,很难提供可靠的安全防护。目前,许多国产防火墙都使用这一准则。

7.1.7　防火墙的优点和不足

1. 防火墙的优点

防火墙主要有以下几方面的优点(图 7-6)：

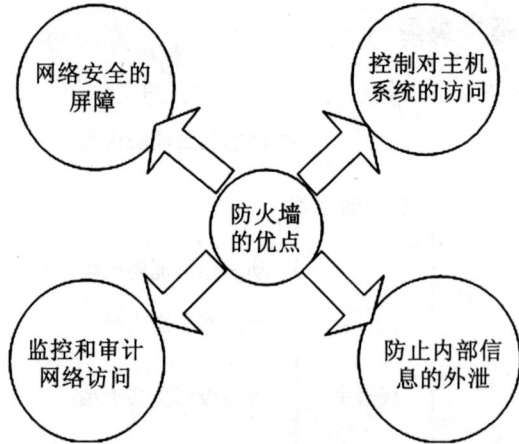

图 7-6　防火墙的优点

2. 防火墙的不足

虽然使用防火墙为用户带来了许多的好处,但是一定要记住:防火墙不是万能的,它只是系统整体安全策略的一部分,还有相当的局限性,其主要体现在以下几个方面。

(1)防火墙不能防御不经由防火墙的攻击

防火墙能够有效地检查经由其进行传输的信息,但不能防御绕过它进行传输的信息。

(2)防火墙不能防范恶意的内部威胁

通常,防火墙的安全控制只能作用于外对内或内对外,若网络内部人员了解内部网络的结构,从内部入侵内部主机,或进行一些破坏活动。例如,窃取数据、破坏硬件和软件,而由于该通信没有通过防火墙,于是防火墙无法阻止。

(3)防火墙不能防止感染了病毒的软件或文件的传输

随着计算机各种技术的发展,越来越多的恶意程序出现,病毒可以依附于共享文档进行传播,也可通过 E-mail 附件的形式在 Internet 上迅速蔓延。Web 本身就是一个病毒源,许多站点都可以下载病毒程序甚至源码,进一步加剧了病毒的传播。

此外,病毒的类型、隐藏和传输方式太多,操作系统种类也有很多;否则,防火墙将成为网络中最大的瓶颈。

(4)防火墙不能防止数据驱动式攻击

一些表面看起来无害的数据通过电子邮件发送或者其他方式复制到内部主机上,一旦被执行就会形成攻击。

(5)防火墙不能防范不断更新的攻击方式

由于防火墙的安全策略是在已知的攻击模式下制定的,因此,只能防御已知的威胁,对于全新的攻击方式则无能为力。

(6)防火墙难于管理和配置,易造成安全漏洞

由于防火墙的管理及配置非常复杂,防火墙的安全策略通常是无法集中管理的,难免在管理上有所疏忽。

(7)很难为用户在防火墙内外提供一致的安全策略

由于防火墙对用户的安全控制主要是基于用户所用机器的 IP 地址而不是用户身份,这

就是决定了很难为同一用户在防火墙内外提供一致的安全控制策略,从而限制网络的物理范围。

7.2 防火墙技术的分类

7.2.1 包过滤技术

包过滤是最早使用的一种防火墙技术,是一种最简单的防火墙,工作在网络层。它主要是针对数据包本身进行过滤的,适用于所有网络服务,具有很高的性价比。

包过滤技术就是在网络的适当位置对数据包进行审查。包过滤器逐一审查每份数据包并判断它是否与包过滤规则相匹配。过滤规则以处理数据包头信息为基础。即通过对 IP 报头和 TCP 包头或 UDP 包头的检查而实现,主要信息包括:

①IP 源地址。

②IP 目的地址。

③ICMP 报文类型。

④TCP/UDP 源端口。

⑤TCP/UDP 目的端口。

⑥包输入/输出接口。

⑦封装协议(TCP、UDP、ICMP)。

⑧TCP 链路状态(TCP 包头的 ACK 位)。

包过滤防火墙的数据流向在 TCP/IP 协议栈内最多只经过下面的网络接口层、网络层和传输层三层,数据报不会上传到应用层。表 7-3 给出了包过滤规则表的一些例子。在每个表中,规则被从上到下依次应用。符号 * 表示一个通配符,用来表示符合要求的每一种可能。这里假设使用默认丢弃策略,即所有没有被规定允许转发的数据包都将被丢弃。

表 7-3 包过滤规则表

处理		内部主机	端口	外部主机	端口	标识	说 明
A	阻塞	*	*	SPIGOT	*		这些人不被信任
	通过	OUR-GW	25	*	*		与内部主机的 SMTP 端口有连接
B	阻塞	*	*	*	x		默认
C	通过	*	*	*	25		与外部主机的 SMTP 端口有连接
D	通过	本地主机	*	*	25		发往外部 SMTP 端口的包
	通过	*	25	*	*	ACK	外部主机的回复
D	通过	本地主机	*	*	*		本地主机的输出的请求
	通过	*	*	*	*	ACK	对本地请求的回复
	通过	*	*	*	>1024		到非服务器的通信

①规则表 A 规定允许进入防火墙内部的邮件通过,但是只能发往一台特定的网关主机,从特定的外部主机 SPIGOT 发来的邮件将被阻塞。

②规则表 B 为默认策略。实际应用中,所有的规则表都把默认策略作为最后的规则。

③规则表 C 规定内部的每一台主机都可以向外部发送邮件。一个目的端口为 25 的 TCP 包将被路由到目的机器上的 SMTP 服务器。这条规则的问题在于把端口 25 用来作为 SMTP 接收只是一个默认设置;而外部机器的端口 25 可能被设置用来做其他的应用。可见若攻击者可以通过发送一个 TCP 源端口为 25 的数据包来获得对内部机器的访问权。

④规则表 D 中,利用了 TCP 连接的优点,一旦建立一个连接,那么 TCP 段被设置一个 ACK 标志,表示是另一方发来的数据段。因此,这个规则表就允许那些源 IP 地址是给定的某些主机,而目标 TCP 端口数是 25 的数据分组通过。并同时允许那些源端口数为 25 并且包含一个 ACK 标志的数据分组通过。当然必须清楚地指定源系统和目的系统,才能有效地定义这些规则。

⑤规则表 E 是一种处理 FTP 连接的方法。为实现 FTP,需要建立两个 TCP 连接,以控制连接负责建立文件传输,数据连接负责实际文件的传输过程。数据连接使用与控制连接不同的端口,这个端口是在传输时动态分配的。大多数服务器使用低端口,它们往往是攻击者的目标;大多数对外部系统的呼叫则倾向于使用高端口,特别是大于 1023 的。因此,这个规则表在下列情况允许通过:

- 从内部发出的数据包。
- 内部机器上发向高端口的数据包。
- 对一个内部机器所建立的连接进行响应的数据包。

这个方案要求系统设置为只有某些适当的端口可用。规则表 E 表明了在包过滤层上处理应用程序有难度。

包过滤路由器防火墙的优点:网络逻辑结构简单,便于使用和管理,易于实现对用户透明访问,大多是安装在路由器上,无需增加任何额外费用,价格低廉,实现方式相当简捷,效率较高,对各种网络服务都通用,无需添加额外硬件和软件。

包过滤方式的缺点:包过滤技术无法识别基于应用层的恶意侵入,对于那些利用特定应用漏洞的攻击,防火墙无法防范;这种防火墙特别容易受到利用 TCP/IP 规定和协议栈漏洞的攻击,如网络层地址欺骗,入侵者通常会采用欺骗攻击来躲过防火墙的安全控制;过滤判别条件有限,安全性不高;过滤规则数目的增加会极大地影响防火墙的性能,如果配置错误,则不但不会阻挡威胁,甚至允许某些威胁通过;很难对用户身份进行验证;对安全管理人员素质要求高,不能隐藏内部网络配置,任何被允许访问的用户都可以看到网络的布局和结构;对网络的监视和日志功能较弱等。

7.2.2 应用代理技术

这种技术的核心就是代理服务器技术。代理服务是运行在防火墙上的一种服务程序。代理防火墙的应用层代理服务的数据控制及传输过程如图 7-7 所示。

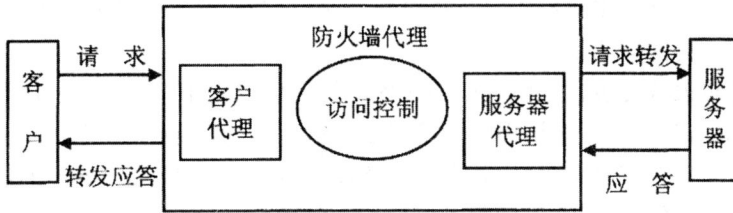

图 7-7　代理防火墙的应用层代理服务的数据控制及传输过程

1. 应用层网关（Application Level Gateways，ALG）防火墙

应用层网关防火墙是传统代理型防火墙。图 7-8 所示的为应用层网关防火墙。

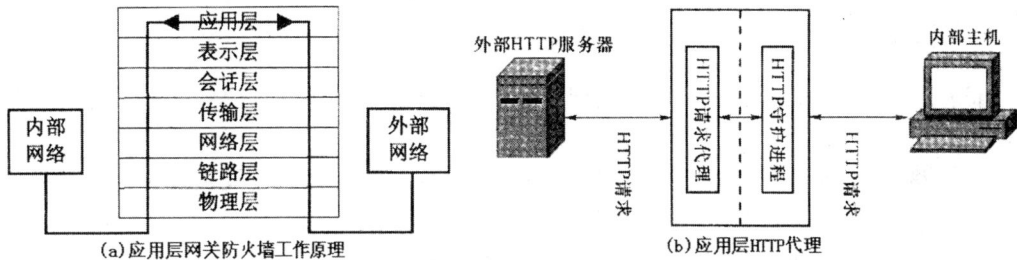

图 7-8　应用层网关防火墙

应用层网关防火墙的核心技术就是代理服务器技术，是基于软件的，通常安装在专用工作站系统上。这种防火墙通过代理技术参与到一个 TCP 连接的全过程，并在网络应用层上建立协议过滤和转发功能，所以叫做应用层网关。应用层网关将内部用户的请求确认后送到外部服务器，再将外部服务器的响应回送给用户。这种技术通常用于在 Web 服务器上高速缓存信息，起到 Web 客户和 Web 服务器之间的中间作用。主要保存 Internet 上那些最常用和最近访问过的内容。

2. 电路级网关（Circuit Proxy）防火墙

另一种类型的代理技术称为电路级网关（Circuit Level Gateway，CLG）或 TCP 通道（TCP Tunnels）防火墙，工作在传输层上，用来在两个通信端点之间转换数据包。图 7-9 为电路级防火墙及其工作原理。

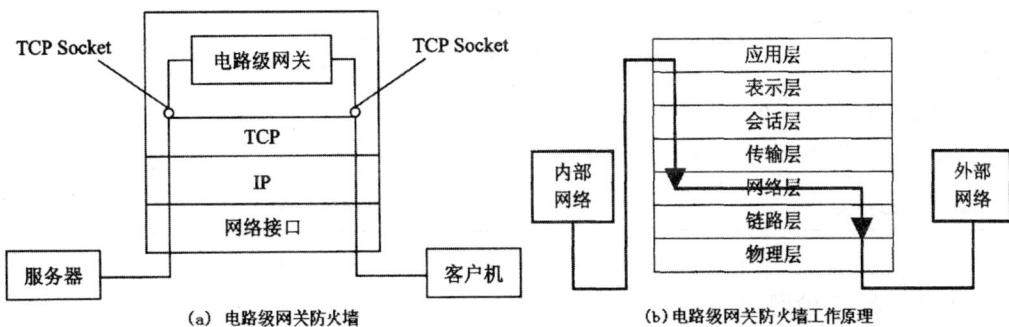

图 7-9　电路级防火墙及其工作原理

电路级网关是建立应用层网关的一种更加灵活的方法,是针对包过滤和应用层网关技术存在的缺点而引入的防火墙技术。

电路级网关防火墙与包过滤防火墙都是依靠特定的逻辑来判断是否允许数据包通过,但是包过滤防火墙允许内、外网的计算机直接建立连接,而电路级网关防火墙则不允许 TCP 端到端的连接,而是要建立两个连接。其中一个连接是网关到内部主机,另一个是网关到外部主机。一旦两个连接被建立,网关只简单地进行数据中转,即它只在内部连接和外部连接之间来回复制字节,并将源 IP 地址转换为本身的地址,在外部看来是网关和目的地址在进行连接。由于电路级网关在会话建立连接后不对所传输的内容作进一步的分析,因此安全性稍低。由于电路级网关的实现独立于操作系统的网络协议栈,故通常需要用户安装特殊的客户端软件才能使用电路级网关服务。

3. 自适应代理(Adaptive Proxy)防火墙

自适应代理防火墙基本上和标准代理服务防火墙一样安全,并且比状态包检测有更快的性能。

自适应代理防火墙也比标准的代理防火墙更灵活,为安全管理者提供了更明确的控制以满足他们的特殊需求,同时满足了速度和安全的需求。

比较包过滤技术防火墙和应用代理防火墙,可得表 7-4。

表 7-4 包过滤技术防火墙和应用代理防火墙的对比

	包过滤防火墙	代理防火墙
优点	价格较低	内置了专门为提高安全性而编制的代理应用程序,能够透彻地理解相关服务的命令,对来往的数据包进行安全化处理
	工作在网络和传输层,所以处理数据包的速度快、效率高	不允许数据包直接通过火墙,避免了数据驱动式攻击的发生,安全性好
	提供透明的服务,用户不用改变客户端程序	能生成各项记录;能灵活、完全地控制进出的流量和内容;能过滤数据内容
缺点	定义复杂,易出现因配置不当带来的问题	对于每项服务,代理可能要求不同的服务器
	允许数据包直接通过,可能会受数据驱动式攻击	速度较慢
	不能彻底防止地址欺骗	对用户不透明,用户需要改变客户端程序
	数据包中只能确认机器的信息不支持用户认证	不能保证免受所有协议弱点的限制
	不能理解特定服务的上下文环境,相应控制只能在高层由代理服务和应用层网关来完成	速度较慢,不太适用于高速网(ATM 或千兆位 Intranet 等)之间的应用
	不提供日志功能	不能改进底层协议的安全性

7.2.3 状态检测技术

相较于前面的包过滤技术,状态包检测(Stateful Inspection)技术增加了更多的包和包之间的安全上下文检查,以达到与应用级代理防火墙相类似的安全性能。图 7-10 为状态检测防火墙。

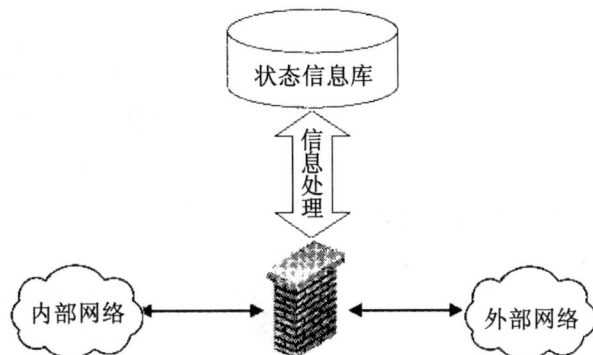

图 7-10　状态检测防火墙

　　状态检测技术主要是利用建立的外向 TCP 连接状态表,来跟踪每一个网络通信会话的状态,加强了处理 TCP 通信的规则。每个当前建立的连接都记录在连接状态表里,如果一个数据包的目的地是系统内部的一个介于 1024 和 65535 之间的端口,且它的信息与连接状态表里某一条记录相符,包过滤器才允许它进入。表 7-5 所示为一个连接状态表实例。

表 7-5　状态检测技术防火墙的连接状态表实例

源地址	源端口	目的地址	目的端口	连接状态
192.168.1.100	1030	210.9.88.29	80	已建立
192.168.1.102	1031	216.32.42.123	80	已建立
192.168.1.101	1033	173.66.32.122	25	已建立
192.168.1.106	1035	177.231.32.12	79	已建立
223.43.21.231	1990	192.168.1.6	80	已建立
219.22.123.32	2112	192.168.1.6	80	已建立
210.99.212.18	3321	192.168.1.6	80	已建立
24.102.32.23	1025	192.168.1.6	80	已建立
223.212.212	1046	192.168.1.6	80	已建立

　　状态检测防火墙不但进行传统的包过滤检查,而且还根据会话状态的迁移提供了完整的对传输层的控制能力。这种防火墙还采用了多种优化策略,使得防火墙的性能获得大幅度的提高。

7.3　防火墙的体系结构

7.3.1　屏蔽路由器体系结构

　　屏蔽路由器一般用来连接内网和外网,是内外连接的唯一通道。它可以通过设置路由器的访问控制表,基于 IP 进行包过滤,利用包过滤规则完成基本的防火墙功能,但这种方式不具备监控和认证功能,最多可以进行流量记录。如图 7-11 所示为屏蔽路由器体系结构。

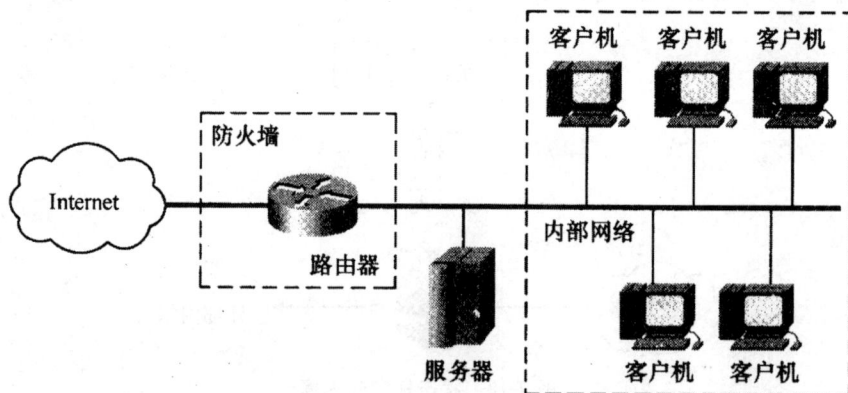

图 7-11 屏蔽路由器体系结构

通常这种屏蔽路由器可以由厂家专门生产的路由器实现,也可以用主机来实现。这种配置的缺点:

①规则表会随着应用的不断深化,将会很快变得很大而且复杂。

②没有或有很少的日志记录能力,所以网络管理员很难确定系统是否正在被入侵或已经被入侵。

③最大的弱点是依靠一个单一的部件来保护系统,一旦部件出现问题,就会使网络的完全开放,而用户可能仍不知道。

7.3.2 双宿主主机体系结构

双重宿主主机(Dual Homed Host,DHH)是围绕具有双重宿主的堡垒主机构筑的。一般情况下双宿主机的路由功能是被禁止的,这样可以保护内部网络。双重宿主主机的防火墙体系结构是一个简单但十分安全的防火墙方案,如图 7-12 所示。

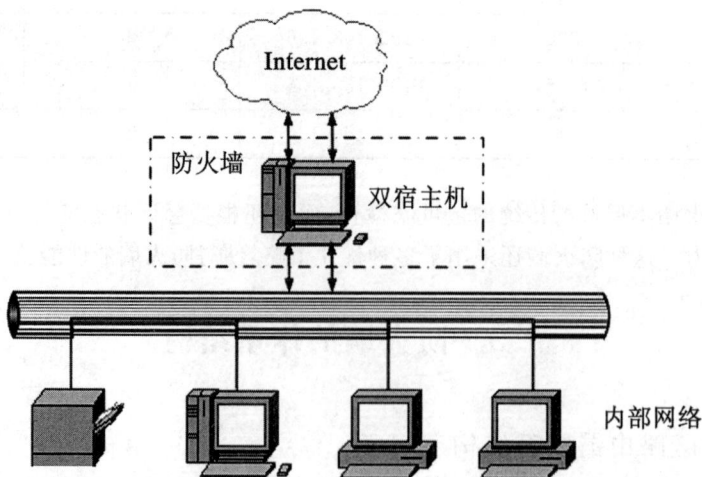

图 7-12 双宿主主机体系结构

7.3.3 屏蔽主机体系结构

屏蔽主机网关(Screened Gateway,SG)又称主机过滤结构,由屏蔽路由器和应用网关(堡垒主机)组成,屏蔽路由器位于内外网之间,提供主要的安全功能,在网络层次化结构中基于低三层实现包过滤;应用网关位于内网,提供主要的面向外部的应用服务,基于网络层次化结构的最高层应用层实现应用过滤。需要注意的是,应用网关只有一块网卡。屏蔽主机体系结构如图 7-13 所示。

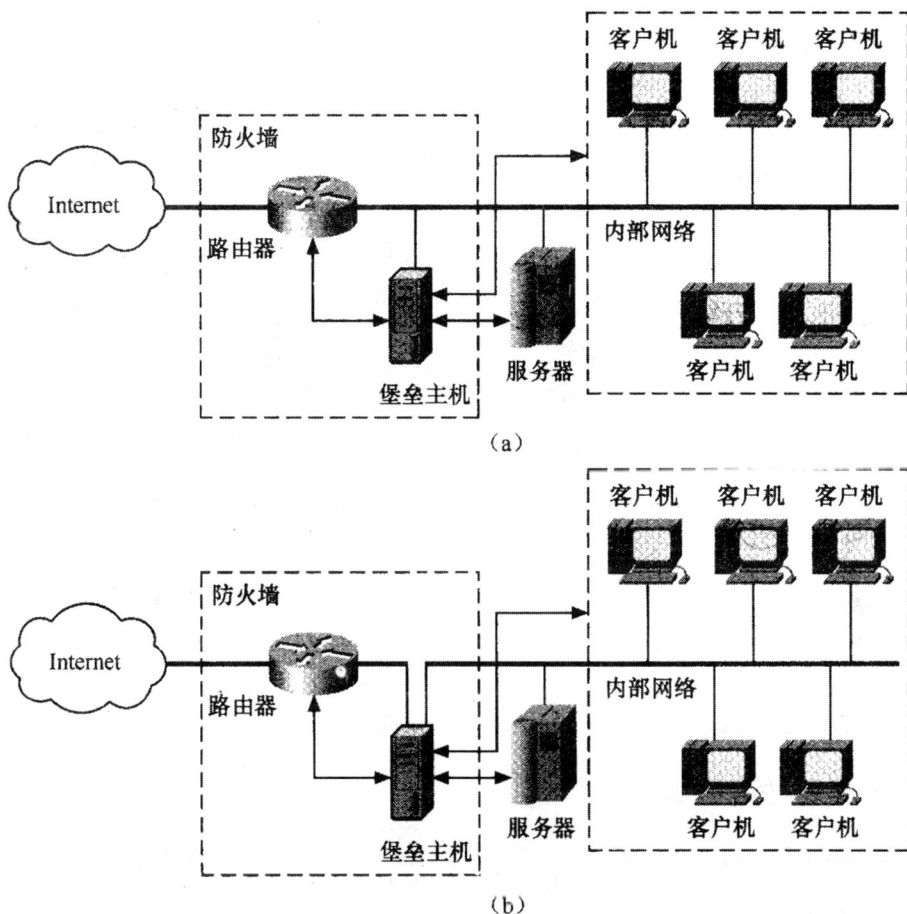

图 7-13 屏蔽主机体系结构

屏蔽主机是一种结合了包过滤和代理两种不同机制的防火墙系统,具有双重保护,它能够提供比单纯的过滤路由器和多重宿主主机更高的安全性。任何攻击者都需要攻破包过滤防火墙和代理防火墙两条防线才能进入到内联网络,这增加了攻击者的难度;屏蔽主机支持多种网络服务的深层过滤,并具有相当的可扩展性。由于堡垒主机上采用的是代理服务器技术,所以只要按照需要添加代理服务器组件即可。

屏蔽主机系统本身是可靠、稳固的。不同于多重宿主主机,直接面对外联网络的并不是堡垒主机而是过滤路由器。保护简单配置的路由器要比保护一台主机要容易得多。但由于要求对两个部件进行配置以便能协同工作,所以防火墙的配置工作很复杂。相较于双重宿主主机,由于代理服务器主机只有一个网络接口,内部网络只需一个子网,这样整个防火墙的设置灵活,相对而言安全性不如双重宿主主机防火墙。

7.3.4 屏蔽子网体系结构

屏蔽子网(Screened Subnet,SS)防火墙是在屏蔽主机网关防火墙的基础上加一个路由器,构成一个安全层。屏蔽子网结构包含外部和内部两个路由器。屏蔽子网的体系结构,如图7-14 所示。

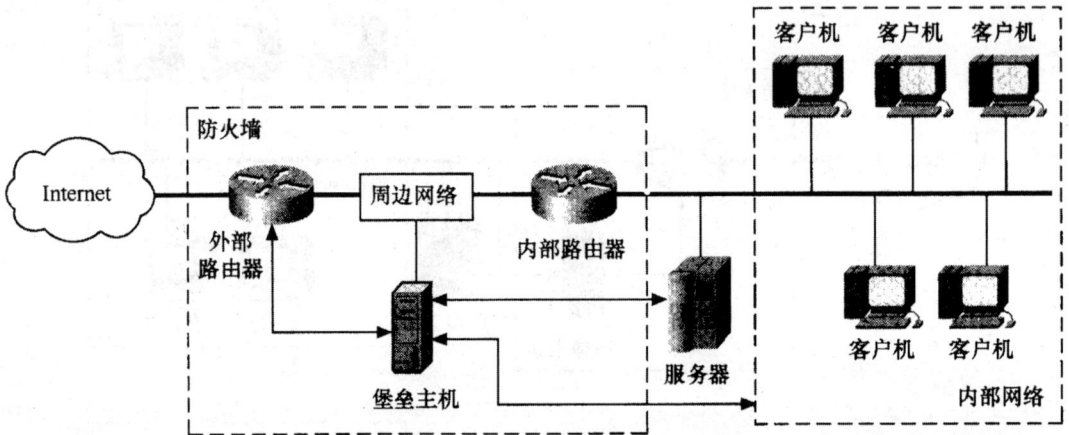

图 7-14　屏蔽子网的体系结构

内部网都能访问非军事区 DMZ(Demilitarized Zone)上的某些资源,但不能通过 DMZ 让内部网和外部网络(Internet)直接进行信息传输,像 WWW 和 FTP 服务器等对外提供服务的服务器可放在 DMZ 中。

外部屏蔽路由器用于防范来自因特网的攻击,并管理因特网到 DMZ 的访问。对于内部访问因特网,内部屏蔽路由器管理内网到 DMZ 的访问。

7.3.5 组合体系结构

在构造防火墙时,通常采用解决不同问题的多种技术的组合。一般有以下几种形式。

1. 多堡垒主机

堡垒主机是一种很有名的网络安全机制,也是安全访问控制实施的一种基础组件。堡垒主机经常被配置为直接与外联网络相连接,为内联网络提供网关服务。因此,堡垒主机是用户网络中最容易受到攻击的主机,堡垒主机必须具有强大而且完善的自我保护机制。

通常情况下,堡垒主机应该只提供一种服务,因为提供的服务越多,在系统上安装服务而导致安全隐患的可能性也就越大。也就是说如果在网络边界上拥有一个防火墙程序、一台Web 服务器、一台 DNS 服务器和一台 FTP 服务器,那么就需要配置 4 台独立的堡垒主机。而通过如图 7-15 所示的多堡垒主机,就能够改善网络安全性能、引入冗余度以及隔离数据和服务器等。

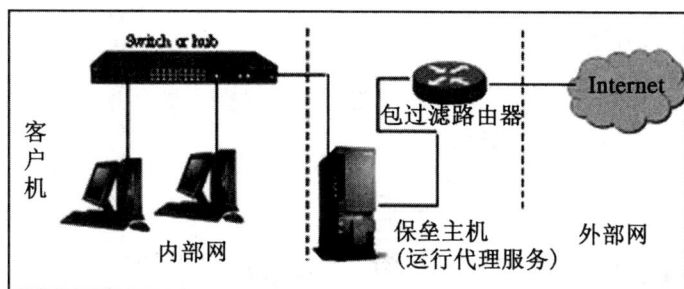

图 7-15　双堡垒主机的屏蔽子网体系结构

2. 合并内部路由器与外部路由器

内部路由器又称为阻塞路由器(Choke Router)，部署在内联网络与非军事区的交界处。内部路由器执行屏蔽子网防火墙的大部分包过滤工作。

内部主机根据自身的需要和能力来确定服务的安全性，而不同的主机对安全的定义也可以是不同的。

内部路由器将限制与 DMZ 中安全代理网关堡垒主机进行连接的内部主机数目，且需要对能够连接到安全代理网关堡垒主机的内部主机进行重点保护。这是由于一旦堡垒主机被入侵者攻陷，则内联网络中与堡垒主机相连接的主机将成为入侵者下一步攻击行为的主要目标。对此问题通常比较好的解决办法是在内联网络中部署内部服务器，由内部服务器将内部主机的网络服务请求转发到安全代理网关堡垒主机上，再转发至外联网络。

理论上，外部路由器与内部路由器同样对网络层进行包过滤，为 DMZ 和内联网络提供第一层的保护，外部路由器通常由 ISP 提供，只具有简单的通用配置。外部路由器所能够提供的安全性较弱，这主要是由于不需要太高的安全防护。

合并内部路由器与外部路由器可以认为这是一种屏蔽子网结构的另一种形式。通常屏蔽子网体系结构要求在子网两侧各使用一个路由器分别充当内部和外部路由器，在每个接口上设置入站和出站的过滤规则；而将两者合并后，就变成了如图 7-16 所示的体系结构。

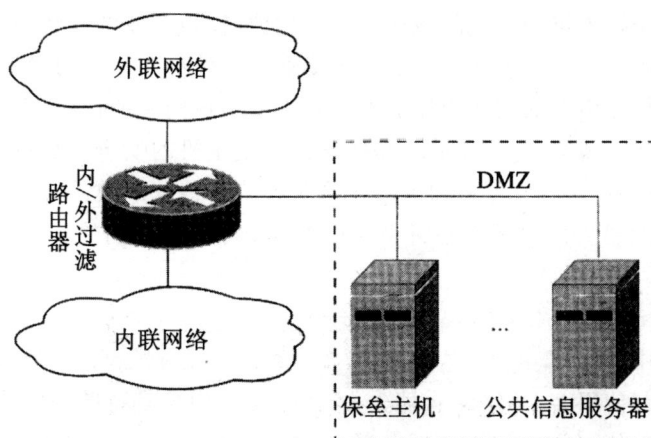

图 7-16　合并内部路由器与外部路由器的屏蔽子网防火墙

3. 合并堡垒主机与外部路由器

这种防火墙是将屏蔽子网防火墙的外部路由器与堡垒主机合并,和屏蔽子网的功能等价。图 7-17 所示就是这种类型的防火墙方案。

图 7-17　合并堡垒主机与外部路由器

4. 合并堡垒主机与内部路由器

合并堡垒主机与内部路由器需要使用一个拥有双网卡的主机,既做堡垒主机又当内部路由器。这种方案中堡垒主机与内部网通信,以便转发从外部网获得的信息。图 7-18 所示即为堡垒主机充当内部路由器。

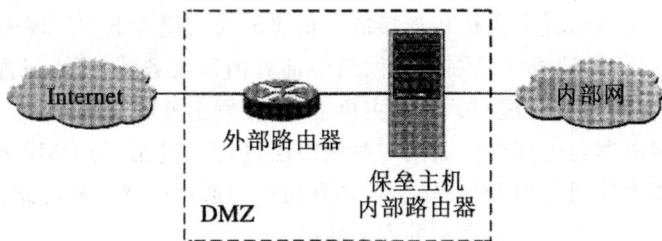

图 7-18　合并堡垒主机与内部路由器

5. 多台外部路由器

若要对具有多个接入点的用户网络进行安全防护,较为有效的办法是在屏蔽子网防火墙中使用多台外部路由器。不同的外部路由器连接不同的外部网络,包括组织或机构的联盟伙伴的网络。虽然外部路由器的增多增加了入侵者攻击用户网络的途径,但是这不是主要的问题。对于屏蔽子网防火墙来说,主要的还是要增强堡垒主机的安全防御机制和内联网络的过滤机制。就这方面来看,多外部路由器屏蔽子网防火墙与传统的单外部路由器屏蔽子网防火墙没有什么区别。如图 7-19 所示为多外部路由器屏蔽子网防火墙的结构。

6. 多 DMZ 区

在这种防火墙中,内部路由器、堡垒主机、外部路由器及外联网络的路由都是多重的,共享其中任何一个组件都使得多 DMZ 防火墙失去意义(除非用户有特殊的要求)。通常内部网络与分支机构及合作伙伴之间的网络有任务紧急的应用连接,需要并发处理,就可以使用多个 DMZ,以确保高可靠性和高安全性。图 7-20 所示为两个 DMZ 的屏蔽子网体系结构。

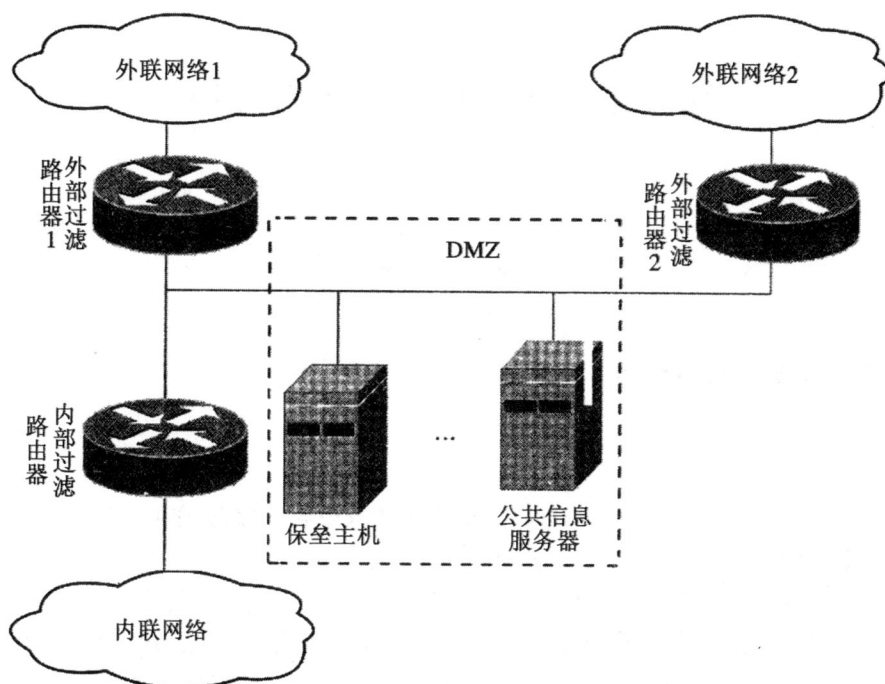

图 7-19　多外部路由器屏蔽子网防火墙的结构

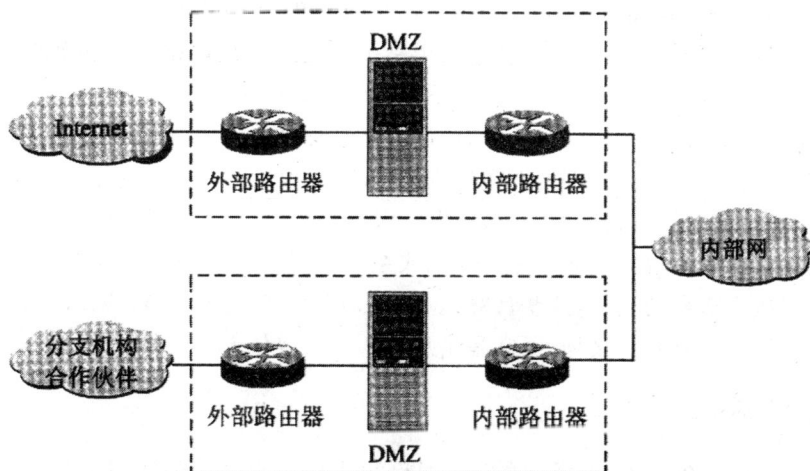

图 7-20　两个 DMZ 的屏蔽子网体系结构

这种结构的优点是,提高了网络的冗余度,在数据传输中将不同的网络隔离开,增加了数据的保密性。其缺点是,存在多个路由器,它们都是进入内部网的通道。如果不能严格地监控和管理这些路由器,就会给入侵者提供更多的机会。

第8章　入侵检测技术与发展

8.1　入侵检测系统概述

8.1.1　入侵检测的概念

1. 入侵的定义

随着 Internet 的发展,计算机网络安全问题越来越受到大家的关注与重视。Internet 的连通性与开放性给资源共享、通信、社交、网上贸易等各个方面都带来了很大的便利,但用户在享受 Internet 带来便利的同时,不得不防止垃圾信息、恶意信息的入侵。

根据 CNNIC 在 2015 年 2 月的第 35 次中国互联网络发展状况统计报告统计,中国网民总人数为 6.48 亿人。这其中仅有 13.1％的网民对于网络内容的健康性非常满意。也就是说有86.9％的中国网民都或多或少的对于网络的健康性不满意。网上的入侵事件时有发生。

那么,什么是入侵(intrusion)呢? James Anderson 在 1980 提出:入侵就是指在没有取得授权的条件下,试图存取信息、处理信息或破坏系统以造成系统数据丢失和破坏、甚至会造成系统拒绝对合法用户服务的后果的不可靠、不可用的故意行为。

网络入侵通常是指利用熟练的编写和调试计算机程序的技巧,侵入组织内部网络,对系统资源进行非授权的操作的行为,例如对数据进行篡改,在没有授权的条件下对文件进行调用等等。以前对计算机的非授权访问称为"破解"cracking,而 hacking(俗称"黑")则是指那些熟练利用系统软件、应用软件设计上的不足与缺陷或系统中安全策略规范设计与实现上的不足与缺陷,对计算机进行入侵的高手,这些计算机高手称为"黑客"(hacker)。随着个人计算机及网络的出现,"黑客"变成一个贬义词,通常是指那些非法入侵他人计算机的人。

2. 入侵检测的概念

James Anderson 在 1980 年第一次对入侵检测作出了定义。他使用了"威胁"这个词,实际上与"入侵"的概念是等同的。入侵是指系统内部发生的任何违反安全策略的事件,具体包括对系统的非授权访问、授权用户超越其权限的访问、合法用户的非法访问、恶意程序的攻击及对系统配置信息和安全漏洞的探测等几种类型。

所谓入侵检测可以简单的概括成检测并响应针对计算机系统或网络的入侵行为。入侵检测分为针对系统的非法访问与越权访问的检测;以及对系统运行全过程的监视,便于找出各式各样的攻击企图、攻击行为或者攻击结果;入侵检测还有针对计算机系统或网络的恶意试探的检测。检测的操作,我们将其视为是针对以上诸多入侵行为的判定,能够由在计算机系统或网络的每个关键位置处采集数据与采取一定的分析来完成。1997 年,美国国家安全通信委员会

(NSTAC)其下设的入侵检测小组(IDSG)对入侵检测作出了更为经典的概念总结,认为入侵检测可以看成为是对将要企图入侵、正在进行的入侵或者已经发生的入侵进行识别的一系列过程。

8.1.2　入侵检测系统的模型

入侵检测系统的模型有多种,其中最有影响的是以下几种。

1. Denning 的通用入侵检测模型

Denning 模型将收集到的用于保护主机运行的关键组件的审计记录送到规则集处理引擎,规则集处理引擎调用活动简档,并从异常记录中提取规则对审计记录进行全面分析,判断是否存在入侵行为,如果存在,Denning 系统会采取相应措施。触发执行审计记录后的规则会对异常记录与活动简档进行更新。Denning 模型适用于主体检测,不能检测防火墙、系统漏洞的攻击。

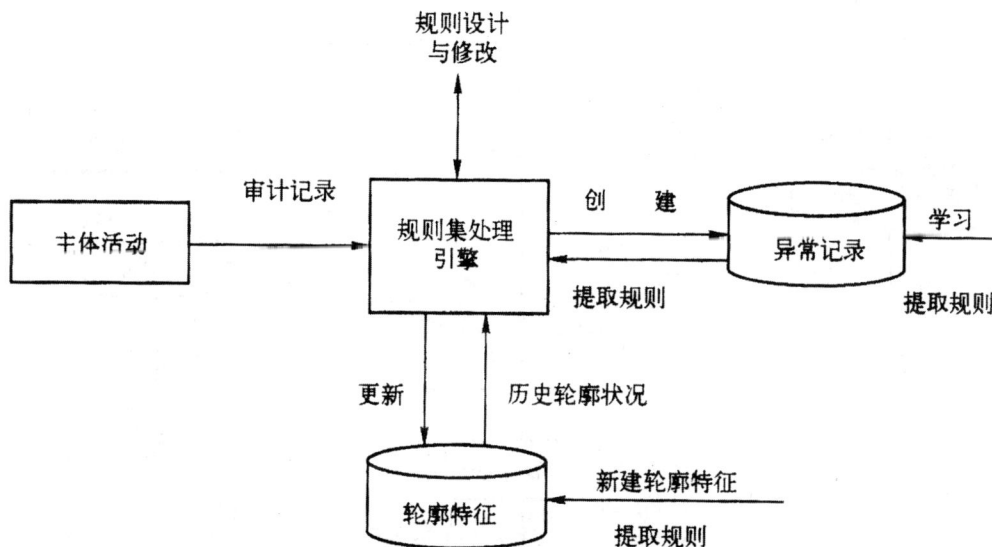

图 8-1　Denning 的通用入侵检测模型

2. 面向数据处理的检测模型

图 8-2 为面向数据处理的入侵检测系统模型。

审计功能模块用来收集被监控系统的审计记录,收集的内容包括应用程序日志、安全日志、操作系统日志等用来监视和分析主机是否存在入侵行为的日志文件,审计日志经过数据集成、数据清理、数据变换、数据精简、数据融合等数据预处理功能将海量审计数据转换为符合系统要求的数据,将经过处理与初步分析的数据送入检测器,检测器从规则库中提取相关的规则对数据进行分析、检测,如果确定其是入侵行为,检测器就会发出告警信息,并把检测结果上报给入侵检测系统控制器,入侵检测系统控制器会做出相应的响应,如漏洞扫描、签名更新、入侵的追踪及诱骗等。

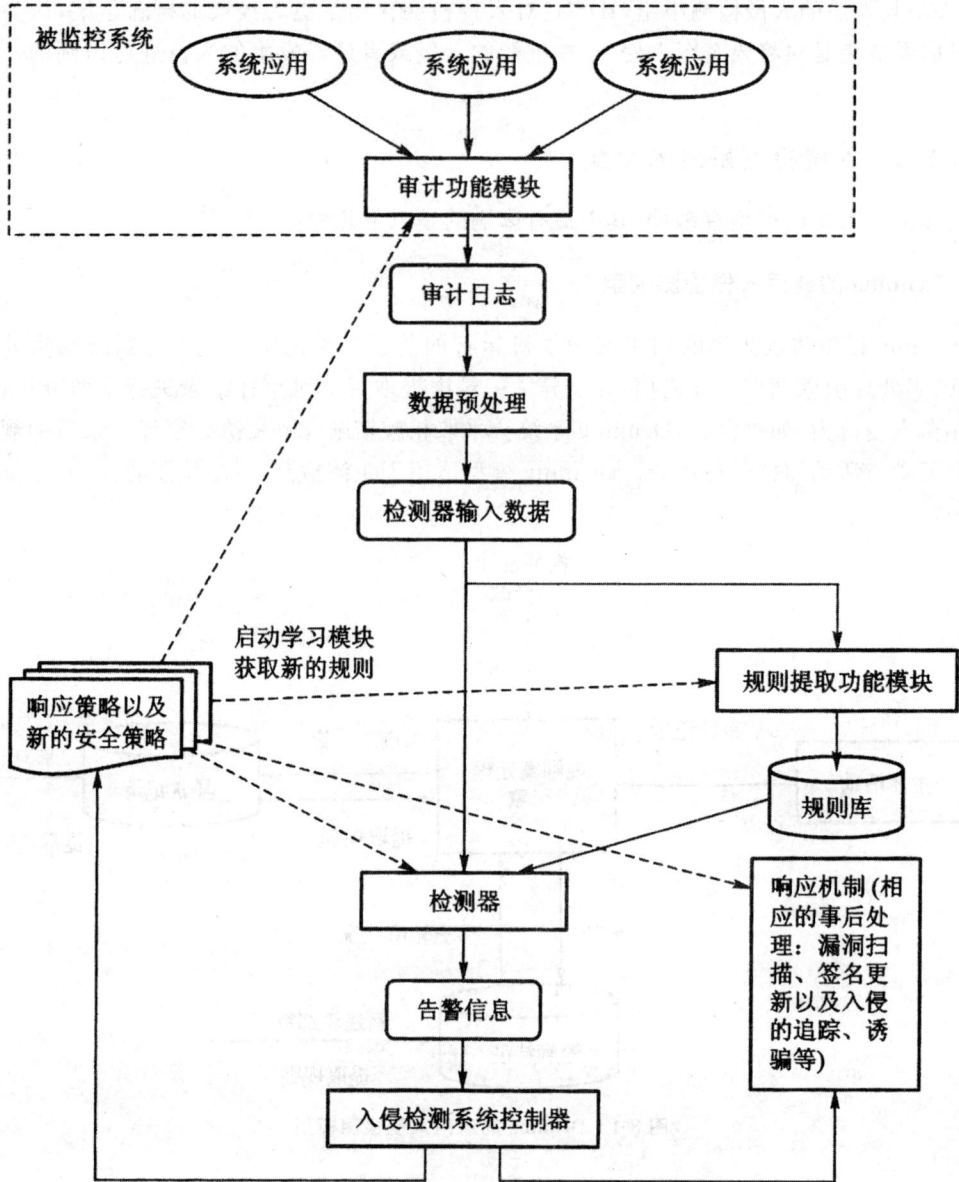

图 8-2　面向数据处理的入侵检测系统模型

3. 基于系统行为分类的检测模型

　　入侵检测的过程就是判定一个行为是否是入侵行为，也就是判定一个行为是正常行为还是非正常行为，把系统的行为分成了两类。分类构造的基本过程：收集足够多的关于系统行为活动的审计数据，将这些正常的、不正常的审计数据作为已知样本，利用已知样本对分类器进行训练，通过调整分类器的参数来提高其分类能力，当分类器的参数确定后，分类器便构造成功，接下来就可以用此分类器对新的审计数据即未知的样本进行分类，来判断它到底是正常行为还是入侵行为。

由于程序执行不仅有一定的顺序,而且其功能也各不相同,对于不同的程序执行迹,系统调用序列集合之间必然存在不同的系统调用子序列。由此可以达到区分不同程序的目的。为此,可以利用系统关键程序执行迹中长度为 k 的系统调用序列集来构造该程序的正常执行的特征轮廓,且把系统中被监控的所有关键程序的正常执行特征轮廓(同一长度的系统调用子序列集)的并集(记为 s)作为系统的正常执行特征轮廓。

定义 8.1　设 A 为被监控系统的系统调用集合。系统行为模式空间 U 定义为某一固定长度 k 的系统调用序列的全集 $U=\{p=s_1,s_2,\cdots s_k|s_i\in A, i=1,2,\cdots,k\}$,式中 p 被称为长度为 k 的系统行为模式。

确定系统调用序列的长度 k 时必须注意:如果 k 比较小,那么系统正常执行特征轮廓的集合 S 就有可能满足 $S=U$,这时 U 中的系统调用序列都是程序正常执行迹的某个子序列,因而无法判定程序的执行是否正常。因为程序是完成一定功能的,所以当 k 大于某一长度时,U 中就会出现不在 S 中出现的系统调用子序列。记 $N=U-S$,集合 N 表示在系统程序中不会出现的系统调用子序列。

下面给出定义在系统行为模式空间 U 上的入侵检测分类模型(如图 8-3 所示):$D=(f, M)$。在图 8-3 中,M 为系统正常行为模式。实线所围区域为 M 集合,f 是一个二分类函数。给定一个行为模式,可判断它是否是系统的正常行为,定义如下:

$$f(p,M)=\begin{cases} \text{正常} & p\in M \\ \text{异常} & \text{其他情况} \end{cases}$$

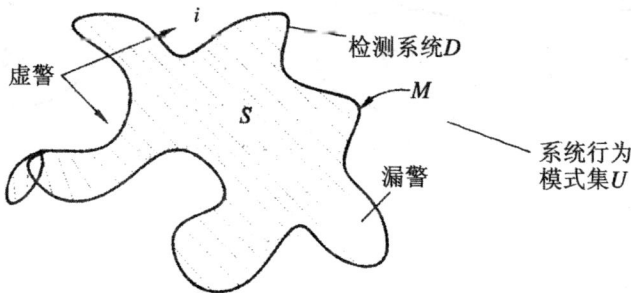

图 8-3　定义在系统行为模式集合上的入侵检测系统模型

8.1.3　入侵检测系统的分类和框架

根据不同的分类标准,IDS 可分为不同的类别。分类依据主要有:数据来源、入侵事件生成、检测方法、响应方式、反映时间等,具体的分类方法如图 8-4 所示。

8.1.4　通用入侵检测框架

一般情况下,常选用具有一个管理者与若干代理的模式组成入侵检测系统。管理者能够对代理发送查询请求,代理能够向管理者汇报网络中主机传输信息的情况,代理与管理者二者间可以实现直接通信。如图 8-5 所示。

本节主要讨论通用入侵检测框架。

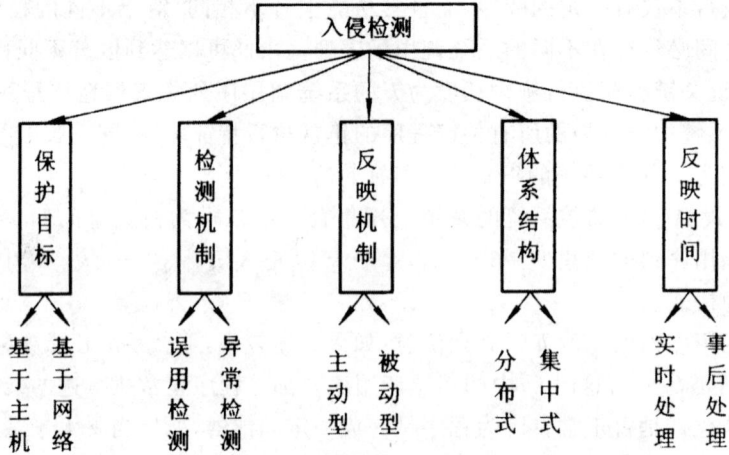

图 8-4 入侵检测系统的分类

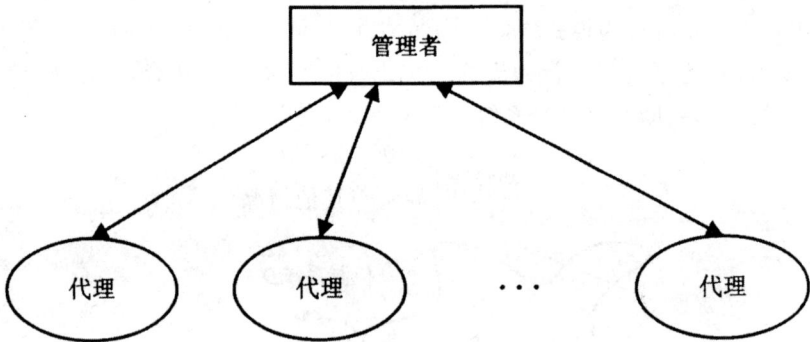

图 8-5 入侵检测系统的构架

1. IDS 体系结构

（1）组件的构成

CIDF 按照功能将入侵检测系统分为四个组件，不同的组件之间采用 GIDO 格式进行数据交换，如图 8-6 所示。

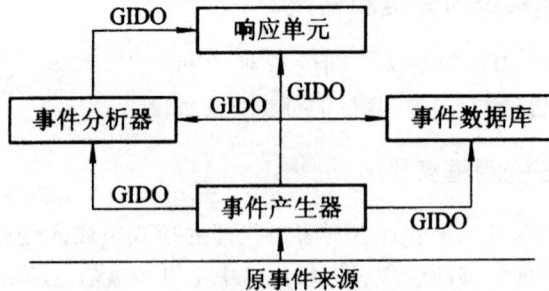

图 8-6 入侵检测系统组件结构

①事件产生器。信息收集是入侵检测系统进行入侵检测工作的第一步。成功地迈出第一步，可以保证以后的工作顺利进行。事件产生器对计算机网络各个关键点的信息进行收集，收

集的内容包括应用程序日志、安全日志、操作系统日志等用来监视和分析主机是否存在入侵行为的日志文件,用来监视和分析网络是否存在可疑行为的网络数据包,漏洞扫描探测器、防火墙探测器等用来监视和分析相应安全部件是否存在可疑行为的报警信息。事件产生器所收集信息的完整性、正确性直接关系到着整个系统入侵检测的准确性。

②事件分析器。事件产生器收集到的信息经过数据预处理删除掉海量审计数据中对入侵检测无用的信息,符合系统要求的信息会被传送到事件分析器,由事件分析器对其进行分析,判断是否存在入侵行为,如果存在入侵行为,是什么类型的入侵行为。如果事件发生器发现事件产生器产生的事件规则与数据库中收集到的入侵检测规则一致则可以判断此事件是入侵事件。事件产生器产生的事件规则与统计分析中规则不一致,首先可以判定该事件是可疑事件,需要对该事件进行进一步分析,再判断该事件是否为入侵事件。事件分析器还可以观察不同事件之间的逻辑关系,将具有相同属性的事件联系到一起,减少下一步分析的信息量,提高工作效率。

③响应单元。如果事件分析器能够判定事件产生器产生的事件是入侵事件,就会把结果上报给响应单元,响应单元会根据入侵事件的类型灵活地采取相应的措施。它可能只是简单的警报,通知系统安全管理人员人为地解决问题,可能是对路由器和防火墙进行重新配置,还可能是对文件的属性进行更改。

④事件数据库。事件分析器不能确定是否为入侵行为的事件等各种中间数据还有已经收集到的各种入侵事件的规则等最终数据都会存放在事件数据库中。考虑到事件数据库中的数据的庞大性和复杂性,入侵检测系统中的事件数据库通常会使用成熟的数据库产品。事件数据库的作用是充分发挥数据库的长处,方便其他系统模块对数据的添加、删除、访问、排序和分类等操作。

(2)组件通信的三层模型

CIDF 将各组件之间的通信划分为三个层次结构:GIDO 层、消息层和协商传输层。

2. CIDF 的通信机制

CIDF 的通信机制主要讨论消息的封装和传递,主要包括四个方面:配对服务、路由、消息层和消息层处理。

3. CIDF 的语言

CIDF 的总体目标是实现软件的复用和 IDR(入侵检测与响应)组件之间的互操作性。首先,IDR 组件基础结构必须是安全、健壮、可伸缩的,CIDF 的工作重点是定义一种应用层的语言通用入侵规范语言(CISL),用该语言来描述 IDR 组件之间传送的信息,并制定一套对这些信息进行编码的协议。通用入侵规范语言(CISL)可以表示 CIDF 中的各种信息

8.1.5　入侵检测系统的抗攻击技术

网络防范除了需要检测技术和经验以外,还需要抗攻击技术和技巧。抗攻击技术属于主动防御技术,再利用一些技巧策略将会起到更好的效果。

1. 入侵响应技术

入侵响应（Intrusion Response）就是当 IDS 检测到入侵攻击情况时，采取适当的措施阻止入侵和攻击的方式。

主动入侵响应包括：隔离入侵者 IP、禁用被攻击对象的特定端口和服务、隔离被攻击对象、告警被攻击者、跟踪攻击者、断开危险连接、攻击攻击者等。

2. 入侵跟踪技术

在局域网中可以使用"广播式"的信息发送方式。它不指定收信端，而是把与此网络连接的所有设备都看为收信对象。但这仅能够在局域网上实现，因为局域网上的主机不多。对于 Intemet 来说，都有发信端和收信端，用以标志信息的发送者和接受者，因此，除非对方使用一些特殊的封装方式或使用防火墙进行对外连接，这样只要有人和你的主机进行通信，就应该知道对方的地址或防火墙地址，所以可以采用相应的技术跟踪入侵者。如果要跟踪入侵者，就需要彻底了解互联网的各种协议。互联网和许多私有网络都使用 TCP/IP 协议，这种通用性也成为现代计算机犯罪和调查取证的必要条件。跟踪入侵者需要掌握入侵者听在的地址和相关信息。

①媒体访问控制地址（MAC）。由生产厂家设定的硬件地址。

②IP 地址。互联网地址，如 185.127.185.152。

③域名。IP 地址的名字化形式，如 WWW.cia.gov。

④应用程序地址。代表特定应用服务程序，如电子邮件、网页浏览、ICQ 等。例如，URL 就是被普遍使用的包含特定应用程序的地址信息的网络地址形式。

3. 入侵防护技术（IPS）

IDS 通过网络数据包进行分析、监视、检测和识别系统中未授权对象或异常现象。注重的是网络监控、审核跟踪，在发现异常时只报告不能防范，只能通过与防火墙等安全设备联动的方式进行防护。IDS 目前存在严重缺陷：一是网络缺陷，用交换机代替可共享监听的 Hub，使 IDS 的网络监听带来麻烦，并且在复杂的网络下精心地构造与发送数据包也可绕过 IDS 的监听。二是误报量大，报警不断。

入侵防护系统（Intrusion Prevention System，IPS）可以对全部数据包仔细检查，实时确定是否许可或禁止访问。IPS 相当于防火墙与入侵检测系统结合，但并不能代替防火墙或 IDS。防火墙基于 TCP/IP 协议的过滤功能较突出，IDS 提供的全面审计资料对于攻击还原、入侵取证、异常事件识别、网络故障排除等都有很重要的效能。

4. 蜜罐技术

蜜罐（Honeypot）是一种被侦听、被攻击或已经被入侵的资源，即不论怎样对 Honeypot 进行配置，整个系统都将处于被侦听、被攻击的状态。Honeypot 只是一种工具，不会"修理"任何错误，所以不是一种安全解决方案。这个工具的使用取决于使用者的目的设置，可以对其他系统和应用仿真，创建一个监禁环境将攻击者围困，只有当其受到攻击时才能发挥功能。为了吸引攻击者攻击,最好设置成域名服务器 DNS、Web 或电子邮件转发服务等流行应用。

蜜罐技术在网络安全系统工作示意图,如图 8-7 所示。

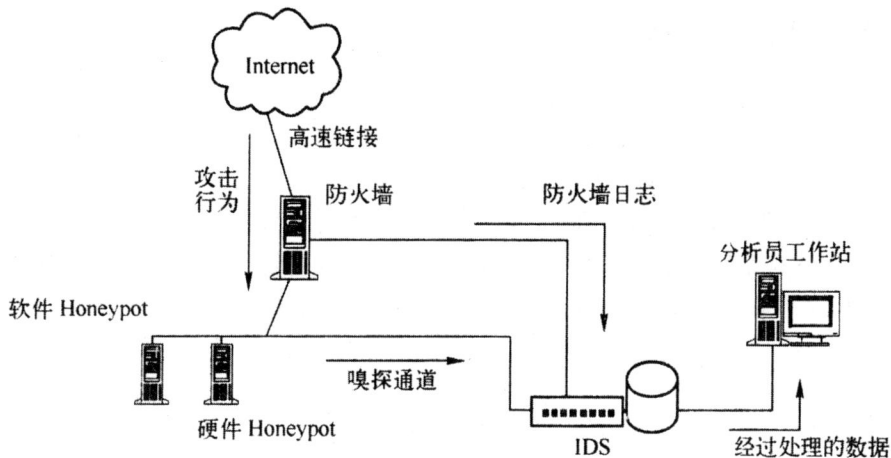

图 8-7 蜜罐技术在网络安全系统工作示意图

蜜罐基本分类包括以下 3 部分。

①根据部署目的分。按照其部署目的分为产品型蜜罐和研究型蜜罐两类。

②根据交互程度分。根据交互程度的等级划分为低交互蜜罐和高交互蜜罐,交互程度反映了黑客在蜜罐上进行攻击活动的自由度。

③根据工作方式分。可以分为牺牲型蜜罐和外观型蜜罐两种。牺牲型蜜罐就是一台简单的为某种特定攻击设计的主机,放置在易受攻击服务器或路由器上,假扮为攻击的受害者,为攻击者提供了极好的攻击目标。外观型蜜罐是一个呈现目标主机的虚假映像的系统,通常作为目标服务或应用的仿真软件进行各项工作。当外观型蜜罐受到侦听或攻击时,它会迅速收集入侵者的信息。有些外观型蜜罐只提供部分应用,而有些则通过仿真提供目标的网络层服务,其性能取决于它能够仿真的系统和应用以及它的配置与管理。

蜜罐有 4 种不同的配置方式:诱骗服务(Deception Service)、弱化系统(Weakened System)、强化系统(Hardened System)和用户模式服务器(User Mode Server)。

8.2 基于主机的入侵检测技术

8.2.1 基于主机的入侵检测技术概述

基于主机的入侵检测系统适合于检测那些利用操作系统审计迹、系统日志和其他应用程序运行特征采取的攻击手段,如利用后门进行的攻击等。该系统的优点是:通过日志记录,能够发现一个攻击的成功与失败;能够更加精确地监视主机系统中的各种活动,如对敏感文件、目录、程序或端口的存取;非常适用于加密和交换环境;不需要额外的硬件;能迅速并准确地定位入侵者并可以结合操作系统和应用程序的行为特征对入侵进行分析。存在的问题是:依赖于特定的操作系统和审计跟踪日志,系统的实现主要针对某种特定的系统平台,可扩展性、可移植性较差；如果入侵者修改系统核心，则可以骗过基于主机的入侵检测系统；不能通过分析主机的审计记录来检测网络攻击。

8.2.2 获取审计数据

基于主机的入侵检测系统通过监视与分析主机的审计日志检测入侵。审计迹是系统活动信息的集合，它可以把系统活动的所有信息都记录下来，不管好的还是坏的，为分析和检查提供有利的依据。日志包括操作系统日志、安全日志、应用程序日志等等，是使系统顺利运行的重要保障。它会告诉记录创建、删除、修改系统文件事件、应用程序崩溃事件、无效的注册事件等等，日志反映的是系统发生的一切。然而，由于上述的这些都会在日志记录中显示出来，导致日志记录增加得太快，系统管理员往往会觉得无从下手，忽视了日志的作用。

1. 获取 Windows 的审计数据

Windows XP 中的日志文件类型比较多，如应用程序日志、安全日志、系统日志、DNS 服务器日志、FTP 日志、WWW 日志等，都存放在 C:\WINDOWS 目录下，均以".log"为文件扩展名，其中最重要的一个文件名为 pfirewall.log。

在 Windows XP 操作系统里有 Internet 连接防火墙（ICF），它的日志可以分为两类：一类是 ICF 审核通过的 IP 数据包，另一类是 ICF 抛弃的 IP 数据包。ICF 日志一般位于 C:\WINDOWS 目录下，文件名是 pfirewall.log。其文件格式符合 W3C 扩展日志文件格式（W3C Extended Log File Format），由两部分组成，分别 Head Information 和文件主体 Body Information。Head Information 主要是关于 pfirewall.log 这个文件的说明。用户可以对 Windows XP 防火墙日志文件进行设置：单击"开始"→"控制面板"，在"控制面板"窗口中双击"Windows 防火墙"图标，在"Windows 防火墙"对话框中单击"高级"选项卡，在"安全日志记录"选项区域单击"设置"按钮，在打开的"日志设置"对话框中设置 Windows XP 防火墙日志设置。设置完毕后，可以在 C:\WINDOWS 目录下打开 pfirewall.log 文件。

2. 获取 UNIX 的审计数据

UNIX 采用 Syslog 工具来实现日志功能，Syslog 是指重要的日志文件。如果配置正确的话，主机上所发生的失败或成功的登陆事件、记录不良登陆企图的登陆文件等所有事情都会被一一记录下来。

目前很多日志系统采用 Syslog 实现日志功能，Syslog 在许多保护措施中得到应用——任何程序都可以通过 Syslog 记录事件。Syslog 不但可以记录本机上运行的进程所产生的消息，还能接受其他主机通过 UDP 产生的消息，并把它们一一记录下来。

Syslog 依据两个重要的文件：/sbin/syslogd 和/etc/syslog.conf。习惯上，多数 Syslog 信息被写到/var/adm 或/var/log 目录下的信息文件中 messages.*。一条典型的 Syslog 记录包括生成程序的名称和一条文本信息。它还包括一个设备和一个行为级别（但不在日志中出现）。

/etc/syslog.conf 一般格式如下：

设备．行为级别［；设备．行为级别］   记录行为

设备、行为级别及记录行为的说明分别如表 8-1、表 8-2 和表 8-3 所示。

表 8-1　设备及其说明

设备	描述
auth	认证系统:login、su、getty 等,即询问用户名和口令
authpriv	同 LOG_AUTH,但只登录到所选择的单个用户可读的文件中
cron	cron 守护进程
daemon	其他系统守护进程,如 routed
kern	内核产生的消息
lpr	打印机系统:lpr、lpd
mail	电子邮件系统
news	网络新闻系统
syslog	由 syslogd 产生的内部消息
user	随机用户进程产生的消息
uucp	UUCP 子系统
local0～local7	为本地使用保留

表 8-2　行为级别及其说明

行为级别	描述
debug	包含调试的信息,通常旨在调试一个程序时使用
info	信息
notice	不是错误情况,但是可能需要处理
warn(warning)	警报信息
err(error)	错误信息
crlt	重要情况,如硬盘错误
alert	应该被立即改正的问题,如系统数据库破坏
emerg(panic)	紧急情况

表 8-3　记录行为示例

记录行为	描述
/dev/console	发送消息到控制台
/var/adm/messages	把消息写到文件/var/adm/messages
@loghost	把消息发到其他的日志记录服务器
Fred,userl	传送消息给用户
*	传送消息给所有的在线用户

有个小命令 logger 为 syslog 系统日志文件提供一个 shell 命令接口,使用户能创建日志文件中的条目。用法:

logger

例如:

logger This is a test!

将产生一条如下的 syslog 记录:

Apr 26 11:22:34 only_you:This is a test!

8.2.3　审计数据的预处理

由于数据库极易受噪声数据、空缺数据和不一致性数据的侵扰,系统提供的原始数据中可能存在大量的无用信息,需要经过数据预处理技术将系统提供的原始数据中的无意义的信息删除掉,减少数据分析的规模,提供工作效率,将有用的信息进行分类、转换使其符合系统的需求,以便于下一步的顺利进行。

1. 预处理功能

(1)数据集成

数据集成(Data Integration)是将来自各个探测器收集的计算机网络不同关键点的原始数据进行合并、处理,解决数据冲突、数据冗余、数据概念模糊不清等问题,将其规范化,符合系统的需求。

(2)数据清理

数据清理(Data Cleaning)就是除去源数据集中的大量不相关的、重复性的,概念模糊性的等大量无意义的数据,并完成一些数据类型的转换。

(3)数据变换

数据变换(Data Transformation)主要是寻找数据的特征表示,根据数据属性值的量纲与语义层次结构进行合并归一化处理,精简分析数据,提高计算效率与检测的效能。

(4)数据简化

数据简化(Data Reduction)是指在对检测机制或数据本身内容理解的基础上,如果判定信息是无用的,直接丢掉,如果判定信息是攻击数据则直接上报给控制管理模块,控制管理模块会采取相应的措施,如果不能判定信息是正常的还是不正常的需要将其上报给数据分析模块,由数据分析模块对其进行分析,尽可能地减小数据分析的规模,提供系统工作效率。

(5)数据融合

数据融合(Data Fusion)是对一个系统的来自不同探测器的具有相似或不同特征模式的多源检测信息,采用多种分析、检测机制进行互补集成,从而获得当前系统状态的准确判断,在此基础上对系统的未来状态进行预测,为采取适当的系统策略提供保障。

数据预处理的功能如图 8-8 所示。

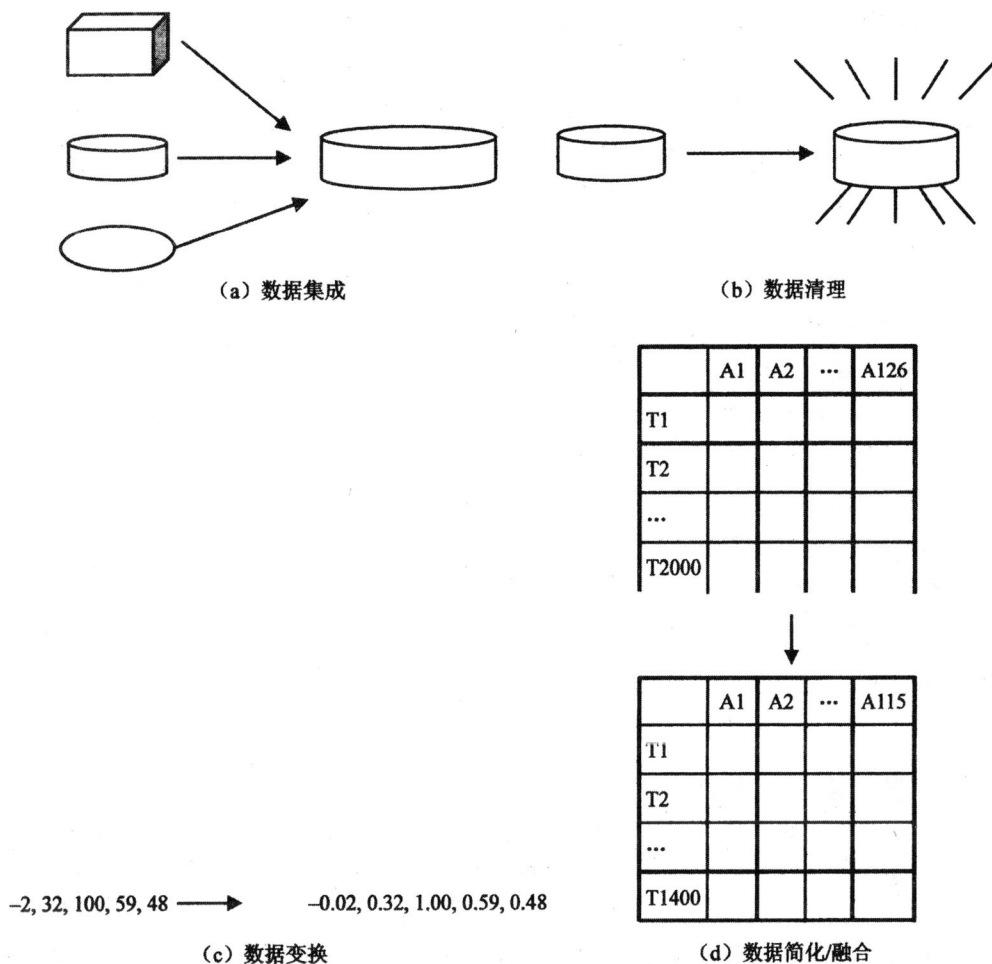

（a）数据集成　　　　　　　　　　　　（b）数据清理

	A1	A2	...	A126
T1				
T2				
...				
T2000				

	A1	A2	...	A115
T1				
T2				
...				
T1400				

−2, 32, 100, 59, 48　⟶　−0.02, 0.32, 1.00, 0.59, 0.48

（c）数据变换　　　　　　　　　　　　（d）数据简化/融合

图 8-8　数据预处理的功能

2. 预处理方法

（1）基于粗糙集理论的约简法

粗糙集理论（Rough Set）是指以不完整性和不确定性的数学工具，去有效地分析和处理不精确、不一致、不完整等各种不完备的信息，从中发现隐含的知识，揭示潜在的规律。

（2）基于粗糙集理论的属性离散化

在粗糙集理论和决策表相结合的离散化算法中，根据进行离散化过程中是否考虑类别属性，可把离散化算法分为如下两类。

①无监督的离散化算法。

②有监督的离散化算法。

对统一数据进行离散，选择的离散化方法不同，离散后结果就大不相同。同样离散化属性划分的区间大小不同，准确性就不同，区间划分的越多、越细，分类就越精确，但是却降低了只是获取的效率。为了有效地较少数据表的大小、提高分类的准确性，同时又保证知识获取的效

185

率不会有所降低,要根据离散对象来选取合适的离散化算法。针对粗糙集理论的属性离散化算法有很多,但考虑到入侵检测的数据量比较大,属性比较多,所以通常采用 NaiveScaler 算法。

NaiveScaler 算法描述:

输入:决策表 $S=<U,C,d,V,f>$,$U=\{x_1,x_2,\cdots,x_n\}$,

需要离散化的条件属性 $A\in C$,$A=\{a_1,a_2,\cdots,a_n\}$

输出:离散化断点集

程序:

$\{$　　将 A 与决策属性组成一个新的决策表 $S'=<U,A,d,V,f>$;

　　　for$(k=1;k<m;k++)$对于 $a_k\in A$

　　　$\{$　　　根据 $a_k(x)$的值,由小到大排列实例 $x\in U$;

　　　for$(i=1;i<n;i++)$

　　　$\{$　　　if$(a_k(x_i)\neq a_k(x_{i+1}))$＆＆$(d(x_i)\neq d(x_{i+1}))$

　　　　　　/＊x_i 和 x_{i+1}代表排序后两个相邻的实例＊/

　　　　　得到一个断点 c_k,$c_k=\dfrac{(a_k(x_i)+a_k(x_{i+1}))}{2}$;

　　　$\}$

　　　$\}$

$\}$

由于入侵检测的数据量比较大,属性比较多,数据离散化完成后,对数据进行属性约简是必不可少的。属性约简就是对属性集进行简化,去掉对决策规则没有重大影响的属性,简化决策规则。

(3)属性的约简

入侵检测通用的测试数据集往往使用 kDD-99 数据集,在 kDD-99 中描述一个网络连接的审计有 42 个属性,还有一个决策属性。为了保证关联规则的挖掘效果和下一步的顺利进行,在保持决策表中决策属性和条件属性不发生变化的情况下对 kDD-99 数据集进行约简,是必不可少的。

8.2.4　系统配置分析技术

系统配置分析就是通过检查系统当前的配置情况,查看系统是否已经受到攻击者的攻击或者系统是否存在入侵的危险。系统配置分析技术不能监控系统的动态运行,只能对系统当前的安全状况进行分析,它是一种静态分析技术。

配置分析技术的基本原则如下:

①如果系统受到攻击者的攻击可能会在系统中留下痕迹,通过检查系统当前的状态来发现系统是否存在入侵行为。

②系统安全管理人员和用户常常会对系统进行错误的配置,这样就给入侵者留下了攻击的机会。

可以看出,配置分析技术既可以在入侵行为发生之前使用,作为一种防范性的安全措施;同样,也可以使用在潜在的攻击活动之后,以发现暗藏的入侵痕迹。

另外,文件完整性检查实质上也可以算作配置分析技术中的一个特定分支技术,是针对整个系统状态中特定文件系统的状态信息作为目标分析对象。

系统配置分析技术的一个最著名的实现工具是 COPS 系统(Computer Oracle and Password System)。COPS 可以对系统的安全漏洞进行检查,如果发现问题,则用利用邮件或者是以文件的形式将检查结果报告给用户,以便于用户采取相应的措施,如进行漏洞扫描。COPS 还有一项功能,它可以以一个普通用户的身份运行,对系统进行一些常规检查,供用户参考。现在许多系统安全扫描的软件都汲取了 COPS 成功的经验。

8.3　基于网络的入侵检测技术

8.3.1　分层协议模型与 TCP/IP 协议簇

1. TCP/IP 协议模型

计算机网络的整套协议是一个庞大复杂的体系,为了减少网络协议在设计上的复杂性,便于对协议进行描述、设计和实现,提高系统的可变性、可维护性、可靠性和可重用性,OSI/ISO、计算机网络协议、TCP/IP 都采用层次模型。TCP/IP 是一种网际互连通信协议,运行 TCP/IP 的网络是一种采用包(或分组)交换的网络。

用 TCP/IP 实现各网络间连接的核心思想是把千差万别的底两层(物理层和数据链路层)有关的部分作为物理网络,而在传输层/网络层建立一个统一的虚拟的"逻辑网络",以这样的方法来屏蔽所有物理网络的硬件差异。

2. TCP/IP 报文格式

TCP/IP 的数据报文采用分层封装的方法。图 8-9 是以太网的数据报文分层结构。

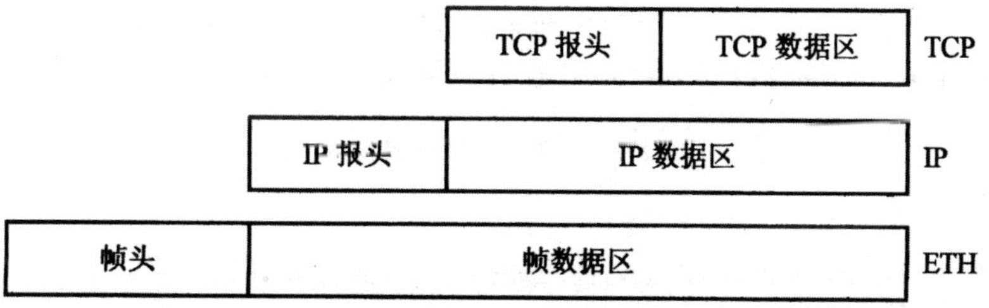

图 8-9　数据报文的分层封装

TCP/IP 分为链路层、网络层、传输层、应用层四层,每层都有自己各自专用的报头,下面以以太网为例,介绍 TCP/IP 各层报文格式。

以太网帧格式如图 8-10 所示。

前导	目的地址	源地址	帧类型	数据	CRC

长度　　8　　　　6　　　　6　　　　2　　　46~1500　　　4（字节）

用户填充数据 60~1514　　　　　　　网卡填充

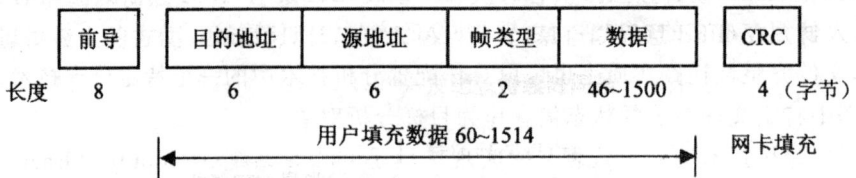

图 8-10　以太网帧格式

8 字节的前导用于帧同步, CRC 域用于帧校验。目的地址和源地址是指网卡的物理地址, 即 MAC 地址, 具有唯一性。帧类型或协议类型是指数据包的高级协议, 如 0x0806 表示地址解析（ARP）协议, 0x0800 表示网际协议（IP）。

图 8-11 为 ARP/RARP 报文格式。

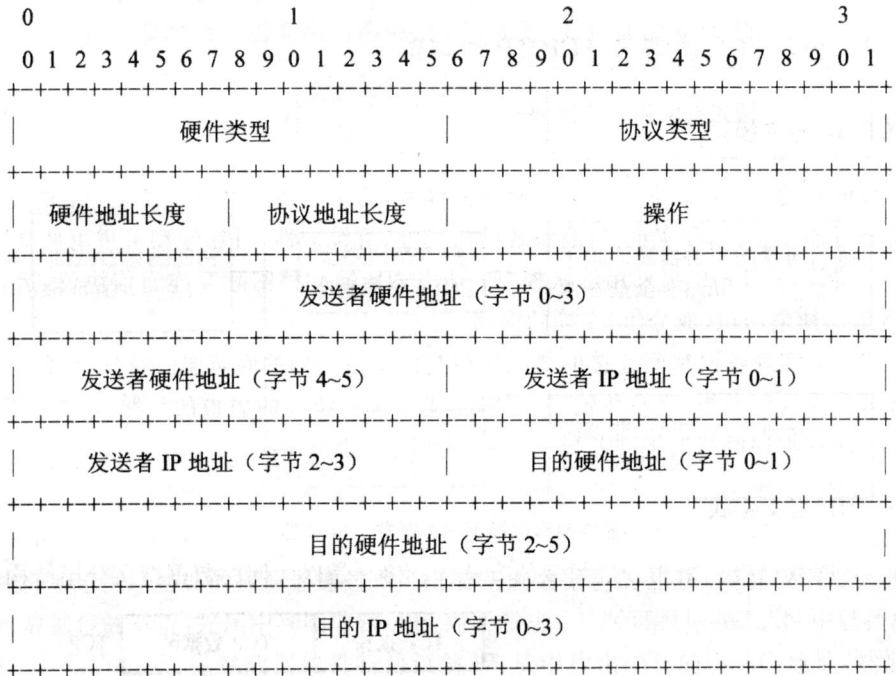

```
 0                   1                   2                   3
 0 1 2 3 4 5 6 7 8 9 0 1 2 3 4 5 6 7 8 9 0 1 2 3 4 5 6 7 8 9 0 1
+-+-+-+-+-+-+-+-+-+-+-+-+-+-+-+-+-+-+-+-+-+-+-+-+-+-+-+-+-+-+-+-+
|            硬件类型            |            协议类型            |
+-+-+-+-+-+-+-+-+-+-+-+-+-+-+-+-+-+-+-+-+-+-+-+-+-+-+-+-+-+-+-+-+
|  硬件地址长度  |  协议地址长度  |             操作              |
+-+-+-+-+-+-+-+-+-+-+-+-+-+-+-+-+-+-+-+-+-+-+-+-+-+-+-+-+-+-+-+-+
|                 发送者硬件地址（字节 0~3）                     |
+-+-+-+-+-+-+-+-+-+-+-+-+-+-+-+-+-+-+-+-+-+-+-+-+-+-+-+-+-+-+-+-+
|     发送者硬件地址（字节 4~5）  |   发送者 IP 地址（字节 0~1）   |
+-+-+-+-+-+-+-+-+-+-+-+-+-+-+-+-+-+-+-+-+-+-+-+-+-+-+-+-+-+-+-+-+
|     发送者 IP 地址（字节 2~3）  |   目的硬件地址（字节 0~1）     |
+-+-+-+-+-+-+-+-+-+-+-+-+-+-+-+-+-+-+-+-+-+-+-+-+-+-+-+-+-+-+-+-+
|                 目的硬件地址（字节 2~5）                       |
+-+-+-+-+-+-+-+-+-+-+-+-+-+-+-+-+-+-+-+-+-+-+-+-+-+-+-+-+-+-+-+-+
|                  目的 IP 地址（字节 0~3）                      |
+-+-+-+-+-+-+-+-+-+-+-+-+-+-+-+-+-+-+-+-+-+-+-+-+-+-+-+-+-+-+-+-+
```

图 8-11　ARP/RARP 报文格式

图 8-12 为 IP 数据报头格式。

图 8-13 为 ICMP（网间网控制报文协议）的回应请求与应答报文格式。

用户命令 ping 便是利用此报文来测试信宿机的可到达性。类型 0 为回应应答报文, 8 为回应请求报文。整个数据包均参与检验。注意 ICMP 是封装在口数据包里传送。

图 8-14 为 UDP 报文格式。

图 8-15 为 TCP 报文格式。

```
 0                   1                   2                   3
 0 1 2 3 4 5 6 7 8 9 0 1 2 3 4 5 6 7 8 9 0 1 2 3 4 5 6 7 8 9 0 1
+-+-+-+-+-+-+-+-+-+-+-+-+-+-+-+-+-+-+-+-+-+-+-+-+-+-+-+-+-+-+-+-+
| 版本 | 头长度 |    服务类型    |              总长度              |
+-+-+-+-+-+-+-+-+-+-+-+-+-+-+-+-+-+-+-+-+-+-+-+-+-+-+-+-+-+-+-+-+
|            标识            |   标志   |        片偏移          |
+-+-+-+-+-+-+-+-+-+-+-+-+-+-+-+-+-+-+-+-+-+-+-+-+-+-+-+-+-+-+-+-+
|   生存时间    |    协议     |            头校验和             |
+-+-+-+-+-+-+-+-+-+-+-+-+-+-+-+-+-+-+-+-+-+-+-+-+-+-+-+-+-+-+-+-+
|                          源 IP 地址                           |
+-+-+-+-+-+-+-+-+-+-+-+-+-+-+-+-+-+-+-+-+-+-+-+-+-+-+-+-+-+-+-+-+
|                          目的 IP 地址                         |
+-+-+-+-+-+-+-+-+-+-+-+-+-+-+-+-+-+-+-+-+-+-+-+-+-+-+-+-+-+-+-+-+
|                    选项                    |      填充        |
+-+-+-+-+-+-+-+-+-+-+-+-+-+-+-+-+-+-+-+-+-+-+-+-+-+-+-+-+-+-+-+-+
```

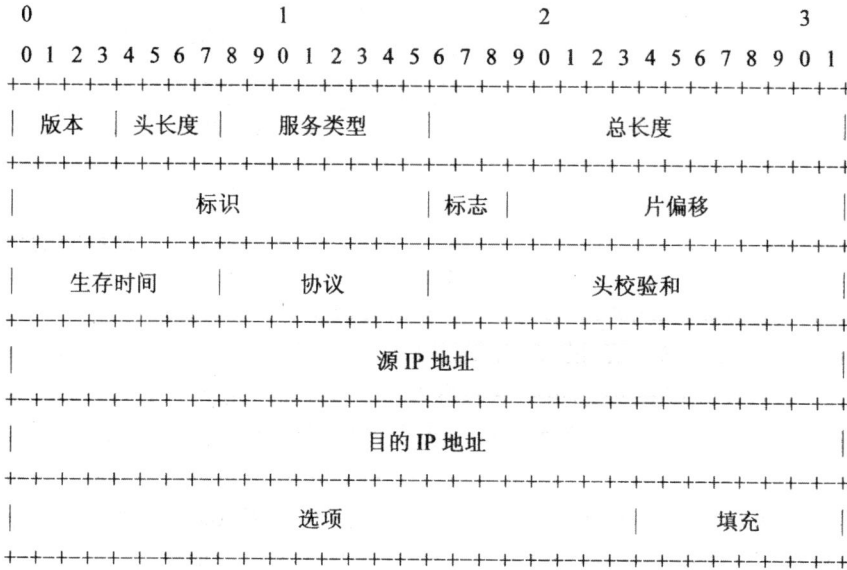

图 8-12 IP 数据报头格式

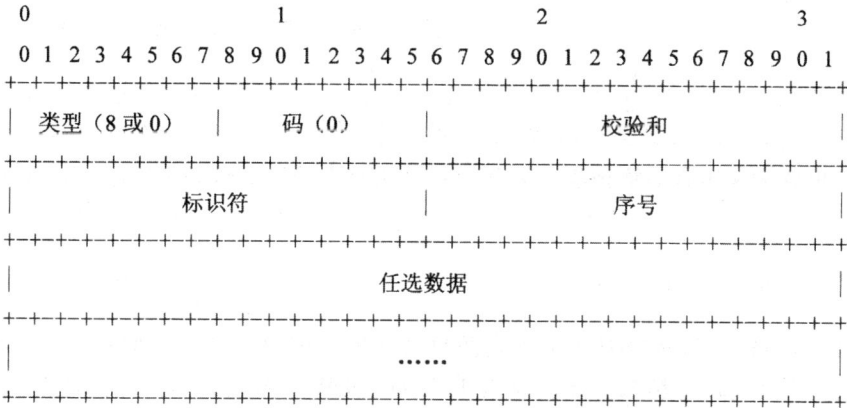

```
 0                   1                   2                   3
 0 1 2 3 4 5 6 7 8 9 0 1 2 3 4 5 6 7 8 9 0 1 2 3 4 5 6 7 8 9 0 1
+-+-+-+-+-+-+-+-+-+-+-+-+-+-+-+-+-+-+-+-+-+-+-+-+-+-+-+-+-+-+-+-+
| 类型（8 或 0）  |    码（0）     |              校验和             |
+-+-+-+-+-+-+-+-+-+-+-+-+-+-+-+-+-+-+-+-+-+-+-+-+-+-+-+-+-+-+-+-+
|          标识符            |                 序号              |
+-+-+-+-+-+-+-+-+-+-+-+-+-+-+-+-+-+-+-+-+-+-+-+-+-+-+-+-+-+-+-+-+
|                         任选数据                              |
+-+-+-+-+-+-+-+-+-+-+-+-+-+-+-+-+-+-+-+-+-+-+-+-+-+-+-+-+-+-+-+-+
|                          ……                                  |
+-+-+-+-+-+-+-+-+-+-+-+-+-+-+-+-+-+-+-+-+-+-+-+-+-+-+-+-+-+-+-+-+
```

图 8-13 ICMP 的回应请求与应答报文格式

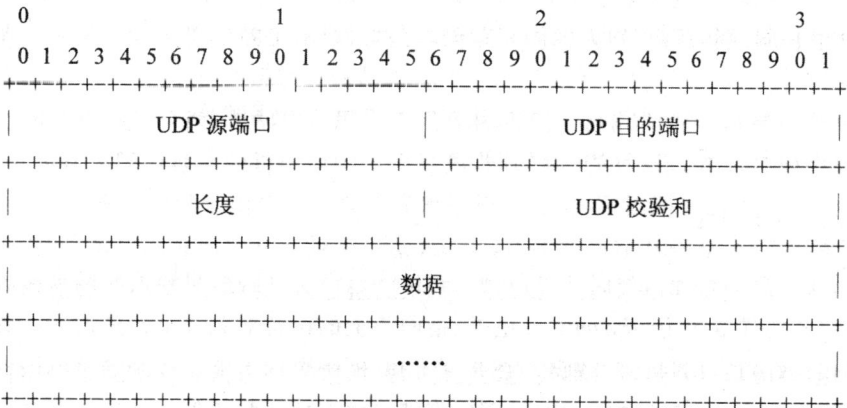

```
 0                   1                   2                   3
 0 1 2 3 4 5 6 7 8 9 0 1 2 3 4 5 6 7 8 9 0 1 2 3 4 5 6 7 8 9 0 1
+-+-+-+-+-+-+-+-+-+-+-+-+-+-+-+-+-+-+-+-+-+-+-+-+-+-+-+-+-+-+-+-+
|       UDP 源端口           |            UDP 目的端口           |
+-+-+-+-+-+-+-+-+-+-+-+-+-+-+-+-+-+-+-+-+-+-+-+-+-+-+-+-+-+-+-+-+
|          长度              |            UDP 校验和             |
+-+-+-+-+-+-+-+-+-+-+-+-+-+-+-+-+-+-+-+-+-+-+-+-+-+-+-+-+-+-+-+-+
|                           数据                                |
+-+-+-+-+-+-+-+-+-+-+-+-+-+-+-+-+-+-+-+-+-+-+-+-+-+-+-+-+-+-+-+-+
|                          ……                                  |
+-+-+-+-+-+-+-+-+-+-+-+-+-+-+-+-+-+-+-+-+-+-+-+-+-+-+-+-+-+-+-+-+
```

图 8-14 UDP 报文格式

```
0                     1                     2                     3
0 1 2 3 4 5 6 7 8 9 0 1 2 3 4 5 6 7 8 9 0 1 2 3 4 5 6 7 8 9 0 1
+-+-+-+-+-+-+-+-+-+-+-+-+-+-+-+-+-+-+-+-+-+-+-+-+-+-+-+-+-+-+-+-+
|            源端口            |            目的端口           |
+-+-+-+-+-+-+-+-+-+-+-+-+-+-+-+-+-+-+-+-+-+-+-+-+-+-+-+-+-+-+-+-+
|                            序号                             |
+-+-+-+-+-+-+-+-+-+-+-+-+-+-+-+-+-+-+-+-+-+-+-+-+-+-+-+-+-+-+-+-+
|                            确认号                            |
+-+-+-+-+-+-+-+-+-+-+-+-+-+-+-+-+-+-+-+-+-+-+-+-+-+-+-+-+-+-+-+-+
|       |       |U|A|P|R|S|F|                                 |
|头长度 |  保留  |R|C|S|S|Y|I|              窗口               |
|       |       |G|K|H|T|N|N|                                 |
+-+-+-+-+-+-+-+-+-+-+-+-+-+-+-+-+-+-+-+-+-+-+-+-+-+-+-+-+-+-+-+-+
|           校验和            |            紧急指针           |
+-+-+-+-+-+-+-+-+-+-+-+-+-+-+-+-+-+-+-+-+-+-+-+-+-+-+-+-+-+-+-+-+
|            选项             |             填充              |
+-+-+-+-+-+-+-+-+-+-+-+-+-+-+-+-+-+-+-+-+-+-+-+-+-+-+-+-+-+-+-+-+
|                            数据                             |
+-+-+-+-+-+-+-+-+-+-+-+-+-+-+-+-+-+-+-+-+-+-+-+-+-+-+-+-+-+-+-+-+
```

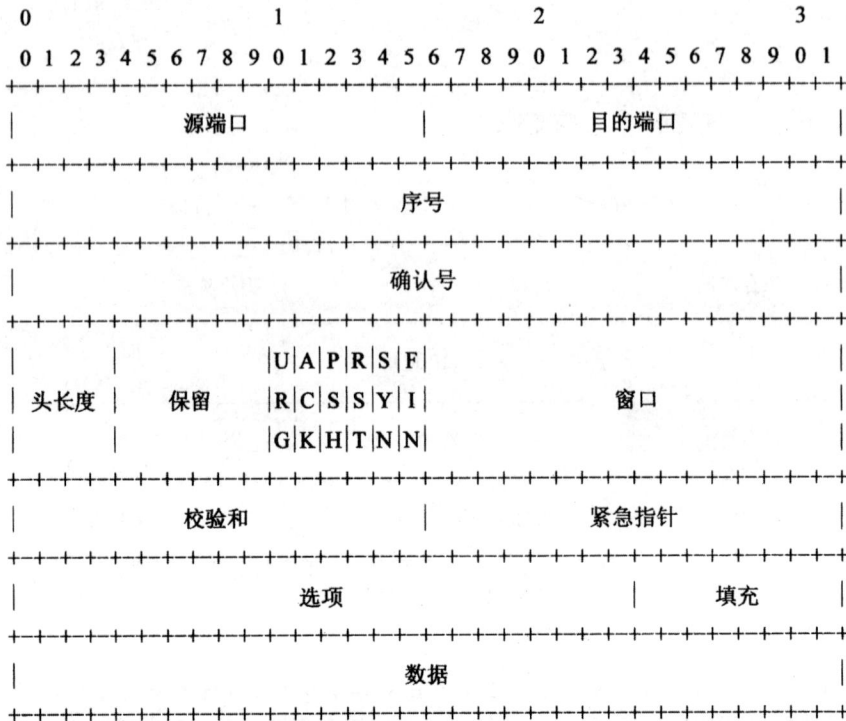

图 8-15 TCP 报文格式

"序号"指数据在发送端数据流中的位置。"确认号"指出本机希望下一个接收的字节的序号。

8.3.2 网络数据包的捕获

网络数据包捕获机制是网络入侵检测系统的基础。通过捕获整个网络的所有信息流量，将捕获的网络数据包中的所有信息进行集成、清理、变换与简化，将无意义的数据直接过滤掉，对入侵分析有意义的数据转换为符合系统要求的，再将符合系统要求的数据送给分析器等更高层的应用程序进行更高层次的、更全面的分析。要保证基于网络的入侵检测系统的准确性，必须保证采用的捕获机制捕获的网络上数据包的完整性、正确性、准确性。要提高基于网络的入侵检测系统的运行速度，必须保证采用的捕获机制捕获网络的效率。

常用的数据捕获机制有很多，其中应用最广泛的就是利用嗅探器（Sniffer）对网络数据包进行捕获，所以，我们通过介绍 Sniffer 原理来理解网络数据包的捕获机制。

1. Sniffer 工作原理

只有报文信息为物理信号时才可以被 Sniffer 所获取。因此，只要通知网卡接收其收到的所有包（该模式叫作混杂 Promiscuous 模式：指网络上的设备对总线上传送的所有数据进行侦听，并不仅仅是针对它们自己的数据），在共享 Hub 下一个网卡能接收到这个网段的所有数据包，但是在交换 Hub 下每一个网卡就只能接收到自己应该接收到的数据包。

Sniffer 工作在网络环境中的底层，它拦截所有的正在网络上传送的数据，由应用程序对数据进行过滤处理,并对其进行实时分析,进而分析所处的网络状态和整体布局。不同的 Sniffer,设计原理不同,功能也不同。有的嗅探器只能对一种协议进行分析,有的嗅探器可以同时对上百种协议进行分析。但是绝大部分的 Sniffer 都能够对标准以太网、TCP/IP、IPX 和 DECNet 等协议进行分析。

2. 共享和交换网络环境下的数据捕获

广播能够完成共享网段的数据传输。一般时候,网络通信其应用程序仅仅可以响应和其硬件地址配合一致的或为用广播方式输送的数据帧,而相比于此之外形式的数据帧像已到达网络接口不过并不是发给这个地址的数据帧,网络接口在对其所投递地址进行检验对比之后发现其与自身地址不一致后便不能产生响应,换而言之,应用程序不能够获取同其不相关的数据包。

如果为了实现捕获流经网卡的而且不符合其主机的所有数据流,则需要躲避系统正常运行下的解决机制。第一步为把网卡的工作方式调整到混杂方式下,方便其能够获取目标地址与其自身 MAC 地址不一致的数据包,第二步为直接对数据链路层进行访问,得到数据并经过应用程序做相应的过滤。

对于采用交换 Hub 或采用交换机连接的相连的交换式网络工作状态下,当网络设备工作在监听模式下,仅仅可以获取到与其相联系的交换 Hub 或者交换机端口上的数据,却不能监听别的端口以及别的网段的数据。所以,想要完成交换网络的数据获取需要使用其他特殊的方法。一般能够使用以下诸多的方法。

①把数据包所获得程序安设在网关或代理服务器中,以此来实现获取出全部局域网中数据包。

②将交换机实施端口映射,把全部的端口数据包均映射至某一连接监控机器的端口中。

③安设一个 Hub 于交换机同路由器两者间,此时数据能够通过广播的形式向外传递。

④采取 ARP 欺骗,简而言之在承担数据包获取的机器中完成所有网络的数据包的转发,但是将造成所有局域网的效率的下降。

3. 包捕获机制

通常来说,每种包捕获机制可以看成由 3 个部分组成:最下面的部分为关于某指定操作系统的包捕获机制,最上面的为关于用户程序的接口,其中则为包过滤机制。

最下层的包捕获机制的实现由于操作系统差异造成其或许存在差异,不过基于形式来讲略有差异。通常情况下数据包传输路径可看做是由网卡、设备驱动层、数据链路层、IP 层、传输层,最终传输至应用程序。其中包捕获机制可以看成是数据链路层新设的某一旁路,其作用为将所发送与接收的数据包进行过滤或者缓冲,最终被传送到应用程序。其中,不可忽略的一点为包捕获机制对操作系统进行的数据包网络栈处理并不产生干涉作用。以用户程序的角度来说,包捕获机制可以看成是提供出统一的接口,由此方便用户程序,其仅仅可以通过简洁的调用若干函数便可以得到所需要的数据包。基于使用者的需求对所捕获到的数据包做出相应选择称为包过滤机制,以实现仅将符合过滤要求的数据包发送到用户程序中。

设计包过滤机制的目的便是方便用户程序仅基于较为基础的设置实现相应的过滤要求,

以达到可以取得符合要求的数据包。包过滤操作的执行不仅能够满足用户空间还满足于内核空间,其中不可忽视的为数据包从内核空间拷贝至用户空间的占用空间极大,因此当可以从内核空间实现过滤,则能够很快地提高捕获的效率。包捕获与包过滤从概念上不存在严格的差异,主要为意识到捕获数据包一定包括过滤操作。所以通常情况下我们认为,包过滤机制对于包捕获机制里是具有核心位置。

真实操作中,包过滤机制为以数据包的布尔值操作函数为基础的,当函数最后回至 true,那么变会过滤,否则要将其丢掉。大体上的包过滤为是单一或若干谓词判断的与操作(AND)以及或操作(OR)组成,每种谓词判断都相应的映射了数据包的协议类型或某一特定值。实际应用中包过滤机制完成同数据包的协议类型基本不存在关联,其仅仅将数据包简单地笼统的看作为某个字节数组,但是谓词判断能够通过具体的协议映射至数组特定位置的值。基于原理上来说,包过滤机制可以看为是一个算法问题,核心内容为怎样用最低的判断操作步骤、最快速的时实现过滤,提升过滤速率。

4. BPF 模型

BPF 模型是用于 UNIX 的内核数据包过滤体制,它是一种内核过滤包体制,功能十分强大,性能也很高。

BPF 的模型结构如图 8-16 所示。

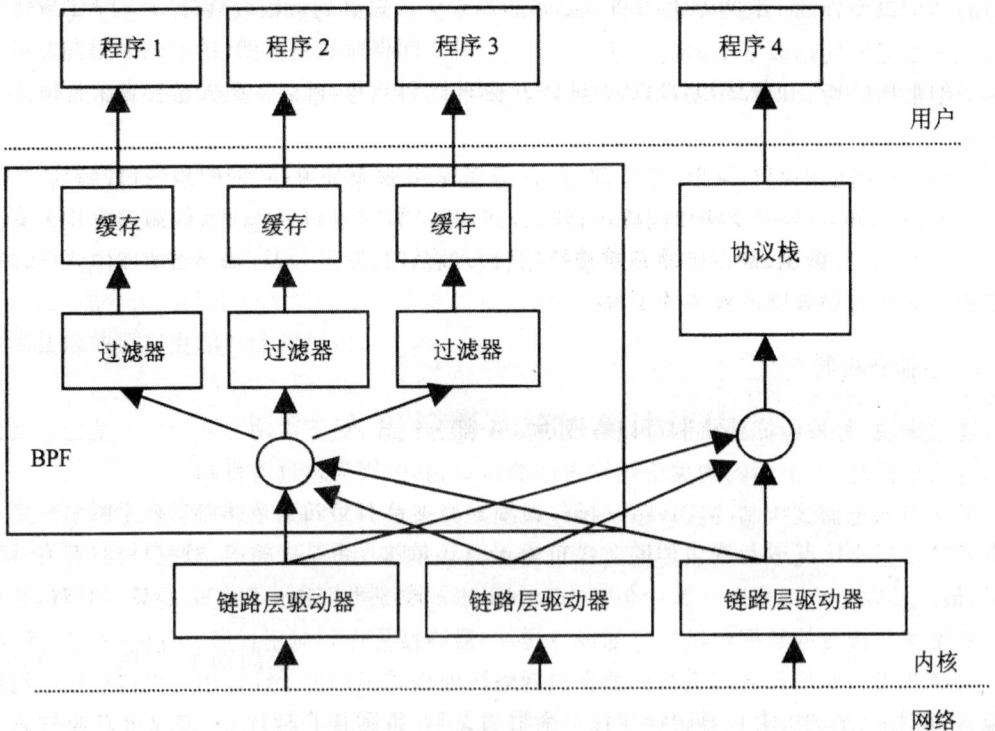

图 8-16 **BPF 的模型及其接口**

正常情况下,网络接口设备接收到一个数据包时,链路层驱动器通常把它传送给协议堆栈进行过滤处理。如果 BPF 也在该网络接口上监听时,链路层驱动器首先调用 BPF。BPF 会将网络接口设备接收到的数据包传送给正在多网络进行监听的 BPF 的过滤器,BPF 的过滤器会根据用户定义的规则决定数据包是否被接收,以及数据包中的哪些内容应该被保存下来,被接收的数据包中数据会被存入与过滤器相连的缓存器中,如果应用程序需要时,会从与之对应的 BPF 过滤器的缓存中对数据进行调用。此时,如果该数据包的目标地址不是本机地址,则驱动程序从终端过程返回,否则,将进行正常的网络协议处理过程。

5. Windows 平台下的 WinPcap 库

WinPcap 是由 BPF 模型和 LibPcap 函数库在 Windows 平台下的包捕获和网络状态分析的一种分层体系结构,该分层体系结构共分为三层,自下而上分别是协议驱动程序、Packet. dll 和独立于系统的 LibPcap 函数库。WinPcap 结构如图 8-17 所示。

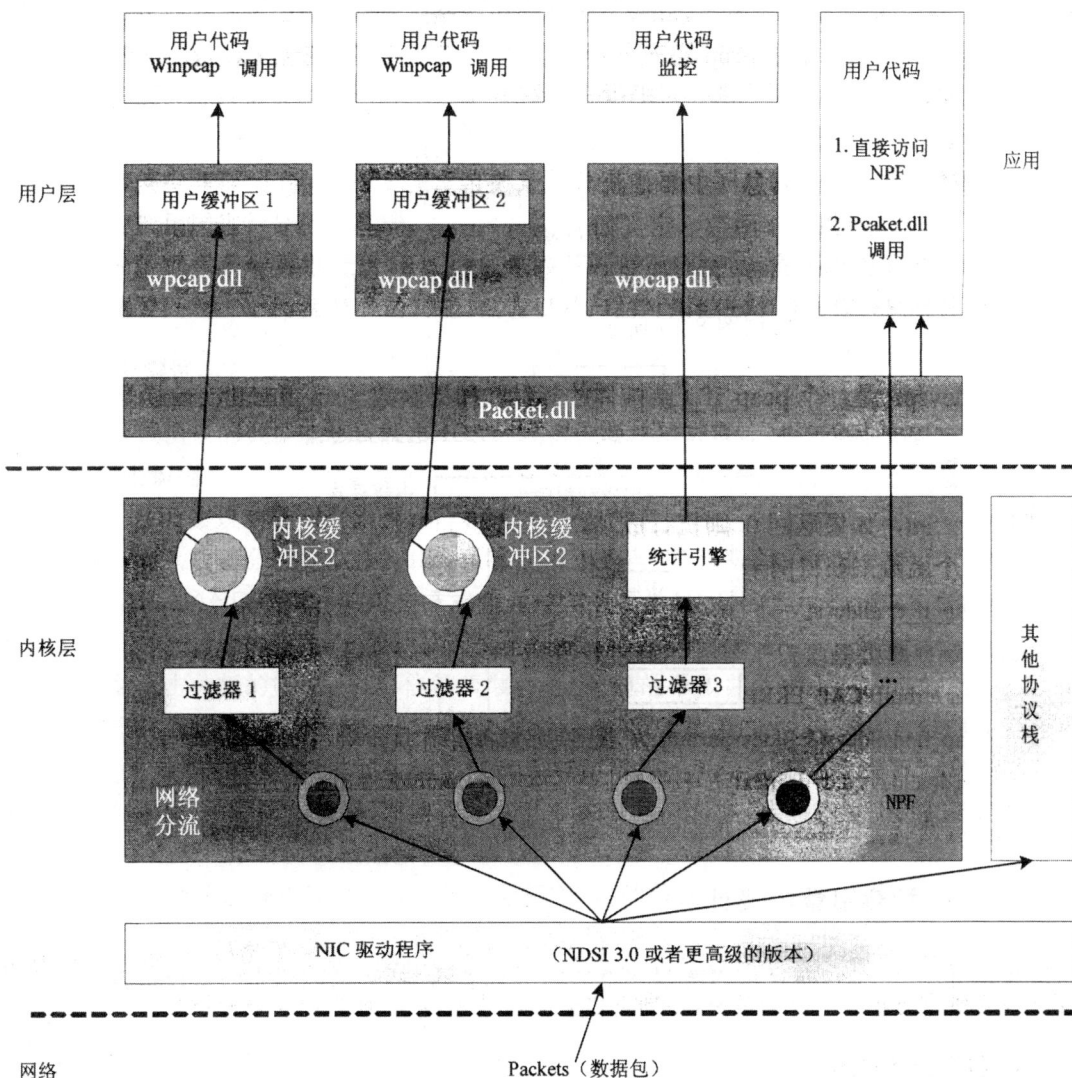

图 8-17　WinPcap 结构示意图

网络接口设备将捕获的网络数据包送往 NIC 驱动程序,NPF 会根据过滤器用户定义的规则对数据包进行网络分流,分流后的数据包有的经过滤器直接原封不动的传给用户态模块,有的经过统计引擎,直接被用户监控,还有得直接被调用。Packet.dll 是用户层与内核层进行交互的接口。

6. Windows 下包捕获程序的结构

Windows 下包捕获程序的结构如图 8-18 所示。

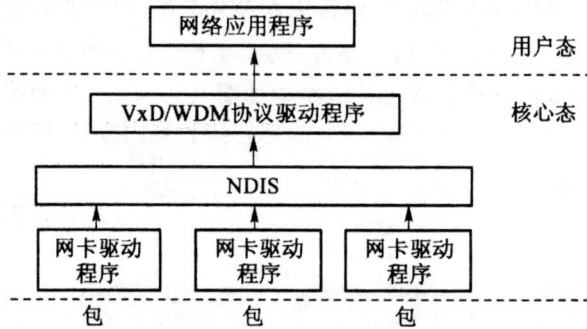

图 8-18 包捕获程序的结构

其中,NDIS 是网络驱动程序接口规范,并提供了大量的操作函数。
NDIS 驱动程序的结构如图 8-19 所示。

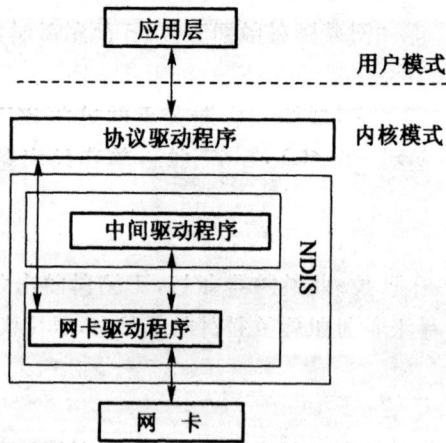

图 8-19 NDIS 的结构

8.3.3 检测引擎的设计

针对网络入侵检测存在的最主要问题设计出了检测引擎。通常情况下,网络入侵检测引擎可以大致划分成以下两种情况:一种是模式匹配技术,第二种为协议分析技术。

1. 特征分析技术

特征分析技术最先使用在网络入侵检测系统的初期阶段,其设计的主要设计思想为创建于字符串相协调的简略含义之上。在最早期进行的特征分析技术分析进程里,每当有检测引擎的数据包输入进来后,便会同单个特征进行逐一字符的配合操作。这种检测特点本质为对异常网络流量的一种特性的字符编码串起指导作用,这里面或许存有了某些异常命令名称又或许是某些重要敏感词等。当所匹配的操作运行成功后,那么系统将发出一个预警状态信息;不然,此数据包便要和特征列表内的下一个特征一直重复匹配操作状态。当全部的特征匹配操作工作结束后,系统便将对下一个数据包进行读入,继而持续不断往复之前的工作流程。基于以上研究能够得出,早起的以特征分析的入侵检测系统是极其原始的,其当处于工作状态下根本不需要将网络数据包内的所含有的协议格式化信息涉及入内,只是把所输入的数据包看成是一个无序无结构的随机数据流,设计的思路只是基于简单的字符串与操作协调一致实现全部检测任务。在大多数状态下,这种入侵检测技术的工作规律同 UNIX 系统下 grep 命令的运行状态毫无差别,所以,又可以称其是“Packet Grepping”。

2. 协议分析技术

协议分析技术在特征分析技术发展之后也有了较快的技术进步,其把输入数据包看做为拥有较为严谨定义格式的数据流,并且把输入数据包根据每层协议报文封装的相反顺序,逐层进行分析研究。继而依据每层的网络协议的定义(RPC 内容),把每层协议所分析研究出的内容再做逐次的研究。当中,每层协议封装报文里均含有事先已经过的各种协议字段,协议分析技术的主要操作部分,便主要聚集在对目前数据包内含有的每层协议字段值的检测,判断所检测字段值如果等于网络协议所定义的期望值,或所判断的检测字段值在所规定的正常值内。当目前被检查的某协议字段中,存在着非预期的不符合范围的赋值,那么系统将判断目前数据包是非法网络流量。基于此能够知道,协议分析技术为运用实现预定过的与协议字段的期望值或合理值相关的具体知识,来辨别是否有恶意的网络流量存在。该点同特征分析技术依附在已知的攻击特性(也可称其“入侵痕迹”)以此对非法活动进行检测,这是非常不一样的。伴随着技术的不断进步,特征分析技术和协议分析技术均有了进一步的革新,其中较为根本的动向为二者之间互相融合,扬长避短,逐渐转换为混合型的分析技术。Snort 系统就很好地反映了现在特征分析技术的发展趋势。

8.4　分布式入侵检测技术

8.4.1　分布式入侵检测系统的结构

1. 分布式入侵检测系统的特征

随着网络规模的增大,网络结构异常复杂,网络传输速率的不断提高,集中式的入侵检测技术已经不能适应当今的网络安全的需要,分布式入侵检测系统在这样的情况下应运而生,分布式入侵检测系统的整个体系结构的合理组成和分布组件之间的协调与合作及整个系统工作的自动化和智能化得到了越来越多的研究者的关注。分布式入侵检测系统特征可以概括为以下几点。

①分布式部署。

②分布分析。

③安全产品的联动。

④系统管理平台。

⑤可伸缩性和扩展性。

2. 分布式入侵检测系统的体系结构

分布式入侵检测系统(DIDS)的体系结构模型如图 8-20 所示。

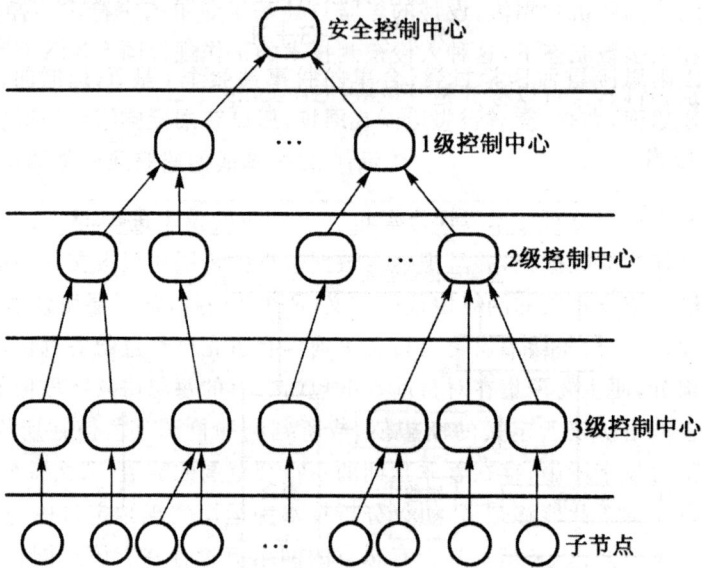

图 8-20　树状结构的入侵检测系统

在这个树状体系结构中,每个节点为特定网络与一个入侵检测系统所构成的完整体系。将任何一个分支独立来看,都是一个完整的分布式入侵检测系统。

子节点主要收集所辖区域内能反映整个网络是否被攻击检测的网络数据报,防火墙数据源、漏洞扫描系统、蜜罐等其他信息源以及用户活动的状态和行为,并对这些数据进行分析,如果数据中包含的内容可比较明显地说明是攻击数据,就会直接上报给安全控制中心,由安全控制中心产生警报,立即采取相应的措施。如果子节点不能确定所收集数据中包含的内容是正常的还是可疑的,就需要将这些数据附加一些额外的信息采用标准的格式上报给 3 级控制中心,由三级控制中心对数据进行分析融合,做出更高层次的、更全面的分析,如果 3 级控制中心能对子节点上传的信息做出正确判断就会立即做出响应,如果不能做出判定则需要继续向 2 级控制中心传送,继续由 2 级控制中心进行分析。分布式入侵检测系统中,安全控制中心是整个系统的最高层,是整个网络的安全中心,控制着子节点与各级控制中心。当某子节点检测出严重攻击状况时就不会逐级汇报二是直接上报给安全控制中心。安全控制中心还具有全局预警的功能。

分布式入侵检测系统的分层结构中,每个节点不是几台主机集合或子网的概念,而是代表特点网络及其入侵检测系统所构成的完整体系。当然,因为各个节点所处的层次不一样,它们实现的功能与作用也就不尽相同。子节点主要完成数据采集、预处理和分析,减少中层节点的运算量,这是入侵检测能够顺利进行的至关重要的一步,中层节点的主要功能是对子节点上报的数据进行更高层次的分析与判断、融合与警报,并与当地的安全部件进行互动;根节点的主要功能是对整个系统进行配置和管理及发出全局预警等。

一个完整的入侵检测系统应该包括如下模块:

①数据探测模块。

②主体模块。

③分析模块。

④关联与融合模块。

⑤控制模块。

⑥决策模块。

⑦协调与互动模块。

⑧安全响应模块。

⑨数据库模块。

⑩人机界面。

将上述模块组合在一起形成一个有机的整体,从而形成一种基于主体的、4 层结构的分布式入侵检测系统(DIDS)体系结构模型,如图 8-21 所示。

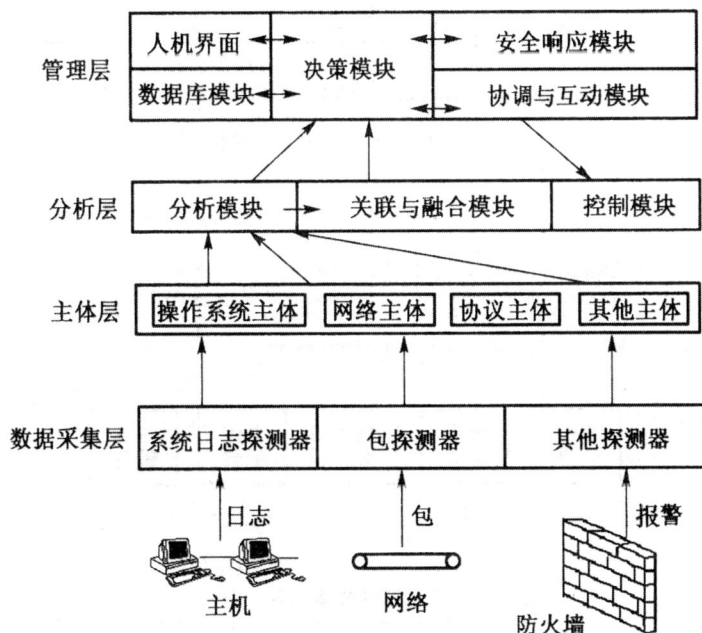

图 8-21　基于主体的 4 层分布式入侵检测系统结构模型

图 8-21 的分布式入侵检测系统结构层次模型中,从低到高依次是数据采集层、主体层、分析层和管理层。

(1)数据采集层

数据采集层通过探测器完成对日志、网络数据包,防火墙数据源等各种计算机网络中的数据的采集。系统日志探测器采集网络中关键主机的应用程序崩溃或关闭事件等的系统操作日志、包括修改文件和有无效注册的安全日志、应用日志等。包探测器将收集到的网络数据包中的海量数据进行过滤,删除无意义的数据与信息,精简数据量;其他探测器,如漏洞扫描探测器、防火墙探测器,采集相应安全部件的警报信息。

（2）主体层

主体层包含有操作系统主体、网络主体、协议主体和其他主体。这些主体是相互独立的,协议主体的改变可以改变系统的功能。

（3）分析层

分析层就是对数据进行分类,形成各种事件,再分析得出报警,将警报信息送给管理层的决策与响应模块。分析层的控制模块接收来自管理层协调模块的控制信息,具体完成对操作主体、网络主体、协议主体和分析主体的管理、任务分派等工作。

（4）管理层

管理层对各级探测器检测获得的事件信息进行处理。人机界面是系统安全管理人员与入侵检测系统进行交流的接口。系统安全管理人员可以根据人机界面对系统进行管理和配置,还可以根据某些警报信息,对系统采取措施解决相关问题。决策模块的主要功能是对各种告警信息进行分类,一部分送往系统安全响应模块,本地不能解决的警报信息需要送往上层节点。

8.4.2　入侵检测系统中的主体实现技术

入侵检测系统中的主体分为 3 类:①中心主体;②分析主体;③主机主体和网络主体。各个主体之间相互协作又相互独立,并具有很好的可配置性和可扩展性。

1. 中心主体

中心主体作为整个系统的最高层,对分析主体、主机主体和网络主体进行管理与配置,同时接收来自各个主体送来的数据与报警信息,并会根据报警信息采取相应的措施,能接收和显示全局的安全态势。如图 8-22 所示为中心主体的结构。

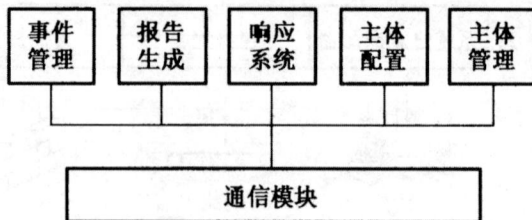

图 8-22　中心主体的结构

（1）事件管理

其他主机所检测出的入侵警报、攻击行为都会上报给中心主体的事件管理模块。事件管理模块将其他主体上报的报警事件,根据入侵程度的不同,对其分类,并提供相应的解决方法以便于管理员迅速做出反应。

（2）报告生成

事件管理模块会将其他主体上报的报警信息和事件的一些详细信息总结为事件检测报告。管理部门通常会每周或每月对自己负责的站点受到的各种入侵行为进行总结,有利于研究人员了解攻击者的趋势,找出薄弱环节,对其进行重点保护,使其以后免受同类的攻击。

（3）主体的管理和配置

由于系统中存在着分析主体、主机主体和网络主体,主体不同所采取的分析方法也就不相同,为了各个主机之间能够更好地进行相互协作,需要对处于不同层次的主体进行统一的管理和配置。

（4）响应系统

响应是入侵检测系统至关重要的一个功能,没有响应系统,之前我们所做的数据收集、分析等工作就失去了意义,入侵检测系统就没有了存在的价值。最简单的响应是自动通知。主动反击的响应系统如图 8-23 所示。

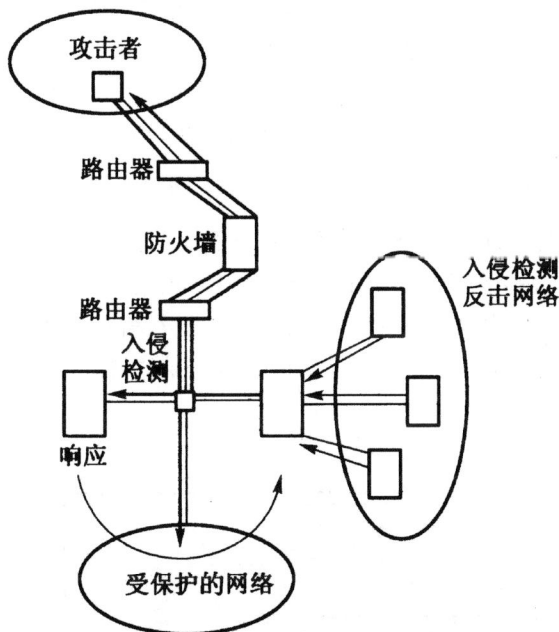

图 8-23　主动反击的响应系统

2. 分析主体

分析主体在整个系统中处于分析层,它对各个主机主体发送来的数据进行综合分析,以便发现涉及多台主机与网络有关的入侵行为。分析主体的结构如图 8-24 所示。

数据存储模块接收来自主机主体的数据,并将数据存入数据库中,以便于以后的分析。由于主机主体和网络主体传送来的数据是经过处理的数据,这样大大减少了网络通信量,降低了网络的负载。构造专用的存储系统可以提高反应速度,但构造过程却十分复杂,不容易完成。可以选择现有的数据库系统来建立存储系统。现有的数据库系统都支持 SQL 查询,它对搜索的封装使得分析系统可以使用通用的接口。

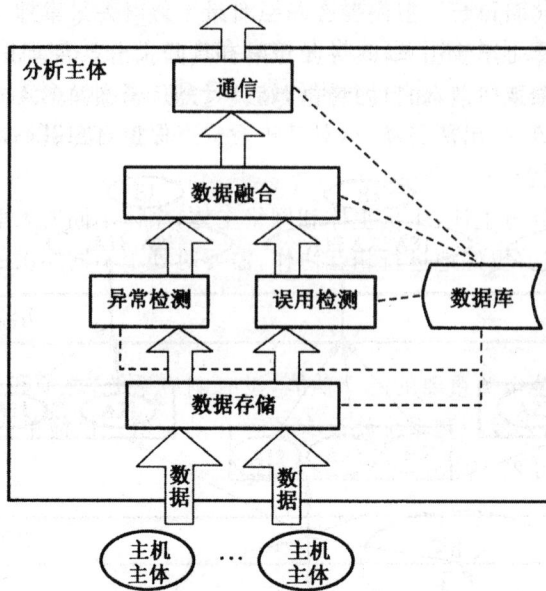

图 8-24　分析主体的结构

3. 主机主体和网络主体

　　主机主体和网络主体处于整个分布式系统的最低层。主机主体的功能是在所在主机上以各种方法收集信息并对这些数据进行初步分析。所以,主机主体是依赖于操作系统的。网络主体的功能是收集网络上的数据包,并对它进行初步分析,将明显不是入侵的数据丢弃,将明显是攻击的数据截获并报警,将其他可疑数据传送给上层主体。主机主体和网络主体的结构类似,只是它们的数据源不同,如图 8-25 所示。

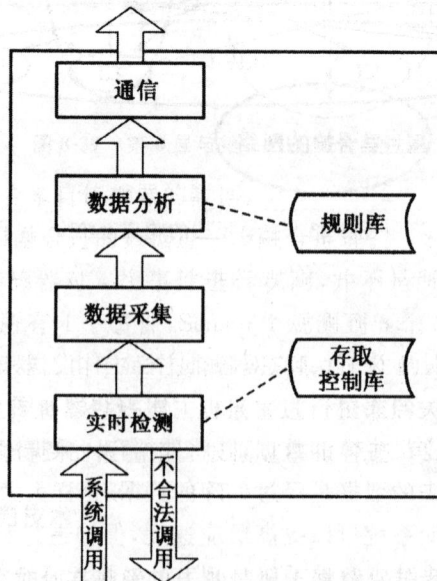

图 8-25　主机主体和网络主体的结构

8.4.3　主体之间的通信

主体之间良好的通信机制是基于多主体技术的大规模分布式入侵检测系统正常运行的前提。主体通信语言(Agent Communication Language,ACL)是主体之间交换信息和知识的手段。知识查询和操纵语言(Knowledge Query and Manipulation Language,KQML)是现在比较流行的主体通信语言。本文采用 KQML 作为主体之间的通信语言,从而实现主体之间语义上的通信。

1. 知识查询和操纵语言

知识查询和操纵语言(KQML)具有以下三大属性。

①KQML 独立于网络传输协议(如 TCP、SMTP 等)。

②KQML 独立于内容语言(如 SQL、OWL、PROLOG 等)。

③KQML 独立于内容实体。

KQML 可分为 3 个层次:通信层、消息层和内容层,如图 8-26 所示。

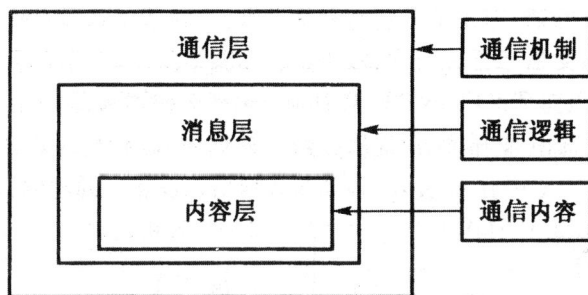

图 8-26　KQML 的 3 层结构图

这里采用 OWL 作为 KQML 的内容层语言。KQML 的动作表达式如下:

(performative

: sender ＜word＞

: receiver ＜word＞

: language ＜word＞

: reply-with ＜word＞

: in-reply-to ＜word＞

: ontology ＜word＞

: content ＜word＞

)

KQML 具有可扩展性,针对不同的系统,可以定义新的行为词,如 Alert、Advertise、Announce、Failure、Success、Ask、Tell、Inform、Accept、Finish、Withdrawal、Broadcast、Register 及 Unregister 等。通过上述协商通信原语,可以有效地实现入侵检测主体之间的协商、协作过程。

2. KQML/OWL 消息的封装与解析过程

用 Java 语言实现基于 OWL 内容的 KQML 原语封装/解析的过程如图 8-27 所示。

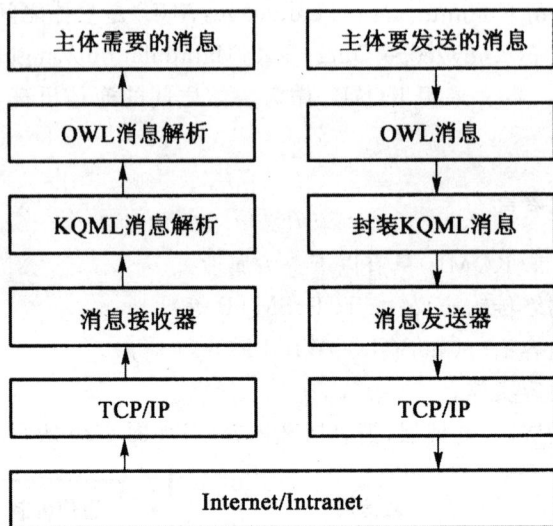

图 8-27　KQML/OWL 消息的封装与解析过程

　　主体要发送的消息必须采用 OWL 语言编写,然后再利用 KQML 语言对其进行封装,封装后由消息发送器使用 TCP/IP 协议在 Internet 或是 Intranet 上发送到 KQML 规定的目标。消息接收器将接收到 KQML/OWL 消息先进行 KQML 解析,再进行 OWL 语言解析,直到得到主体想要的消息。

8.5　无线网络入侵检测技术

　　相比有线网络,无线网络在使用上更加便利,在应用上有着更大的优势。随着近几年无线网络技术飞速发展,无线网络带宽的瓶颈逐渐被打破,基于无线网络的应用正变得丰富起来,特别是智能手机、平板电脑等移动终端设备的普及,无线网络正赢来发展的黄金时期。

　　无线网络飞速发展的同时,其安全问题也愈发严重,除了传统有线网络的安全威胁对无线网络同样有效之外,无线网络还因为自身的特点需要面对新的威胁,如非法 AP、WarDriving 入侵、WEP 破解等。因此,这几年无线网络入侵检测技术的研究也逐渐热门起来。本节对无线局域网入侵检测技术展开研究,介绍了 WLAN 入侵检测技术的研究现状,一些典型的 WLAN 入侵检测技术以及 WLAN 入侵检测系统模型的构建等。

8.5.1　典型的 WLAN 入侵检测技术

针对 WLAN 存在的安全威胁和安全漏洞,有以下典型的 WLAN 入侵检测技术。

1. MAC 地址欺骗攻击的检测

出现 MAC 地址欺骗的原因是 IEEE 802.11 标准中没有对无线网络数据帧 MAC 层的源

MAC 地址进行认证的有效机制,因此源 MAC 地址可以被篡改。检测 MAC 地址欺骗攻击的方法同样在无线网络的数据帧中,那就是序列控制字段。IEEE 802.11 MAC 帧结构如图 8-28 所示。

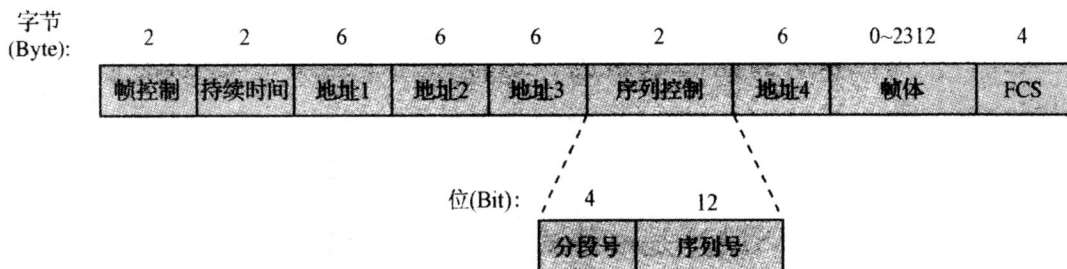

图 8-28　IEEE 802.11 MAC 帧格式

IEEE 802.11 标准定义的 MAC 帧格式中有一个序列控制字段,该字段占两个字节,又分为分段号(4Bits)和序列号(12Bits)两个子字段。分段号用来标识一个特定的介质服务数据单元(MSDU),序列号标识 MSDU 的序号。无线信号发送时,对于信源端发送的每个 MSDU,会被分配一个序列号来进行标识,序列号从 0 开始计数,每发送一个 MSDU,其序列号加 1。

2. WarDriving 入侵的检测

检测 WarDriving 入侵一般采用特征匹配和统计分析相结合的方法。特征匹配主要是利用某些入侵行为的数据包中存在的特定信息来进行检测的。如常用于 WarDriving 入侵的黑客软件 NetStumbler,NetStumbler 在检测到 AP 后,会发送一个数据包,这个数据包有以下 3 个特征。

①由 Net Stumbler 产生的数据包的 LLC 的 OID 值为 0x00601d。

②其 PID 值为 0x0001。

③数据负载为 58B,并且对不同版本的 Net Stumbler,包含了一些特殊的字符串。

Version3.2.0-"Flurble gronk bloopit,bnip Frundletrune"。

Version3.2.3-"All Your 802.11 are belong to us"。

Version3.3.0-空白。

因此,只需比较所捕获的数据包和这些特殊字符串,就可以判断是否有 WarDriving 入侵。

3. 非法 STA 的检测

非法 STA(也称伪 STA)是一种试图非法进入 WLAN 或破坏正常无线通信的带有恶意的无线客户,其行为往往表现出一些异常,管理员只要留意其行为特征,一般可以识别假冒用户。

非法 STA 异常行为如图 8-29 所示。

IEEE 802.11 的信道是共享的,为保证多个用户共享信道,在 MAC 层采用了 CSMA/CA 的介质访问控制策略。该策略为每个无线节点规定了使用信道的持续时间,该持续时间可在 802.11 帧头的持续时间字段设定,无线节点在一帧的指定时间内占有信道,可进行数据发送。

非法 STA 经常会以任意 SSID 连接 AP,如果 AP 允许客户端通过任意 SSID 接入网络,必将为攻击者提供极大的方便,因此管理员应更改 AP 设置,禁止以任意 SSID 方式接入。

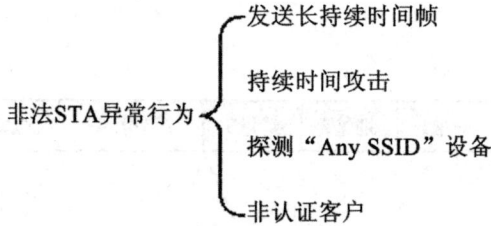

```
                        ┌─ 发送长持续时间帧
                        │
                        │  持续时间攻击
非法STA异常行为 ─────────┤
                        │  探测"Any SSID"设备
                        │
                        └─ 非认证客户
```

图 8-29　非法 STA 异常行为

4. 非法 AP 攻击的检测

通过侦听无线信号可以检测 AP 的存在,得到在无线网卡接收范围内所有正在使用的 AP。要进一步检测非法 AP,需要在网络中做一些布置,具体如图 8-30 所示。

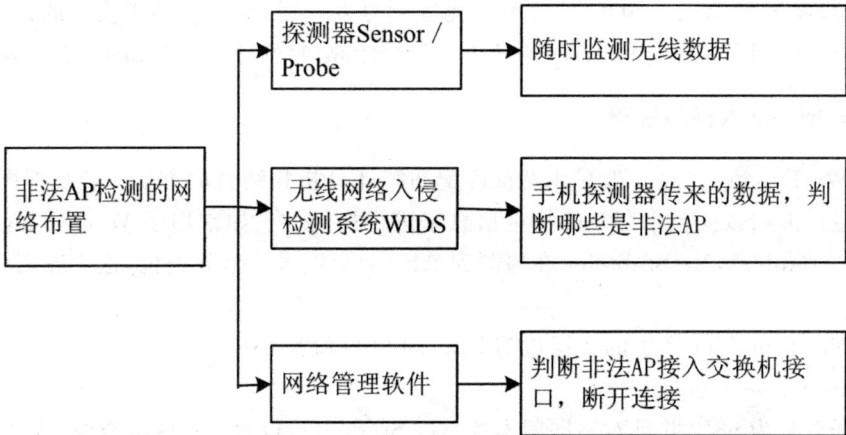

```
                              探测器Sensor/Probe ──→ 随时监测无线数据

非法AP检测的网络布置 ──┬── 无线网络入侵检测系统WIDS ──→ 手机探测器传来的数据,判断哪些是非法AP

                      └── 网络管理软件 ──→ 判断非法AP接入交换机接口,断开连接
```

图 8-30　非法 AP 检测的网络布置

首先分布于网络各处的探测器通过 RF 扫描完成数据包的捕获;接着 WIDS 入侵检测系统完成对数据包的解析,并从中判断非法 AP,判断非法 AP 时可根据 WLAN 中已授权 AP 列表来进行,具体方法是:先对数据包进行协议解析,从中找出 AP 的 MAC 地址,然后和授权 AP 列表比较,从而判断非法 AP;最后通过网络管理软件,比如 SNMP 来确定 AP 接入有线网络的具体物理地址,完成对非法 AP 的定位。

5. 拒绝服务攻击(DoS)的检测

无线网络 DoS 攻击的数据帧中往往存在 MAC 地址欺骗、伪装成授权的合法用户或 AP 发送的 Deauthentication 帧或 Disassociation 帧,如果检测到无线信号中包括这些情况,那么就能断定这是一个 DoS 攻击。另外,统计每个 AP 收到的 Authentication Request 帧,并按源地址进行分类,如果 MAC 地址不在授权的地址列表中或一定时间间隔内 Authentication Request 帧的数量超出正常值,则有向 AP 进行 DoS 攻击的可能。

6. MAC 地址与 SSID 过滤

MAC 地址访问控制机制和 SSID 过滤机制可有效过滤掉部分未授权地址和 SSID,这两种机制主要依靠授权列表来实现。通过管理员手动设置的黑名单和白名单,可以初步阻止非法 MAC 地址和 SSID 的接入。

7. 报文捕获技术

要进行 WLAN 入侵检测,首先要能够捕获无线报文。无线报文的捕获可通过 Linux 系统下的射频监听模式来进行(即 RF 扫描),射频监听模式需要特殊的网卡和驱动程序的支持,经实验发现,Atheros 芯片的网卡和 Prism2 芯片的网卡都支持射频监听模式,捕获性能好。在应用开发方面,可使用 Libpcap 开发包来捕获底层的所有报文,并且通过命令设置使得 Libpcap 捕获到带 prism 头结构的所有 802.11 原始报文。

处于射频监听模式下的无线网卡不接入周围任何一个 WLAN,能捕获网卡接收范围内更多的原始 802.11 报文,所捕获报文按 802.11 协议格式封装头部,可以解析出更多对入侵检测有用的 WLAN 信息。

8.5.2　WLAN 入侵检测系统模型

传统的入侵检测系统主要面向的是有线网络,并不适用于无线网络。无线网络与有线网络之间存在着差异。这种差异主要体现在传输链路上,对协议来说,也就是物理层和链路层。无线网络的开放性使得无线网络的物理层和链路层更易受到攻击,因此无线网络的入侵检测系统应更加关注网络层以下的入侵,而网络层以上则与有线网络没有多大的差别。

1. WLAN 入侵检测系统结构

与传统入侵检测技术相比,WEAN 入侵检测的区别主要体现在两个方面:一是数据包的来源来自于无线链路;二是采用的是 IEEE 802.11 标准体系协议族。因此要实现 WLAN 入侵检测需要添加新的数据包捕获模块和协议分析处理模块。

此外,考虑到无线站点的分散性和移动性,WIAN 入侵检测系统应该采用分布式结构,网络中每个节点都参与入侵检测的工作,对自己本地范围内的入侵进行检测,同时相互之间要能够协同工作。

经过上述分析,这个特性非常适合用自治代理来实现。自治代理可以是一个小型的入侵检测系统,分布在无线节点上负责本地的入侵检测,同时相互间协作,并向控制中心报警。因此 WLAN 入侵检测系统可采用分布式自治代理结构,其结构图如图 8-31 所示。

具体来说,自治代理可部署在无线接入点 AP 上,负责对所在 BSS 的入侵检测。自治代理是一个独立的完整的小型无线网络入侵检测系统,主要负责无线网络的入侵检测,其工作方式有两种。

①当自治代理能够对入侵进行判定时,就进行判定,并将判定结果反馈给控制中心。

②当自治代理无法对入侵进行判定时,就将提取出的行为特征提交控制中心,控制中心可根据其他自治代理发来的数据进行协同检测,进一步判定入侵行为。

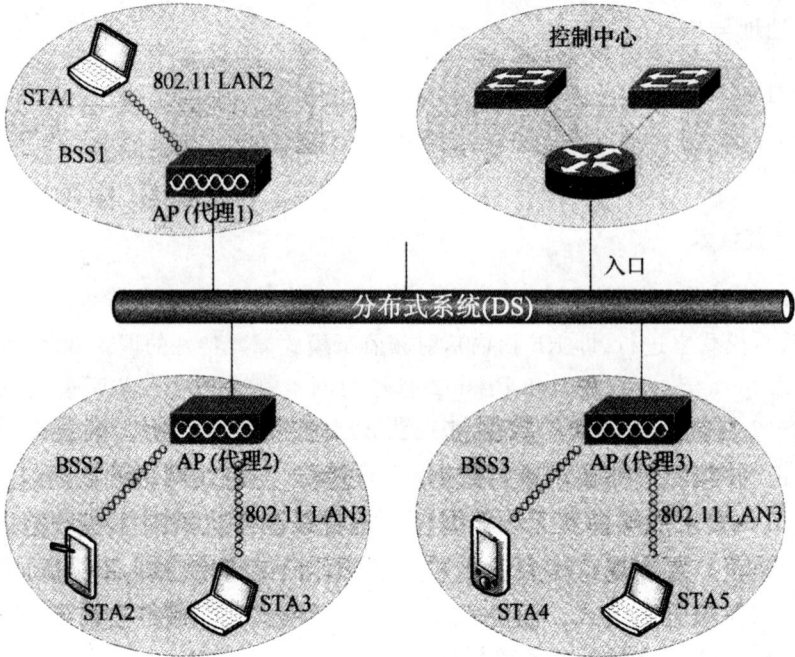

图 8-31　基于自治代理的分布式 WIDS 结构

2. WLAN 入侵检测系统功能模块

自治代理一般部署在无线 APL,用于对其所在的 BSS 进行入侵检测,当然也可以部署在 BSS 中重要的无线节点上,比如一些无线服务器等。自治代理是基于自治代理的分布式 WIDS 模型的核心功能部件,其功能模块图如图 8-32 所示。

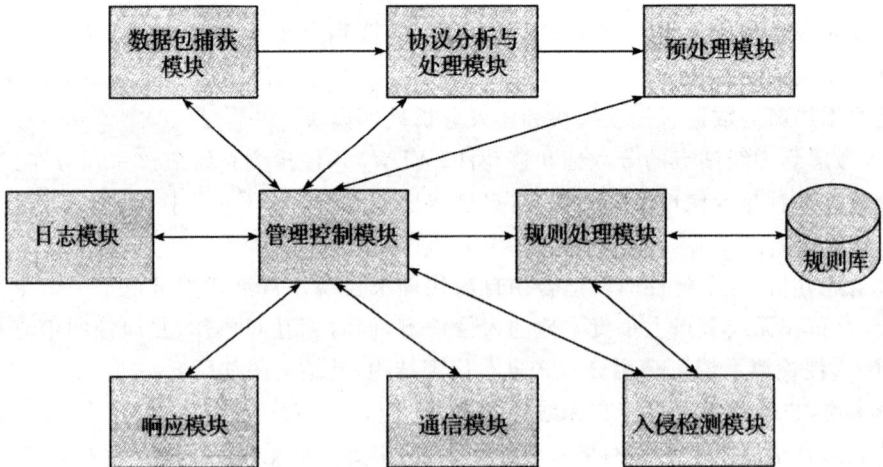

图 8-32　WIDS 自治代理功能模块图

(1)数据包捕获模块

数据包捕获模块主要负责监听、捕获网络中的无线数据包,并按照过滤要求进行数据包的过滤。与有线网络的数据包捕获模块不同,WIDS 要求能够捕获无线数据包,也就是能够支持对无线链路上传输的数据包的捕获。要实现这个目标,可使用 RF 扫描技术,即启动 Linux 系统下无线网卡的射频监听模式,而要启动射频监听模式,在硬件上需要特定的无线网卡及驱动程序的支持,比如,Atheros 芯片的网卡和 Prism2 芯片的网卡,在软件上,需要 Libpcap 开发包的支持。

(2)协议分析与处理模块

数据包捕获模块捕获到的无线数据包,要先经过过滤,将无意义的数据包直接丢弃,将用户感兴趣的数据包上传给协议分析与处理模块,由协议分析与处理模块对其进行协议转码,使其符合系统的需求,将转码后的数据包上传给预处理模块,由预处理模块对其进行进一步的分析。WIDS 中,协议分析与处理模块要求主要能够对 IEEE 802.11 标准协议族中的协议进行分析和处理。

(3)预处理模块

对经过协议解码的无线数据包进行数据集成、清理、转换、精简、融合等预处理处理,如果能够判定数据包中存在攻击者的攻击,则立即上报给管理控制模块,由其做出响应;如果不能判定无线数据包中是否存在入侵行为,则将其上报给入侵检测模块,由入侵检测模块做出更高层次、更全面的分析。

(4)入侵检测模块

入侵检测模块接收到预处理模块上传的无线网络数据包,会根据无线网络数据包的类型从规则库中调取相应的规则,将两者进行比较,从而判断 WLAN 入侵检测系统是否正在遭受到攻击者无意或蓄意的攻击与破坏。为最大限度地检测出入侵,可采用混合式入侵检测技术,即利用误用检测技术,根据规则匹配检测已知入侵行为,利用异常检测技术,根据行为与正常行为轮廓偏离程度,检测未知入侵行为。

(5)规则处理模块

规则处理模块主要有两个功能:一是产生规则,将规则存入规则库,产生规则主要根据协议分析与处理模块的结果,根据定义的规则描述属性,对无线数据包进行特征提取,从而构造规则;二是从规则库提取规则,进行规则解析,在内存中生成规则树,这样入侵检测模块可根据规则树进行模式匹配,判断入侵。

(6)响应模块

响应模块由管理控制模块控制,根据警报的类型采取相应的响应措施。一方面向控制中心发送告警,一方面主动断开攻击者的连接,避免危害扩大,同时启动日志模块记录攻击时的状态等相关信息。

(7)规则库

规则库用于存储入侵行为的规则。要提高入侵检测的准确率,规则库信息全面并且不断更新是十分重要的。

(8)通信模块

通信模块负责与其他自治代理和控制中心的通信。

(9)管理控制模块

管理控制模块负责调度和管理自治代理中的其他功能模块。

8.5.3　无线入侵检测技术的发展展望

社会信息化是时代发展的必然趋势,而无线网络在社会信息化进程中扮演着重要的角色。随着无线网络的飞速发展,无线网络的应用正越来越广泛,特别是基于智能手机平台的无线支付业务的开展和应用,使得无线网络已经向有线网络一样应用于电子商务领域,由此带来的无线网络的安全问题也愈发严重,不容忽视。可以预见,未来无线网络的应用会远远超过有线网络,有线网络将成为骨干网,而无线网络必将发展成为接入网,与用户终端联系更加紧密。相应的无线网络的安全问题也会更加严重。

入侵检测技术,作为网络安全防护体系中十分重要的一环,曾经在有线网络中发挥重要的作用,也必将在无线网络中担当重任。然而,应该看到,无线入侵检测技术的发展远滞后于无线网络攻击事件的扩张,因此无线入侵检测技术的研究需要引起足够重视,加强力度,这样才能应对逐渐严重的无线网络安全问题。可以说,无线网络入侵检测技术的发展前景十分广阔。

可喜的是,一方面无线入侵检测技术的研究已在全球范围内展开,每年相关研究文献的发表呈上升趋势;另一方面,现有有线网络的入侵检测技术为无线网络入侵检测提供了大量的资源,因为无线网络与有线网络的主要区别在通信链路上,也就是网络层以下,所以无线网络与有线网络除了物理层和链路层的入侵检测存在差异外,其他方面几乎完全相同。

因此,无线入侵检测研究的侧重点将放在物理层和链路层上,包括以下几个方面。

①WIDS体系结构的研究,使其适用于分散性和移动性的无线网络,能充分发挥入侵检测系统各功能模块的作用,使其更好地协同工作。

②加强无线链路的接入控制,重点检测非法 AP、非法 STA,以及做好 SSID 和 MAC 地址过滤。

③无线网络协议的研究,包括无线网络传输协议,如 IEEE 802.11b/a/g/n 的研究;无线网络安全机制协议 IEEE 802.11i、WAPI 的研究;无线网络认证协议 802.1x 的研究等。同时对协议中采用的加密机制、认证机制进行深入研究,寻找攻击漏洞,加强防范。

总之,现今人们已迎来无线网络的高速发展,而无线网络的安全问题必将促进无线网络入侵检测技术的研究更加广泛和深入。

8.6　入侵检测系统的测试评估

当一个网络入侵检测系统的设计与实现完成后,我们关心的就是 IDS 是否达到了设计目标?若安装到用户网络环境中是否真的能发现入侵行为?如何去测试评估 IDS?怎么样才算是所谓的好的 IDS?这就是网络入侵检测系统的评估问题。

8.6.1　测试评估概述

入侵检测系统的测试评估非常困难,涉及操作系统、网络环境、工具、软件、硬件和数据库等技术方面的问题。由于入侵检测技术太新,因此,商业的 IDS 新产品周期更新非常快。市场化的 IDS 产品很少去说明如何发现入侵者和日常运行所需要的工作及维护量。同时,IDS 厂商考虑到商业利益,也会隐藏检测算法、签名的工作机制,因此,判断 IDS 检测的准确性只有依靠黑箱法测试。另外,测试需要构建复杂的网络环境和测试用例。由于入侵情况的不断变化,IDS 系统也需要维护多种不同类型的信息(如正常和异常的用户、系统和进程行为、可疑的通信量模式字符串、对各种攻击行为的响应信息等),才能保证系统在一定时期内发挥有效的作用。

8.6.2　测试评估的内容

目前市场上有许多入侵检测系统,这些产品在不同方面都有各自的特色,如何去评价这些产品,尚未形成统一的评估标准。一般可以从以下几个方面去评价一个入侵检测系统。

①能保证自身的安全。

②运行与维护系统的开销。

③入侵检测系统报警准确率误报和漏报的情况尽量少。

④网络入侵检测系统负载能力以及可支持的网络类型。

⑤支持的入侵特征数。

⑥是否支持 IP 碎片重组。

⑦是否支持 TCP 流重组 TCP 流重组是为了对完整的网络对话进行分析,它是网络入侵检测系统对应用层进行分析的基础。

从上面的列举我们可以看出,IDS 的评估涉及入侵识别能力、资源使用情况、强力测试反应等几个主要问题。下面就 IDS 的功能、性能以及产品可用性三个方面作一些具体讨论。

1. 功能测试

功能测试出来的数据能够反映出 IDS 的攻击检测、报告、审计、报警等能力。

(1)攻击识别

以 TCP/IP 协议攻击识别为例,可以分成以下几种。

①协议包头攻击分析的能力。IDS 系统能够识别与 IP 包头相关的攻击能力。常见的这种攻击类型如 LAND 攻击。其攻击方式是通过构造源地址、目的地址、源端口、目的端、口都相同的 IP 包发送,这样导致 IP 协议栈产生 progressive loop 而崩溃。

②重装攻击分析的能力。IDS 能够重装多个 IP 包的分段并从中发现攻击的能力。常见的重装攻击是 Teardrop 和 Ping of Death。Teardrop 通过发送多个分段的 IP 包而使得当重装包时,包的数据部分越界,进而引起协议和系统不可用。Ping of Death 是 ICMP 包以多个分段包(碎片)发送,而当重装时,数据部分大于 65535B(字节)数,从而超出 TCP/1P 协议所规定的范围,引起 TCP/IP 协议栈崩溃。

③数据驱动攻击分析能力。IDS 具有分析 IP 包的数据内容。例如 HTTP 的 phf 攻击。phf 是一个 CGI 程序,允许在 Web 服务器上运行。由于 phf 处理复杂服务请求程序的漏洞,使得攻击者可以执行特定的命令,攻击者因此可以获取敏感的信息或者危及 Web 服务器的使用。

(2)具有抗攻击性

可以抵御拒绝服务攻击。对于某一时间内的重复攻击,IDS 能够识别并抑制不必要的报警。

(3) 过滤的能力

IDS 中的过滤器可方便设置规则以根据需要过滤掉原始的数据信息,例如网络上数据包和审计文件记录。一般要求 IDS 过滤器具有下面的能力。

①可以修改或调整。

②创建简单的字符规则。

③使用脚本工具创建复杂的规则。

(4) 报警

报警机制是 IDS 必要的功能,例如发送入侵警报信号和应急处理机制。

(5) 日志

①保存日志的数据能力。

②按特定的需求说明,日志内容可以选取。

(6) 报告

①产生入侵行为报告。

②提供查询报告。

③创建和保存报告。

2. 性能测试

性能测试是在各种不同的环境下,检验 IDS 的承受强度,主要的指标有下面几点。

(1) IDS 引擎的吞吐量

IDS 在预先不加载攻击标签情况下,处理原始检测数据的能力。

(2) 包的重装

测试的目的就是评估 IDS 的包的重装能力。例如,为了测试这个指标,可通过 Ping of Death 攻击,IDS 的入侵标签库只有单一的 Ping of Death 标签,这是用来测试 IDS 的响应情况。

(3) 过滤的效率测试

目标就是评估 IDS 在攻击的情况下,过滤器的接收、处理和报警的效率。这种测试可以用 LAND 攻击的基本包头为引导,这种包的特性是源地址等于目标地址。

3. 产品可用性测试

评估系统的用户界面的可用性、完整性和扩充性。支持多个平台操作系统,容易使用且稳定。

8.7 入侵检测研究新动向

8.7.1 目前的技术分析

(1) 大规模网络的问题

随着网络规模的增大,网络结构异常复杂,集中式入侵检测系统已经很难适应大规模分布式网络安全的需要,所以出现了越来越多采用分布式技术的入侵检测系统。

(2)网络结构的变化

随着网络的进步与互联网的不断发展,网络结构也发生了很大的变化,简单的、集中式的网络结构已经不能满足发展的需要,被星型拓扑结构、总线型拓扑结构、环型拓扑结构及分布式拓扑结构取代。随着网络结构的变化,网络功能也变得越来越强大,同样的,攻击的手段也变得越来越复杂,网络遭受到攻击与破坏的风险也越来越大,给入侵检测技术带来了很大的难题。

(3)网络复杂化的思考

随着科技的进步与互联网技术的不断发展,网络的功能变得越来越复杂——超文本传输协议(HTTP),文本传输协议(FTP),Telnet 等应用层协议的出现,给攻击不同的服务提供了方便与机会,同一种检测方法不能检测所有的入侵服务,要根据具体的入侵服务,选择合适的入侵方法,这对入侵检测系统来说无疑是一项重大的挑战。

(4)高速网络的挑战

入侵检测系统工作能顺利进行的第一步,也是最重要的一步就是收集的系统日志与网络数据包等信息的正确性与完整性。为了满足用户的需求,网络的传输速度可以说是时刻地发生着变化,十分惊人,已达到 Gbit/s,而入侵检测系统捕获网络数据包的速率与网络的传播速率相比有着巨大的差距,这无疑是入侵检测系统面临的有一大挑战。为了解决这一难题,目前有的研究人员尝试采用硬件抓包器对网络数据包进行捕获。

(5)无线网络的进步

随着高速无线网络的不断增长,其必会驱动无缝访问。由于不断出现的各种设备控制协议的增多,使得无线网络随之成倍增加,从而被广泛地应用在各领域中。所以,伴随着无线网络的广泛使用,使得分布式计算随之出现。

(6)分布式计算

分布式计算的发展使得分布式入侵检测系统也得到了长足的发展。与集中式入侵检测系统相比,分布式入侵检测系统具有很高的灵活性,使整个系统缩放自如,无论网络规模如何变化,都不会受到限制。

(7)入侵复杂化

随着网络的日益普及与互联网技术日新月异的发展,黑客攻击的手段也变得越来越隐蔽、越来越分布,攻击手段的复杂化给入侵检测技术带来了很大的挑战。俗话说得好:机遇与挑战并存。同样的,在这种趋势下,入侵检测技术也得到了迅速发展,已经不再是只依靠通过检测系统日志来判断是否有入侵行为发生的基于主机的入侵检测,也不是依靠通过检测网络数据包判断系统是否受到攻击的基于网络的入侵检测,而是向着分布式发展。

(8)多种分析方法并存的局面

对于入侵检测系统,分析方法是系统的核心。目前入侵检测分析方法多种多样,如神经网络方法、模式匹配方法等,每种分析方法都有各自的优缺点,实际应用中,要根据具体情况灵活地采取相应的分析方法。为了有效地解决问题将多种分析方法有机地结合在一起,取其各自的优点,构建出高性能的入侵检测系统得到了越来越多研究者的关注。

8.7.2 先进的入侵检测技术

目前,入侵检测技术的研究出现了一些新的动向。在应用方面,数据库入侵检测、无线网络入侵检测以及电子支付平台入侵检测成为未来入侵检测研究的热点和方向;在技术方面,遗传算法与粗集理论结合的 RSGA 算法、计算机免疫技术、数据挖掘技术、数据融合技术、分布式处理技术、入侵容忍技术以及入侵防御必将在入侵检测领域大放异彩。

1. 数据挖掘与入侵检测技术

基于归纳学习的数据挖掘过程可形式化地表述为

$$K+E \longrightarrow K'+R$$

式中,K 表示已有的知识;E 是 i 个经验事件的集合,经过学习后得到规则 R,作为对 E 的概括,同时由于新的知识会影响到原有知识,对原有知识进行补充、修改,所以 K 变为 K'。

数据挖掘的机器学习原理框图如图 8-33 所示。

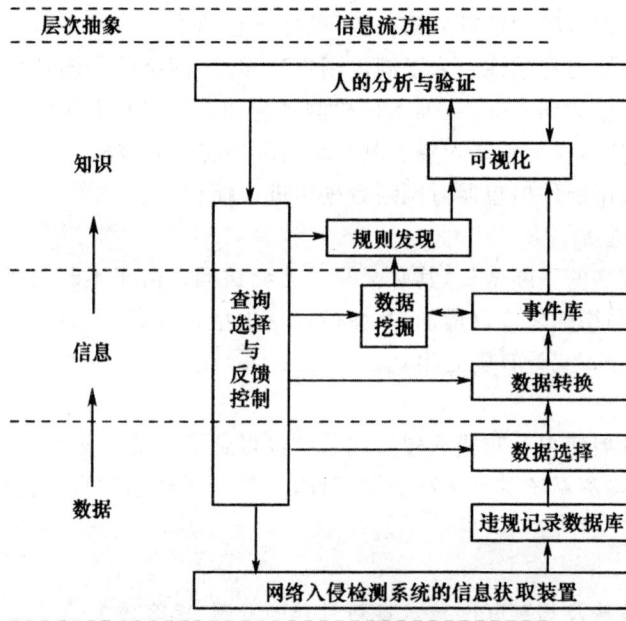

图 8-33 基于数据挖掘的机器学习原理框图

采用基于归纳学习的数据挖掘方法,对 IDS 信息获取子系统所获得的违规审计数据进行挖掘,发现隐藏在其中的攻击模式,并建立新的检测模式,生成新知识,从而对知识库进行更新、求精与丰富。

基于数据挖掘的入侵检测系统的优点可以概括为以下几点。

①检测效率高。

②检测的准确性高。

③适应性强。

④扩展性好。

⑤智能性好。

2. 基于粗集遗传算法的分类挖掘算法

（1）RSGA 算法的结构

粗集理论能够对各种概念模糊、语义不清、冗余的信息进行分析与处理,提取有用的信息,简化规则,提高决策效率,但是粗集理论的缺点就是不利于进行规则匹配,而遗传算法正好弥补了粗集理论的这一不足,它不仅可以对规则进行优化和求精,还能从现有的规则中发现新知识,基于粗集遗传算法的分类挖掘（RSGA）算法就是将粗集理论与遗传算法结合在一起,充分利用两种算法的优点。RSGA 框架结构如图 8-34 所示(其中遗传算法的工作原理示意图如图 8-35 所示),由三部分组成:预处理、RSGA 算法、后处理。

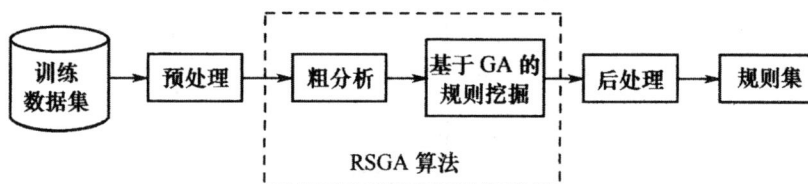

图 8-34　粗集遗传算法的框架结构图

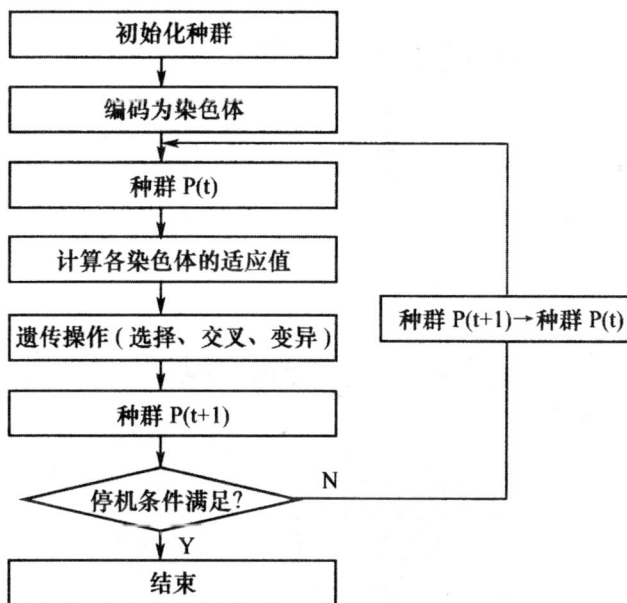

图 8-35　遗传算法的工作原理示意图

训练数据集中的要先经过预处理,将原始数据转换为满足系统要求的决策表形式,确定条件属性与决策属性,并将属性的语言描述转换到实数域。需要注意的是,条件属性必须是离散形式。如果条件属性中包含连续值属性,需对其进行离散化。预处理还需对遗传算法的有关参数进行初始化。粗分析对数据进行约简,提取有用信息,简化决策表,然后基于 GA 的规则挖掘对经过粗分析的规则进行优化和求精。后处理的作用是对利用 RSGA 算法产生的规则进行进一步的检查,去除冗余规则,生成通用而简洁的规则。

（2）RSGA 算法

RSGA 算法由粗分析和基于遗传算法的规则挖掘两部分组成。如图 8-36 所示,粗分析在数据挖掘中的主要功能是用粗集方法实现数据约简和粗规则获取,基于遗传算法的规则挖掘对获取的粗规则进行优化。

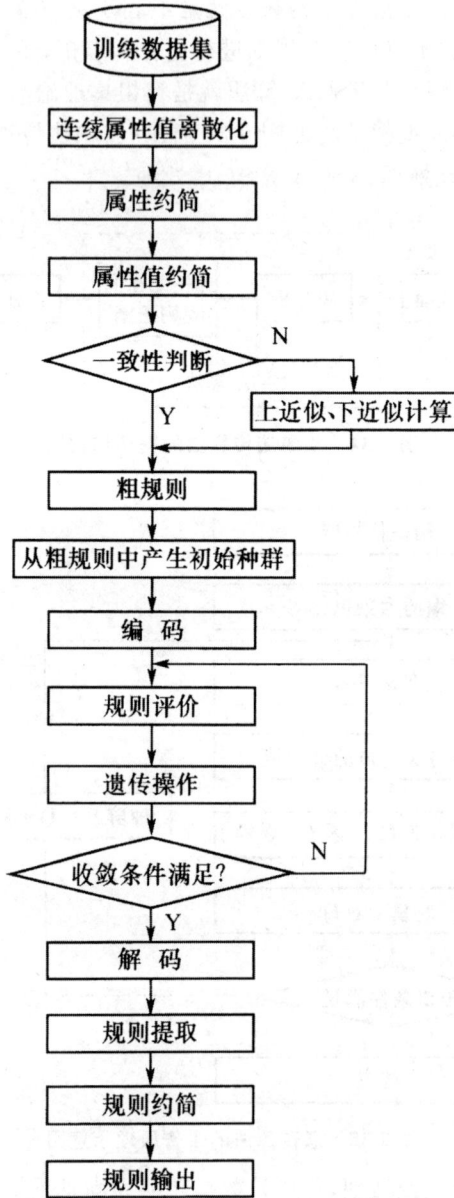

图 8-36　基于 RSGA 算法的数据挖掘过程

3. 计算机免疫与入侵检测技术

基于人工免疫的入侵检测系统的工作原理与生物免疫系统类似。基于人工免疫的入侵检测系统能够使用系统调用序列识别"自我"和"非我","自我"指的正常行为,"非我"指的是不正常的行为,系统调用序列对"非我"的不正常行为产生免疫应答,有效阻止与预防对计算机和网络的入侵行为。系统调用序列对"自我"的正常行为不产生应答,以保证计算机网络的安全。

基于人工免疫的入侵检测系统具有较好的学习和自适应能力,能够检测出未知类型的攻击和系统漏洞。

自然生物免疫系统与人工免疫系统对比如图 8-37 所示。

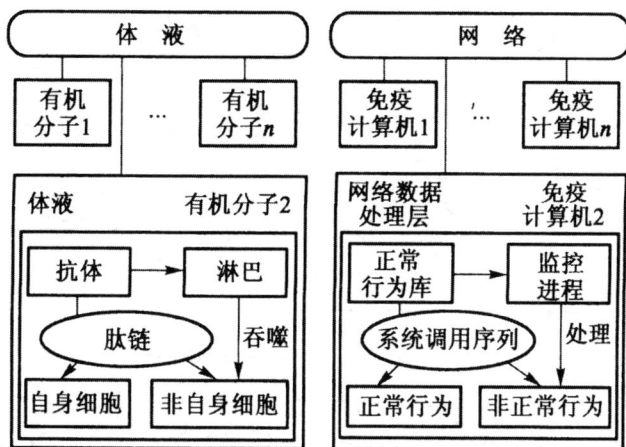

图 8-37　自然生物免疫系统与人工免疫系统对比

4. 数据融合与入侵免疫技术

数据融合就是对一个系统的具有相似或不同特征模式的多源检测信息进行互补集成,从而获得当前系统状态的准确判断,在此基础上对系统的未来状态进行预测,为采取适当的系统策略提供保障。数据融合系统的功能模型如图 8-38 所示。

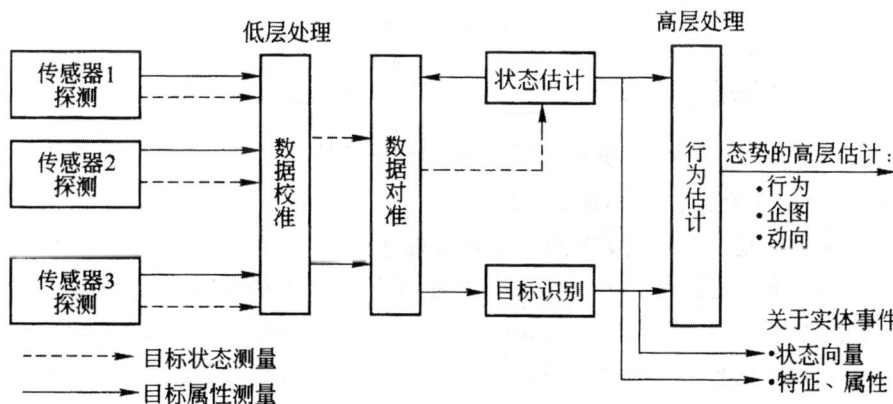

图 8-38　数据融合系统的功能模型

数据融合技术综合了人工智能、统计学和数字信号处理等多方面的技术,其主要功能是利用多传感器检测到的信息对系统的当前状态进行判断,并进一步对系统未来的状态进行推演、预测,整合并精细化数据源的数据,用于与预先定义的规则进行匹配分析。

基于数据融合的入侵检测系统多层抽象视图可以由图 8-39 表示。在该图中,每一层都有与之对应的相关信息。收集报警构成了最低层的态势描述。分析部分展示了两类高层抽象对象:攻击和攻击者。攻击者和攻击之间具有相近的关系,攻击者至少参与了一个攻击。另一个高层的抽象是分析当前系统的态势,通过考虑攻击者的目的,监控系统的脆弱性来完成。多层抽象视图可以由以下两个步骤完成。

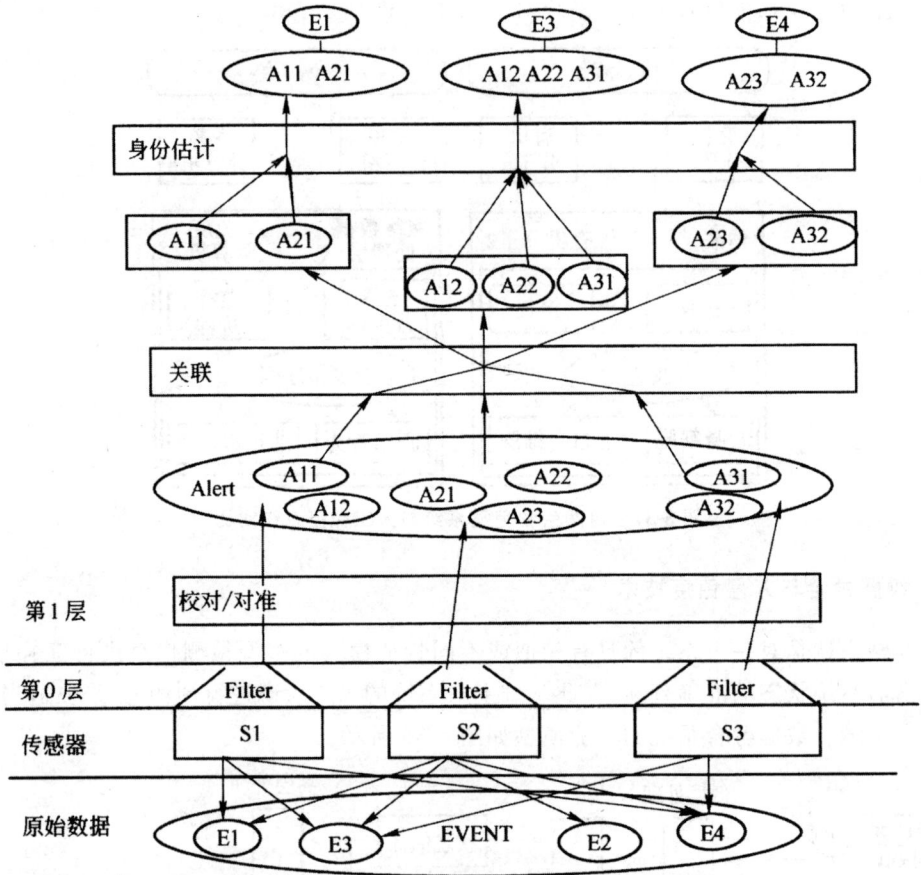

图 8-39　第 0 层与第 1 层的融合与过滤

①第 1 层:合并或者融合来自传感器的数据。

②第 2～3 层:对第 1 层融合过的数据进一步融合推理。

在图 8-39 中,有 3 个传感器对 4 个事件进行观测,并不是所有的传感器都观测到了这 4 个事件,Sensor 2 观测到了所有 4 个事件,Sensor 1 观测到 3 个,Sensor 3 只观测到两个。每一个传感器都有自己的过滤器。由于每个过滤器是独立工作的,因此一个事件能够通过 Sensor 1,它也有可能就被其他传感器过滤掉。对报警进行校准后,在这些报警中查找报警迹,即多个传感器对同一事件检测得到的报警组。根据这些报警迹,可以得到事件的精确身份估计。

5. 入侵容忍与入侵检测技术

入侵容忍技术主要研究如何在遭受攻击的情况下继续保护系统的服务能力。容忍入侵的目的是,在系统被部分入侵、性能下降的情况下,还能维持系统的正常服务。

（1）基于多阈值的入侵容忍

基于阈值的多级入侵容忍体系安全模型由 5 级构成，如图 8-40 所示。

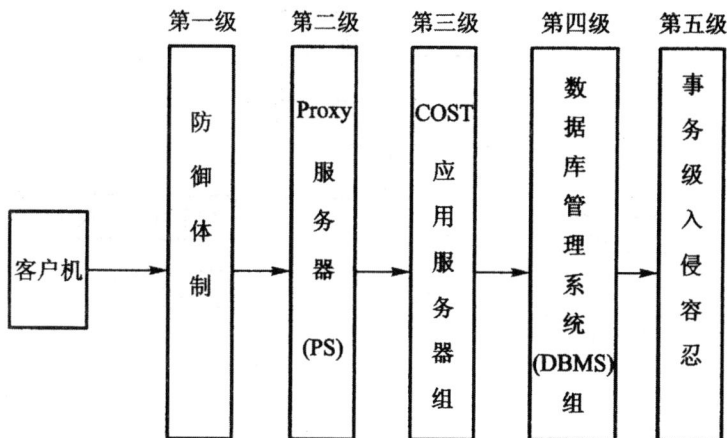

图 8-40 基于阈值的多级入侵容忍结构图

在基于入侵容忍基本原理的基础上，采用系统整体安全策略，综合多种安全措施可提出一种多级阈值的入侵容忍方案，以保证系统的完整性、机密性和服务器及数据库系统服务的可用性。如图 8-41 所示，通过"防御体制＋Proxy 服务器（PS）＋COST 应用服务器组＋数据管理系统（DBMS）组＋事务级入侵容忍"的多级入侵容忍安全策略，采用面向服务器的入侵容忍、秘密共享技术，提供高效率低成本的入侵容忍系统。

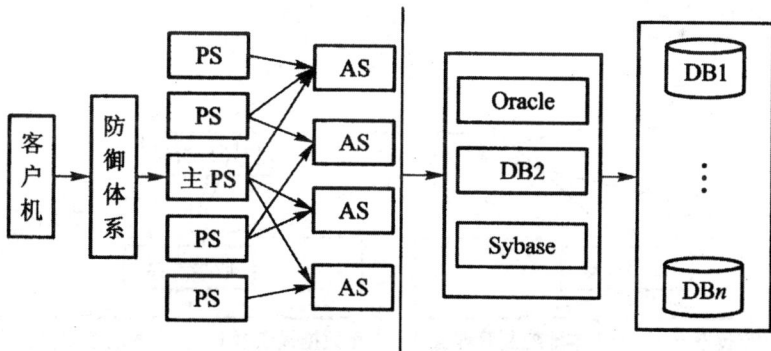

图 8-41 基于阈值的多级入侵容忍体系安全模型图

（2）基于移动代理的入侵容忍

传统的入侵容忍系统需要在每一台机器上都安装入侵容忍系统进行保护，其配置困难，且灵活性差。我们提出了一种基于移动代理的入侵容忍系统模型（图 8-42），系统将入侵检测与入侵容忍相结合，冗余与多样性相结合，实现系统关键信息的完整性和有效性。

6. 可入侵容忍的分布协同入侵检测系统

（1）体系结构

具有一定的入侵容忍能力的分布式入侵检测系统体系结构如图 8-43 所示。

控制管理器是整个体系结构的核心，完成对安全策略的实现以及对各组件的管理和控制。

该系统可以和其他安全系统进行外部协同。比如,使用其他安全系统采集的数据,利用其他安全系统的数据分析结果,并可和其他安全系统联动进行响应协同。

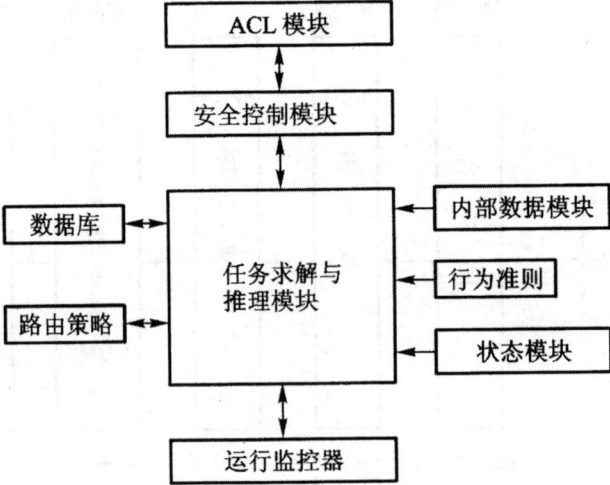

图 8-42　基于移动代理的分布入侵容忍系统结构图

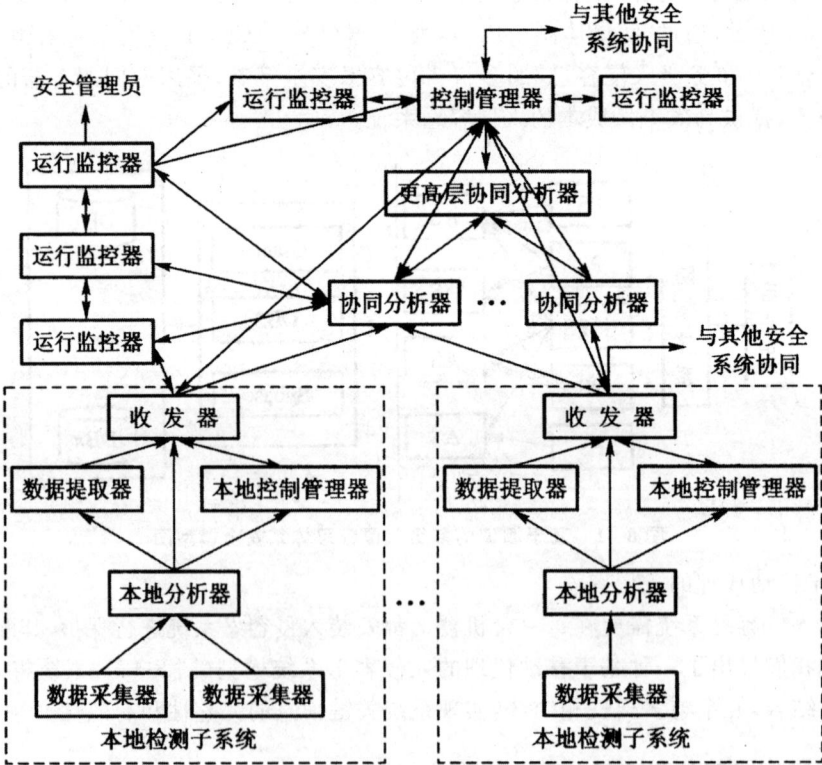

图 8-43　具有入侵容忍能力的分布式协同入侵检测系统体系结构

（2）逻辑分层

入侵容忍的分布式协同入侵检测系统在逻辑功能上的分层如图 8-44 所示。

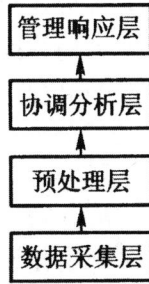

图 8-44　可入侵容忍的分布式协同入侵检测系统逻辑分层

数据采集层的功能是收集计算机网络中各个关键点的信息。预处理层对数据采集层的信息进行归纳、转换、分类等处理。如果数据中包含的内容可比较明显地说明是攻击数据,预处理层就不需要再将数据送到协调分析层进行分析,而是直接与管理响应层建立通信,管理响应层会根据实际情况,灵活地做出响应。反之,如果预处理层可以判定数据中包含的内容是正常的,也不会向协调分析层上报这些数据,而是直接将其丢掉,减少工作量,提高工作效率。如果预处理层不能确定数据中包含的内容是正常的还是可疑的,就需要将这些数据附加一些额外的信息采用标准的格式上报给协调分析层,协调分析层会对上报的信息进行更高层次的、更全面的分析,并把最后的分析结果上报给管理响应层。管理响应层会根据接收到的各层的分析结果,采取相应的措施。每层都通过各自的通信模块与其他层进行信息交换。其中的关键在于协调分析层和预处理层,这两层设计的好坏直接关系到整个系统的检测效率和检测能力。

(3)本地检测子系统

本地检测子系统中的数据采集器对计算机网络中的关键点信息进行采集,本地分析器对数据采集器收集的信息进行分析,如果本地分析器分析出数据是攻击数据,可把分析结果上报给本地控制器,本地控制器采取相应的措施,本地控制器解决不了的情况下,也可把分析结果上报给总控制管理器。如果本地分析器不能确定数据采集器收集的信息是否为攻击数据,则需要把数据上报给数据提取器,数据提取器再将其上报给收发器,收发器是本地检测子系统与运行监控器和协同分析器进行通信的接口。

(4)协同分析器

协同分析器结构如图 8-45 所示。

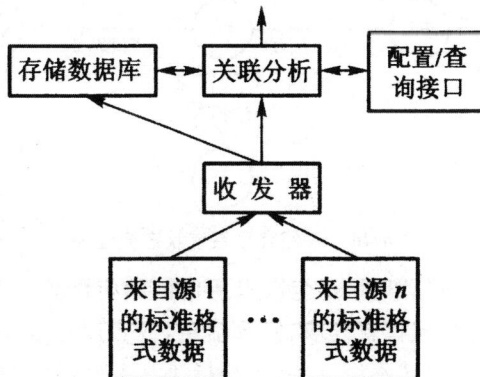

图 8-45　协同分析模块

本地分析器不能判定的数据会通过数据提取器和收发器上报给协同分析器,有协同分析器对其进行更高层次的、更全面的分析,如果协同分析器能判定数据是攻击数据则会直接把分析结果上报给控制管理器,控制管理器会做出相应的响应,如果协同分析器不能判定数据是攻击数据则会把分析结果上报给更高层次的协同分析器,有更高层次协同分析器对其进行更深层次的分析。

例如,对于针对 30 台主机的登录尝试,他对每台主机的登录尝试都很少,如只有两次,而本地检测子系统设置的检测门限值为 5。那么这种登录尝试对于本地检测子系统来说,都是正常的运行情况。但是,本地检测子系统的数据提取器认为这一部分数据比较可疑,可能是攻击的组成部分,于是将这部分未定数据报告给上层的协同分析器,这些数据可能先存到存储数据库中。由于协同分析器看到的数据更多,它发现这些登录尝试都来自同一地址或者少数几个地址,综合起来的登录尝试次数就远远大于系统设定的检测门限值 5。此时,协同分析器就可认为发生了针对这 30 台主机的登录尝试活动,从而作出正确的响应。

(5)运行监控器

运行监控器是保证系统入侵容忍的重要工具,可以用一个运行状态变迁图来刻画具有入侵容忍能力的系统,如图 8-46 所示。

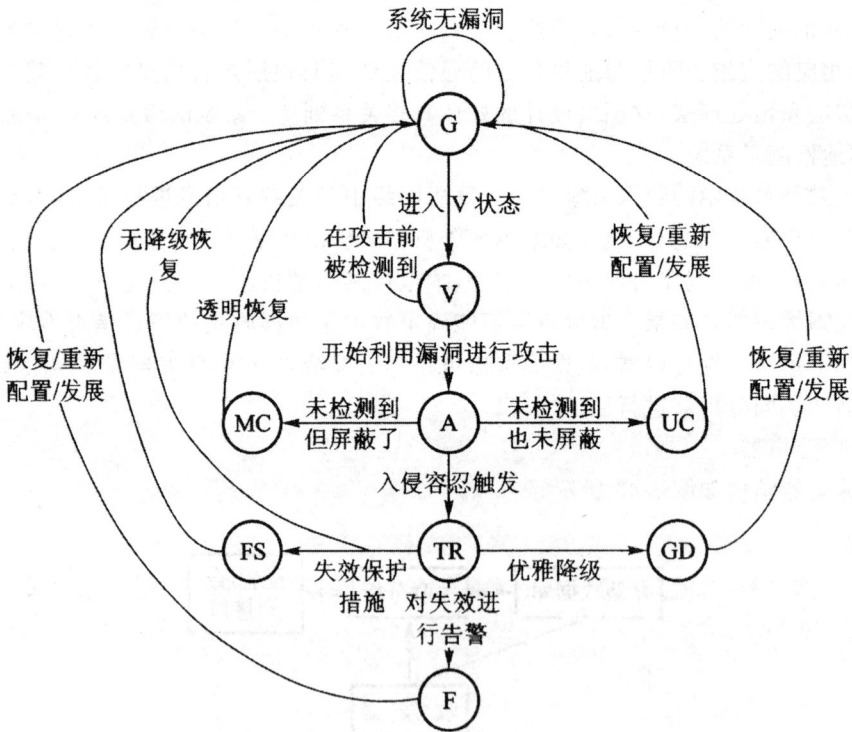

图 8-46 入侵容忍系统状态变迁图

状态变迁模型描述了在根据实际安全需求所做的给定配置下特定攻击发生时的系统行为。如果系统允许用户不经过授权就读取、修改信息,或者同意或拒绝实体访问资源,那么它就处于易受攻击的状态 V。这里"不经过授权"是指违背系统安全策略。存在漏洞意味着系统处在易受攻击状态,攻击者可不经过授权读或写信息,或者不经授权就同意或拒绝向其他人提供服务。当攻击者成功地利用了漏洞,系统就进入了攻击活跃状态 A。

　　运行监控器实现了对入侵检测系统体系结构中关键组件的运行状态的监控,为入侵检测系统增加了入侵容忍能力。运行监控器的设计对关键组件的正常运行来说至关重要,因为它可对关键组件进行运行状态监控、状态评定、状态报告、错误恢复、故障处理。运行监控器会把受保护组件的安全状况的判定直接报告给安全管理人员,以便于安全管理人员充分了解组件的运行状况,并在必要时对关键组件进行重新配置或者重新启动。

第9章　计算机病毒及其防治

9.1　计算机病毒的概述

9.1.1　计算机病毒的概念

我们可以从以下三个方面来理解计算机病毒的概念(图 9-1)：

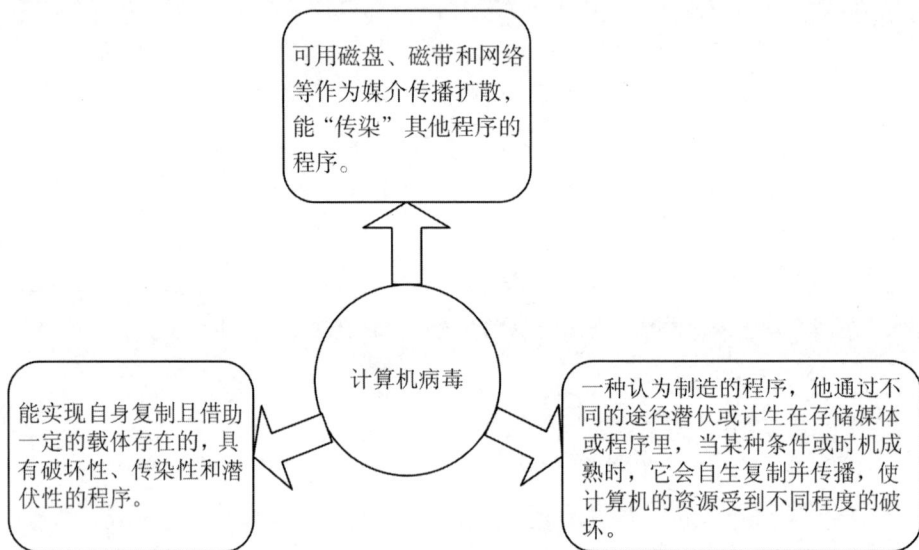

图 9-1　计算机病毒的概念

上述说法在某种意义上借用了生物学病毒的概念，计算机病毒同生物病毒所相似之处是能够攻击计算机系统和网络,危害正常工作的"病原体"。它能够对计算机体统进行各种破坏,同时能够自我复制,具有传染性。

第一次真正从学术上对计算机病毒进行描述的是美国计算机安全专家 Fred Cohen 博士,他认为：

①计算机病毒是一个程序。

②计算机病毒具有传染性,可以传染其他程序。

③计算机病毒的传染方式是修改其他程序,把自身复制嵌入到其他程序中而实现的。

计算机病毒并不是自然界中发展起来的生命体,它们不过是某些人专门做出来的、具有一些特殊功能的程序或者程序代码片段。

病毒既然是计算机程序,它的运行就需要消耗计算机的 CPU 资源。当然,病毒并不一定都具有破坏力,有些病毒可能只是恶作剧,例如计算机感染病毒后,只是显示一条有趣的消息和一幅恶作剧的画面,但是大多数病毒的目的都是设法毁坏数据。

随着 Internet 技术的发展,计算机病毒的含义也在逐步发生着变化,与计算机病毒特征和危害有类似之处的"特洛伊木马"和"蠕虫",从广义角度而言也可归为计算机病毒之列。特洛伊木马通常又称为黑客程序,其关键是采用隐藏机制执行非授权功能。蠕虫病毒对网络系统的危害日益严重。

9.1.2 计算机病毒的特点

1. 传染性

传染性是病毒的基本特征。设计者总是希望病毒能够感染更多的程序、计算机系统或网络系统,以达到最大的侵害目的。

病毒是人为设计的功能程序,因此会必须利用一切可能的途径和方法进行传染。程序之间的传染借助于正常的信息处理途径和方法,通常是由病毒的传染模块执行的。

2. 主动性

病毒程序是为了侵害他人的计算机系统或网络系统。在计算机系统的运行过程中,病毒始终以功能过程的主体出现,而形式则可能是直接或间接的。病毒的侵害方式代表了设计者的意图,因此病毒对计算机运行控制权的争夺、对其他程序的侵入、传染和危害,都采取了积极主动的方式。

3. 隐蔽性

计算机病毒往往会借助各种技巧来隐藏自己的行踪,保护自己,从而做到在被发现及清除之前,能够在更广泛的范围内进行传染和传播,期待发作时可以造成更大的破坏性。

计算机病毒都是一些可以直接或间接运行的具有较高超技巧的程序,它们可以隐藏在操作系统中,也可以隐藏在可执行文件或数据文件中。

4. 破坏性

破坏性是计算机病毒的目的。任何病毒只要侵入系统,都会对系统和应用程序产生不同程度的影响。轻者会降低计算机工作效率,占用系统资源;重者可导致系统瘫痪。

9.1.3 典型的计算机病毒

1. 网络病毒

网络病毒是一个笼统的概念。一种情况是,网络病毒专指在网络传播,并对网络进行破坏的病毒;另一种情况是,网络病毒指的是 HTML 病毒、E-mail 病毒、Java 病毒等与因特网有关的病毒。

病毒的迅速传播、再生、发作将造成比单机病毒更大的危害。对于一些系统的敏感数据,一旦遭到破坏后果就不堪设想。在网络环境中,计算机病毒呈现传播速度快、传染方式多、潜伏性深、破坏性强及清除难度大等特点,因此,病毒的防范就显得更加重要了。

　　因特网的飞速发展给反病毒工作带来了新的挑战。由于大多数公司使用局域网文件服务器,用户直接从文件服务器复制已感染的文件。用户在工作站上执行一个带毒操作系统文件,这种病毒就会感染网络上其他可执行文件。

　　使用网络的另一种方式是对等网络,在端到端网络上,用户可以读出和写入每个连接工作站上本地硬盘中的文件。因此,每个工作站都可以有效地成为另一个工作站的客户和服务器。而且,端到端网络的安全性很可能比专门维护的文件服务器的安全性更差。这使得端到端网络对基于文件的病毒的攻击尤其敏感。如果一台已感染病毒的计算机可以执行另一台计算机中的文件,那么这台感染病毒计算机中的活动的内存驻留病毒能够立即感染另一台计算机硬盘上的可执行文件。

2. 宏病毒

　　Word 宏病毒会感染 .doc 文档和 .dot 模板文件。被它感染的 .doc 文档会被改为模板文件而不是文档文件,而用户在另存文档时,就无法将该文档转换为其他形式,而只能用模板方式存盘。

3. 电子邮件病毒

　　所谓电子邮件病毒,就是以电子邮件方式作为传播途径的计算机病毒。如今电子邮件已被广泛使用,E-mail 正成为病毒传播的主要途径之一。由于可同时向一群用户或整个计算机系统发送电子邮件,一旦一个信息点被感染,整个系统在很短时间内就可能被感染。

　　病毒通过电子邮件传播,具有以下两个特点:
　　①传播速度快、范围广。
　　②破坏力强。

4. 木马病毒

　　计算机中的木马是一种基于远程控制的黑客工具,采用客户/服务器工作模式。木马具有隐蔽性和非授权性的特点。通过配置木马、传播木马、运行木马、信信息泄露、连接建立和远程控制六大步骤入侵网络主机。木马主要利用 E-mail、软件下载和即时通讯软件进行传播,通过后门程序操作计算机,对国家和个人构成重大威胁。

　　目前,木马已对计算机信息安全构成极大威胁,做好木马的防范工作刻不容缓,用户必须提高警惕,尤其是连入因特网的用户更应提高对木马的关注。

9.1.4　计算机病毒的发展趋势

1. 病毒的网络化

　　病毒与 Internet 更紧密地结合,利用 Internet 上一切可以利用的方式进行传播,如即时通信软件、电子邮件、局域网、远程管理等。

2. 病毒的多平台化

　　目前,各种常用的操作系统平台病毒均已出现,跨各种新型平台的病毒也陆续推出和普及。手机和 PDA 等移动设备病毒也出现了,而且还将有更大的发展。

3. 传播途径的多样化

病毒通过网络共享、网络漏洞、电子邮件、即时通信软件等途径进行传播。

4. 增强隐蔽性

病毒通过各种手段,尽量避免出现容易使用户产生怀疑的病毒感染特征。如请求在内存中的合法身份、维持宿主程序的外部特性、避开修改中断向量值和不使用明显的感染标志等。

5. 使用反跟踪技术

当用户或防病毒技术人员发现一种病毒时,一般都要先借助于 Debug 等调试工具对其进行详细分析、跟踪解剖。为了对抗动态跟踪,目前的病毒程序中一般都嵌入了一些破坏性的中断向量程序段,从而使动态跟踪难以完成。

病毒代码还通过在程序中使用大量非正常的转移指令,使跟踪者不断迷路,造成分析困难。而且,近来一些新的病毒肆意篡改返回地址,或在程序中将一些命令单独使用,从而使用户无法迅速摸清程序的转向。

6. 进行加密技术处理

①对程序段进行动态加密。病毒采取一边执行一边译码的方法,即后边的机器码是与前边的某段机器码运算后还原的,而用 Debug 等调试工具把病毒从头到尾打印出来,打印出的程序语句将是被加密的,无法阅读。

②对宿主程序段进行加密。病毒将宿主程序入口处的几个字节经过加密处理后存储在病毒体内,这给杀毒修复工作带来很大困难。

③对显示信息进行加密。例如,"新世纪"病毒在发作时,将显示一页书信,但作者对此段信息进行加密,从而不可能通过直接调用病毒体的内存映像寻找到它的踪影。

7. 攻击对象趋于混合型

随着防病毒技术的日新月异、传统软件保护技术的广泛探讨和应用,当今的计算机病毒在实现技术上有了一些质的变化,病毒攻击对象趋于混合,逐步转向对可执行文件和系统引导区同时感染,在病毒源码的编制、反跟踪调试、程序加密、隐蔽性、攻击能力等方面的设计都呈现了许多不同一般的变化。

9.2 计算机病毒的工作原理

9.2.1 计算机病毒的逻辑结构

尽管计算机病毒的种类繁多、形式各异,但是它们作为一类特殊的计算机程序,从宏观上来划分,都具有相同的逻辑结构,即引导模块、传播模块和表现(破坏)模块。

1. 引导模块

引导模块也称为潜伏机制模块,具有初始化、隐藏和捕捉功能。引导模块的功能是将病毒加到内存中,并对相应的存储空间实施保护,以防止被其他程序所覆盖,同时修改一些中断、修改高端内存、保存原中断向量等必要的系统参数,为传播部分做准备。

引导模块随着感染的宿主程序的执行进入内存,先是初始化其运行环境,使病毒传染机制作好准备;然后,利用各种可能的隐藏方式,躲避各种检测,欺骗系统;最后,不停地捕捉感染目标交给传染机制。

2. 传播模块

传播模块的主要功能是将病毒传播给其他程序,是病毒程序的核心,一般由两个部分构成,即一个是传播条件判断部分,另一个是传播部分。传播条件判断部分的作用是判断计算机系统是否满足病毒传播条件,不同病毒的传播条件不同。传播部分负责在满足传播条件时,按照某种既定的方法将病毒嵌入到传播目标中。

3. 表现(破坏)模块

表现模块由两个部分构成,即一个是病毒的触发条件判断部分,另一个是病毒的具体表现部分。当判断触发条件满足时,病毒程序就会调用病毒的具体表现部分,对计算机系统进行干扰和破坏。

表现部分在不同病毒程序中的破坏程序不同,有些仅仅是表现设计者的才华,它会干扰计算机的正常工作,降低系统的效率,侵占破坏资源。但还有一些是要破坏数据文件,甚至将系统文件或应用文件删除,造成无法挽回的损失。

图 9-2 是计算机病毒的模块结构。从图中可以看出,计算机病毒的各模块是相辅相成的。传染模块是发作模块的携带者,表现模块依赖于传染模块侵入系统。如果没有传染模块,则表现模块只能称为一种破坏程序。但如果没有表现模块,传染模块侵入系统后也不能对系统起到一定的破坏作用。而如果没有引导模块完成病毒的驻留内存,获得控制权的操作,传染模块和表现模块也就根本没有执行的机会。

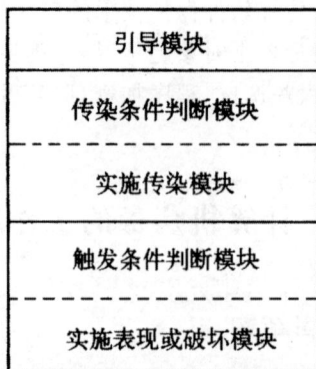

图 9-2　计算机病毒的模块结构

当然,并不是所有的病毒都是由这三大模块组成的,有的病毒可能没有引导模块,如"维也纳"病毒,有的则可能没有表现模块,如"巴基斯坦"病毒,而有的可能在这三大模块之间没有一个明显的界限。

9.2.2　计算机病毒的工作原理

计算机病毒的种类繁多,它们的具体工作原理也多种多样,这里只对几种常见的病毒工作原理进行剖析。

1. 引导型病毒的工作原理

引导扇区是硬盘或软盘的第一个扇区,是存放引导指令的地方,这些引导指令对于操作系统的装载起着十分重要的作用。通常来说,引导扇区在 CPU 的运行过程中最先获得对 CPU的控制权,病毒一旦控制了引导扇区,也就意味着病毒立即控制了整个计算机系统。

引导型病毒程序会用自己的代码替换原始的引导扇区信息,并把这些信息转移到磁盘的其他扇区中。当系统需要访问这些引导数据信息时,病毒程序会将系统引导到存储这些引导信息的新扇区,从而使系统无法发觉引导信息的转移,增强了病毒自身的隐蔽性。

引导型病毒可以将感染进行有效的传播。病毒程序将其部分代码驻留在内存中,这样任何插入此系统驱动器中的磁盘都将感染此病毒。当这些感染了引导型病毒的磁盘在其他计算机系统中使用时,这个循环就可以继续下去了。

引导型病毒按其存储方式划分为覆盖型和转移型两种。覆盖型引导病毒在传染磁盘引导区时,病毒代码将直接覆盖正常引导记录;转移型引导病毒在传染磁盘引导区之前保留了原引导记录,并转移到磁盘的其他扇区,以备将来病毒初始化模块完成后仍然由原引导记录完成系统正常引导。绝大多数引导型病毒都是转移型的引导病毒。转移型引导病毒的工作原理如图9-3 所示。

2. 文件型病毒的工作原理

文件型病毒攻击的对象是可执行程序,病毒程序将自己附着或追加在后缀名为 .exe 或.com 的可执行文件上。当被感染程序执行之后,病毒事先获得控制权,然后执行图 9-4 所示的操作。

我们把所有通过操作系统的文件系统进行感染的病毒都称作文件病毒,所以这是一类数目非常巨大的病毒。理论上可以制造这样一个病毒,该病毒可以感染基本上所有操作系统的可执行文件。目前已经存在这样的文件病毒,可以感染所有标准的 DOS 可执行文件:包括批处理文件、DOS 下的可加载驱动程序(.SYS)文件以及普通的 COM/EXE 可执行文件。当然还有感染所有视窗操作系统可执行文件的病毒,可感染文件的种类包括:视窗 3.X 版本、视窗9.X 版本、视窗 NT 和视窗 2000 版本下的可执行文件,后缀名是 EXE、DLL 或者 VXD,SYS。

除此之外,还有一些病毒可以感染高级语言程序的源代码,开发库和编译过程所生成的中间文件。病毒也可能隐藏在普通的数据文件中,但是这些隐藏在数据文件中的病毒不是独立存在的,必须需要隐藏在普通可执行文件中的病毒部分来加载这些代码。从某种意义上,宏病毒——隐藏在字处理文档或者电子数据表中的病毒也是一种文件型病毒。

```
带毒硬盘引导
    ↓
BIOS 将硬盘主引导区
读到内存 0:7C00 处
    ↓
将 0:413 单元的值减少 1KB
（或 nkB）
    ↓
计算可用内存高段地址
将病毒移到高段继续执行
    ↓
修改 INT13 地址，将原
INT13 地址指向病毒传染段
    ↓
病毒任务完成，将原引
导区调入 0:7C00 执行
    ↓
机器正常引导
```

控制权转到主引导程序

BIOS 自检，将常规内存大小存入 0:413；
减少 1KB 后，系统以后将不再访问最高段的 1KB 内存

```
修改后的 INT13
    ↓
正在读写软盘 ──是→ 传染软盘
    ↓                  ↓
执行原 INT13 ←─────────
```

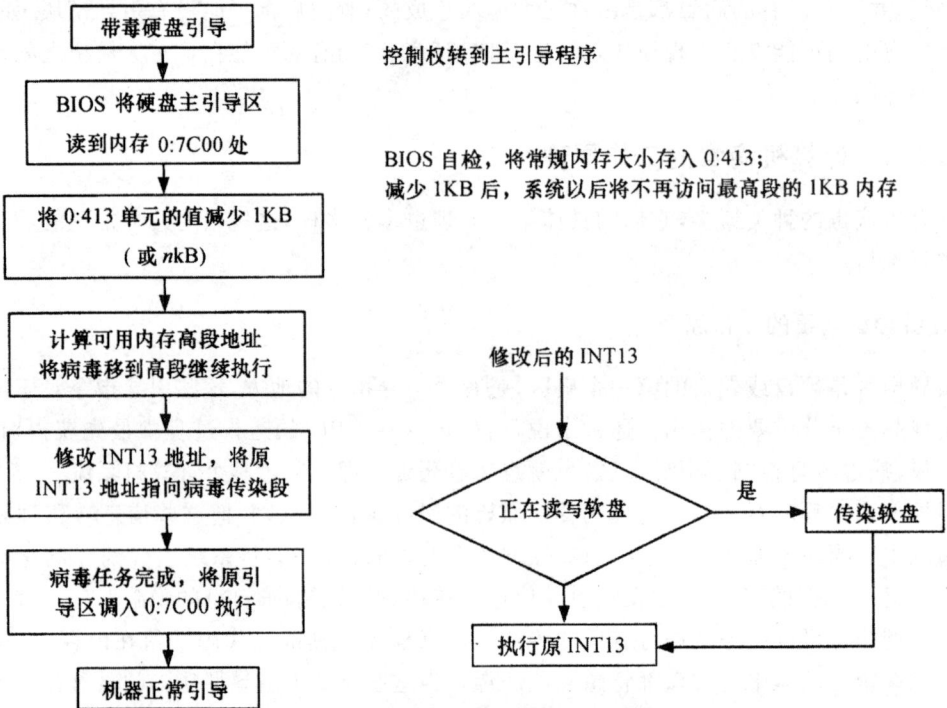

图 9-3　转移型引导病毒的工作原理

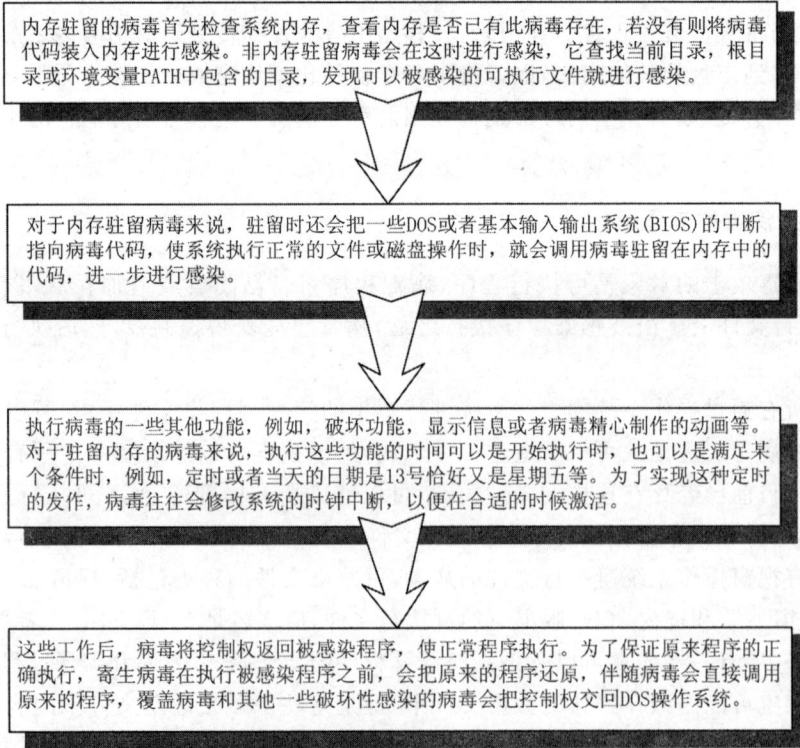

内存驻留的病毒首先检查系统内存，查看内存是否已有此病毒存在，若没有则将病毒代码装入内存进行感染。非内存驻留病毒会在这时进行感染，它查找当前目录，根目录或环境变量PATH中包含的目录，发现可以被感染的可执行文件就进行感染。

对于内存驻留病毒来说，驻留时还会把一些DOS或者基本输入输出系统(BIOS)的中断指向病毒代码，使系统执行正常的文件或磁盘操作时，就会调用病毒驻留在内存中的代码，进一步进行感染。

执行病毒的一些其他功能，例如，破坏功能，显示信息或者病毒精心制作的动画等。对于驻留内存的病毒来说，执行这些功能的时间可以是开始执行时，也可以是满足某个条件时，例如，定时或者当天的日期是13号恰好又是星期五等。为了实现这种定时的发作，病毒往往会修改系统的时钟中断，以便在合适的时候激活。

这些工作后，病毒将控制权返回被感染程序，使正常程序执行。为了保证原来程序的正确执行，寄生病毒在执行被感染程序之前，会把原来的程序还原，伴随病毒会直接调用原来的程序，覆盖病毒和其他一些破坏性感染的病毒会把控制权交回DOS操作系统。

图 9-4　文件病毒攻击过程

9.3　恶意代码

9.3.1　恶意代码概述

恶意代码的特征主要体现在以下三个方面：①恶意的目的；②本身是程序；③通过执行发生作用。

1. 特洛伊木马

特洛伊木马(简称木马)是根据古希腊神话中的木马来命名的。黑客程序以此命名有"一经潜入,后患无穷"之意。木马程序表面上没有任何异常,但实际上却隐含着恶意企图。

一些木马程序会通过覆盖系统文件的方式潜伏于系统中,还有一些木马以正常软件的形式出现。木马类的恶意代码通常不容易被发现,这主要是因为它们通常以正常应用程序的身份在系统中运行。

2. 网络蠕虫

网络蠕虫是一种可以自我复制的完全独立的程序。网络蠕虫通常是利用系统中的安全漏洞和设置缺陷进行自动传播,因此,它可以以非常快的速度传播。

3. 移动代码

移动代码是能够从主机传输到客户端计算机上并执行的代码,它通常是作为病毒、蠕虫、木马等的一部分被传送到目标计算机。

此外,移动代码可以利用系统的安全漏洞进行入侵,如窃取系统账户密码或非法访问系统资源等。移动代码通常利用 Java Applets、ActiveX、Java Script 和 VBScript 等技术来实现。

4. 复合型病毒

恶意代码通过多种方式传播就形成了复合型病毒,著名的网络蠕虫 Nimda 实际上就是复合型病毒的一个例子,它可以同时通过 E-mail、网络共享、Web 服务器、Web 终端四种方式进行传播。除上述方式外,复合型病毒还可以通过点对点文件共享、直接信息传送等方式进行。

9.3.2　特洛伊木马

1. 木马的分类

从木马程序产生以来,不但其隐蔽性得到加强,而且木马的编写和控制技术及功能也在不断加强。从总体来看,可以对目前已发现的木马程序进行以下的分类。

(1)远程控制型木马

远程控制型木马一般集成了其他木马和远程控制软件的功能,实现对远程主机的入侵和控制。远程控制型木马可以让攻击者完全控制已植入木马的主机。

（2）密码发送型木马

密码发送型木马是专门为了窃取别人计算机上的密码而编写的，木马一旦被执行，就会自动搜索各种包含有密码的文件，如 Windows Server 2000、Windows Server 2003 的 SAM 文件中保存的 Administrator 账户密码等。

（3）键盘记录型木马

键盘记录型木马的设计目的主要是用于记录用户的键盘敲击，并且在日志文件（10g 文件）中查找密码。该类木马分别记录用户在线和离线状态下敲击键盘时的按键信息。攻击者在获得这些按键信息后，很容易就会得到用户的密码等有用信息，包括用户可能在网上输入的银行账号。当然，在该类木马中，记录信息的返回一般也通过邮件发送功能来完成。

（4）破坏型木马

破坏型木马的功能比较单一，即破坏已植入木马的计算机上的文件系统，轻则使重要数据被删除，重则使系统崩溃。破坏型木马的功能与计算机病毒有些相似，不同的是破坏型木马的激活是由攻击者控制的，并且传播能力也比病毒慢。

（5）DoS 攻击型木马

随着 DoS 和 DDoS（Distributed Denial of Service，分布式拒绝服务）攻击越来越广泛的应用，与之相伴的 DoS 攻击型木马也越来越流行。黑客控制的主机越多，发起的 DoS 攻击也就越具有破坏性。DoS 攻击型木马的危害是攻击者利用它作为攻击信息的发起源头来攻击其他的计算机，从而使被攻击的计算机瘫痪。

另外，还有一种称之为邮件炸弹的木马，它有些类似于 DoS 攻击型木马，一旦某台主机被植入并运行了木马，木马就会随机自动生成大量的邮件，并将其发送到特定的邮箱中，直到对方的邮件服务器瘫痪为止。

（6）代理型木马

在计算机网络中，代理是一种被广泛使用的技术。所谓代理其实就是一个跳板或中转，即两台主机之间的通信必须借助另一台主机（该主机在网络中称为代理服务器）来完成。代理型木马被植入主机后，像 DoS 攻击型木马一样，该主机本身不会遭到破坏。其实，代理型木马这样做的初衷便是掩盖自己的足迹，谨防别人发现自己的身份。通过代理型木马，攻击者可以在匿名的情况下使用 Telnet 远程登录程序及 ICQ、QQ 和 IRC 等即时信息程序，从而隐蔽自己的踪迹。

2. 木马的攻击原理

木马通常采取如图 9-5 所示的方式实施攻击：配置木马（伪装木马）→传播木马（通过文件下载或电子邮件等方式）→运行木马（自动安装并运行）→信息泄露→建立连接→远程控制。

目前，木马入侵的主要途径是通过电子邮件的附件或文件下载等方式，将木马程序复制到用户的计算机中，然后通过修改系统配置文件或故意误导用户（如谎称有人给你送贺卡）使木马程序悄悄地在后台执行。一般的木马程序只有几 K 到几十 K 的大小，所以当木马程序隐藏在正常的文件中后用户一般很难发现。

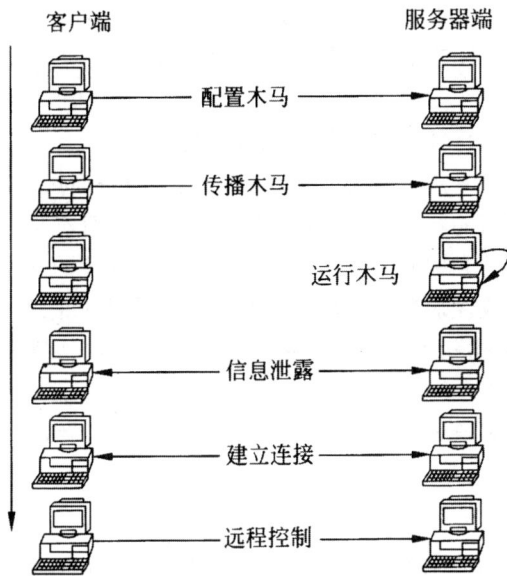

图 9-5　木马的运行过程

3. 木马的检测与清除

可以通过查看系统端口开放的情况、系统服务情况、系统任务运行情况、网卡的工作情况、系统日志及运行速度有无异常等对木马进行检测，检测到计算机感染木马后，就要根据木马的特征来进行清除。

4. 木马的防范技术

目前，木马已对计算机用户信息安全构成了极大威胁，做好木马的防范工作刻不容缓，用户必须提高警惕，尤其是网络游戏玩家更应该提高对木马的关注。

网络中流行的木马程序通常传播速度比较快，影响比较严重，因此，尽管可以利用一些工具方法来检测、清除木马，但只能是亡羊补牢，比较被动。当然最好的情况是不出现木马，这就要求我们平时要有对木马的防范意识和措施，做到防患于未然。以下是几种简单适用的木马防范措施：

①不要随意下载、执行来历不明的软件。从网上下载的软件在安装、使用前一定要用木马专杀工具进行检查，确定无毒后再使用。

②不要轻信他人。无论是好朋友、ISP 或 Web 管理员都不要轻易相信，虽然他们故意欺骗的可能性不大，但谁也不能保证其计算机中无木马，而且网络中假冒的现象也常有发生。

③不要随便留下你的个人资料。不要公开你的 E-mail 地址，更不要将重要口令和资料存放在上网的计算机里。

④不要在网上得罪人，否则可能会遭到高手的报复。

⑤不要轻易打开广告邮件中附件或点击其中的链接。

⑥将 Windows 资源管理器配置成始终显示扩展名，以免木马利用 Windows 默认不显示扩展名的特点隐藏自己，等等。

目前用于检测木马的工具基本上分为两类：一是杀毒软件，它们利用升级病毒库特征查杀，如360杀毒、金山毒霸等；二是专门针对木马的检测防范工具，比较著名的工具有 The Cleaner 和 Anti-Trojan 等。

①杀毒软件检测。利用特征码匹配的原则进行查杀。

②专用工具检测方法。专用工具通常采用动态监视网络连接和静态特征字扫描结合的方法。对大量木马进行这方面的特征分析，建立木马特征库。对本地主机或远程主机的通信端口、进程列表、注册表的启动和关联项进行扫描，如果发现打开的通信端口有特征库中统计的木马端口，或木马进程名，或注册项、启动项、文件关联项中有特征库中统计的木马加载启动方式，就判断有木马。对本地主机或远程主机的磁盘文件进行木马特征字符串匹配扫描，发现相符的字符串就判定为木马。

以上两种方式都可以杀除木马，但二者有一定的区别。后者针对性强，并且功能强大。

9.3.3　网络蠕虫

网络蠕虫作为对互联网危害严重的一种计算机程序，其破坏力和传染性不容忽视。与传统的病毒不同，蠕虫病毒以计算机为载体，以网络为攻击对象。

1. 概述

蠕虫病毒和普通病毒有着很大的区别。蠕虫病毒与普通病毒的区别如表 9-1 所示。

表 9-1　蠕虫病毒与普通病毒的区别

比较项目	普通病毒	蠕虫病毒
存在形式	寄存文件	独立程序
传染机制	宿主程序运行	主动程序
传染目标	本地文件	网络计算机

2. 蠕虫的分类

按其传播和攻击特征，可将蠕虫病毒分为 3 类，即漏洞蠕虫、邮件蠕虫和传统蠕虫病毒。其中，以利用系统漏洞进行破坏的蠕虫病毒最多，占蠕虫病毒总数量的 69%；邮件蠕虫居第二位，占蠕虫病毒总数量的 27%；其他传统蠕虫病毒占 4%。

3. 蠕虫的功能模块

蠕虫的功能模块可以分为主体功能模块和辅助功能模块。实现了主体功能模块的蠕虫能够完成复制传播流程，而包含辅助功能模块的蠕虫程序则具有更强的生存能力和破坏能力。蠕虫功能结构如图 9-6 所示。

4. 蠕虫的传播模块

从编程的角度来看,蠕虫由两部分组成:主程序和引导程序。主程序一旦在计算机中建立,就可以开始收集与当前计算机联网的其他计算机的信息。它能通过读取公共配置文件并检测当前计算机的联网状态信息,尝试利用系统的缺陷在远程计算机上建立引导程序。引导程序负责把"蠕虫"病毒带入它所感染的每一台计算机中。

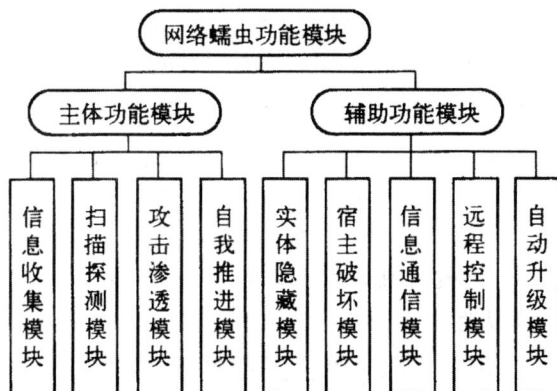

图 9-6　网络蠕虫的功能模块

主程序中最重要的是传播模块。传播模块实现了自动入侵功能,这是蠕虫病毒能力的最高体现。传播模块可以笼统地分为扫描、攻击和复制三个步骤。

(1)扫描

蠕虫的扫描功能主要负责探测远程主机的漏洞,这模拟了攻防的 Scan 过程。

(2)攻击

按特定漏洞的攻击方法对潜在的传播对象进行自动攻击,以取得该主机的合适权限,为后续步骤做准备。

(3)复制

在特定权限下,复制功能实现蠕虫引导程序的远程建立工作,即把引导程序复制到攻击对象上。

5. 蠕虫病毒的特点

通过对蠕虫病毒的分析,可见蠕虫病毒具有图 9-7 所示的特点。

6. 蠕虫病毒的防范

蠕虫病毒的防范应从以下四个模块入手:破坏模块、潜伏性及触发性模块、自我复制模块和传播性模块。防范蠕虫病毒的具体方法如图 9-8 所示。

①预防第一。保持获取最新安全信息。通过把安全与修复主页加入收藏夹来获取最新爆发的病毒情况。

②工具保护。如果计算机上没有安装病毒防护软件,最好还是安装一个。如果你是家

庭或者个人用户,下载任何一个排名最佳的程序都相当容易,而且可以按照安装向导进行操作。

③定期扫描系统。如果刚好是第一次启动防病毒软件,最好让它扫描一下整个系统。在无毒状态下干净地启动计算机是很好的一件事情。通常,防病毒软件都能够设置成在计算机每次启动时扫描系统或者定期运行扫描工作。一些程序还可以在连接到因特网上时在后台扫描系统。定期扫描系统是否感染病毒,是一个非常好的习惯。

④更新防病毒软件。既然安装了病毒防护软件,就应该确保它是最新的。目前,大多数商业防病毒软件都有自动升级的功能,可以保持其自动更新功能,以获取最新病毒库。

⑤限制邮件附件。邮件附件极有可能带有计算机病毒或是黑客程序。因此,需要禁止运行附件中的可执行文件,例如,COM、EXE 等;预防 DOC、XLS 等附件文档,不要直接运行脚本文件,例如,VBS、SHS 等。

⑥邮件程序设置。如果是使用 Outlook 作为收发电子邮件软件的话,应当进行一些必要的设置。设置"附件的安全性"为"高",禁止"服务器脚本运行",慎用邮件预览功能。

关闭 WSH 功能。由于有些电子邮件病毒是利用 WSH(Windows Scripting Host)进行破坏的,因此,建议关闭 WSH 功能。

由于蠕虫病毒是通过网络传播的,在如今网络高度发展的时代,蠕虫病毒是防不胜防的,只有筑好电脑上的防火墙并养成良好的上网习惯,才能把危害降到最低。

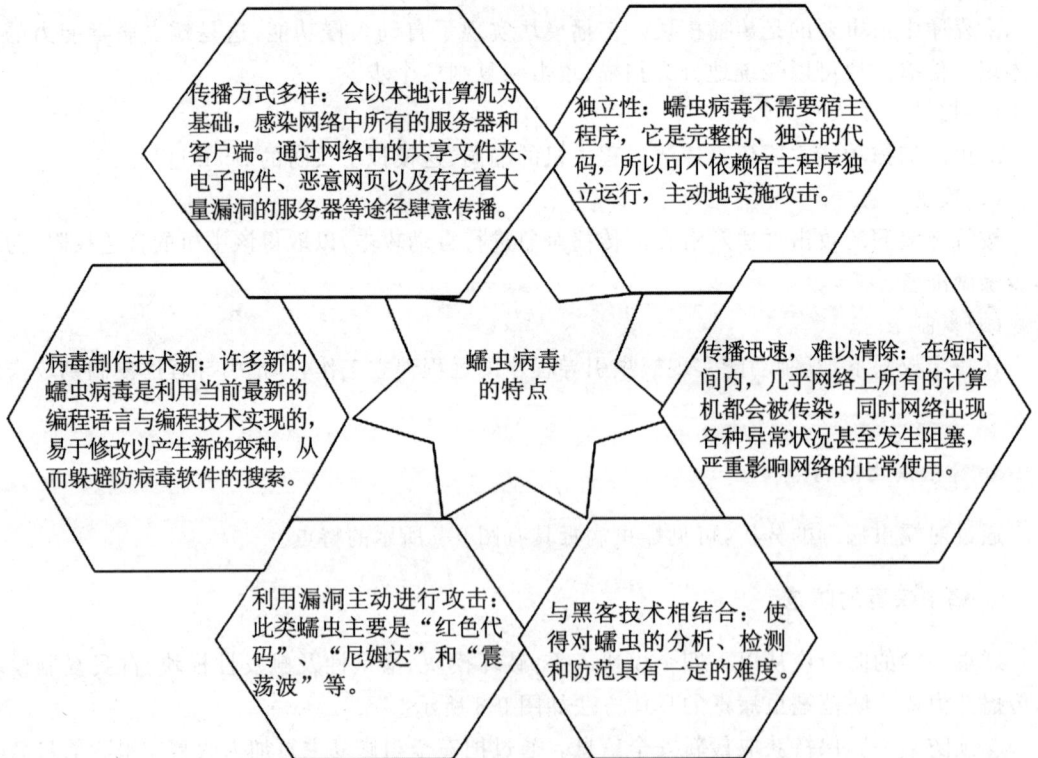

图 9-7 蠕虫病毒的特点

<table>
<tr><td rowspan="7">防范蠕虫病毒的具体方法</td><td>预防第一。保持获取最新安全信息。通过把安全与修复主页加入收藏夹来获取最新爆发的病毒情况。</td></tr>
<tr><td>工具保护。如果计算机上没有安装病毒防护软件，最好还是安装一个。如果你是家庭或者个人用户，下载任何一个排名最佳的程序都相当容易，而且可以按照安装向导进行操作。</td></tr>
<tr><td>定期扫描系统。如果刚好是第一次启动防病毒软件，最好让它扫描一下整个系统。在无毒状态下干净地启动计算机是很好的一件事情。通常，防病毒软件都能够设置成在计算机每次启动时扫描系统或者定期运行扫描工作。一些程序还可以在连接到因特网上时在后台扫描系统。定期扫描系统是否感染病毒，是一个非常好的习惯。</td></tr>
<tr><td>更新防病毒软件。既然安装了病毒防护软件，就应该确保它是最新的。目前，大多数商业防病毒软件都有自动升级的功能，可以保持其自动更新功能，以获取最新病毒库。</td></tr>
<tr><td>限制邮件附件。邮件附件极有可能带有计算机病毒或是黑客程序。因此，需要禁止运行附件中的可执行文件，例如，COM、EXE等；预防DOC、XLS等附件文档，不要直接运行脚本文件，例如，VBS、SHS等。</td></tr>
<tr><td>邮件程序设置。如果是使用Outlook作为收发电子邮件软件的话，应当进行一些必要的设置。设置"附件的安全性"为"高"，禁止"服务器脚本运行"，慎用邮件预览功能。</td></tr>
<tr><td>关闭WSH功能。由于有些电子邮件病毒是利用WSH（Windows Scripting Host）进行破坏的，因此，建议关闭WSH功能。</td></tr>
</table>

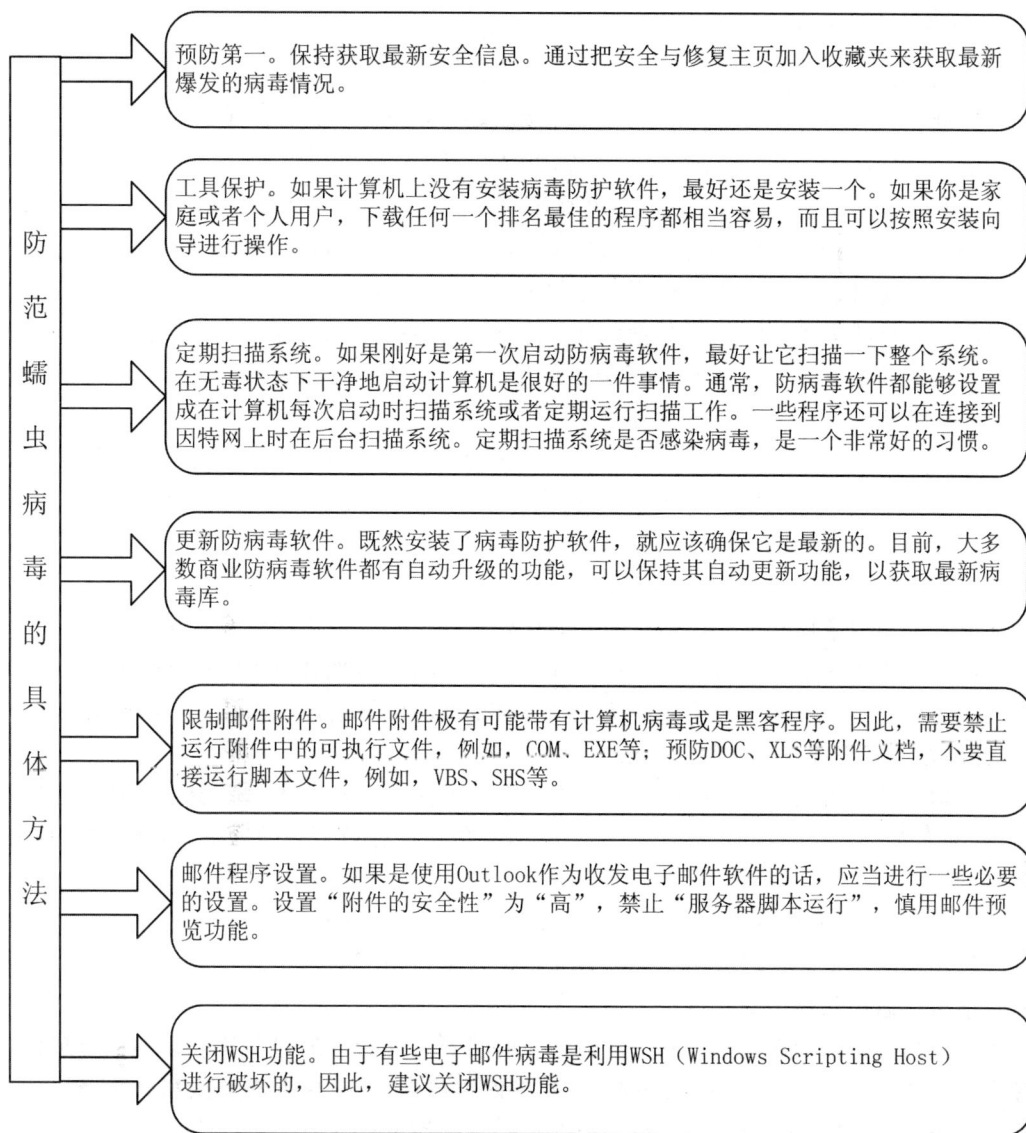

图 9-8　防范蠕虫病毒的具体方法

9.4　计算机病毒的清除与防治

9.4.1　计算机病毒的清除

计算机病毒的清除（杀毒）是指将感染病毒的文件中的病毒模块摘除，并使之恢复为可以正常使用的文件的过程。根据病毒编制原理的不同，计算机病毒的清除原理也是大不相同的。

1. 病毒的清除原理

(1)引导型病毒的清除

引导型病毒的物理载体是磁盘,主要包括硬盘、系统软盘和数据软盘。根据感染和破坏部位的不同,可以按以下方法进行修复:

①修复染毒的硬盘。硬盘中操作系统的引导扇区包括第一物理扇区和第一逻辑扇区。硬盘第一物理扇区存放的数据是主引导记录(MBR),MBR 包含表明硬件类型和分区信息的数据。硬盘第一逻辑扇区存放的数据是分区引导记录。主引导记录和分区引导记录都有感染病毒的可能性。重新格式化硬盘可以清除分区引导记录中病毒,却不能清除主引导记录中的病毒。修复染毒的主引导记录的有效途径是使用 FDISK 这种低级格式化工具,输入 FDISK/MBR,便会重新写入主引导记录,覆盖掉其中的病毒。

②修复染毒的系统软盘。找一台同样操作系统的未染毒的计算机,把染毒的系统软盘插入软盘驱动器中,从硬盘执行可以对软盘重新写入系统的命令。例如,DOS 系统情况下的SYS A:命令。这样软盘上的系统文件就会被重新安装,并且覆盖引导扇区中染毒的内容,从而恢复成为干净的系统软盘。

③修复染毒的数据软盘。把染毒的数据软盘插入一台未染毒的计算机中,把所有文件从软盘复制到硬盘的一个临时目录中,用系统磁盘格式化命令,例如,DOS 系统情况下的 FOR-MAT A:/U 命令,无条件重新格式化软盘,这样软盘的引导扇区会被重写,从而清除其中的病毒,然后把所有文件备份复制回到软盘。

以上均是采用人工方法清除引导型病毒。人工方法要求操作者对系统十分熟悉,且操作复杂,容易出错,有一定的危险性,一旦操作不慎就会导致意想不到的后果。这种方法常用于消除自动方法无法消除的新病毒。

此外,还有另外一种方法,即自动方法,针对某一种或多种病毒采用专门的病毒防治软件自动检测和消除病毒。这种方法不会被破坏系统数据,操作简单,运行速度快,是一种较为理想且目前较为通用的病毒防治方法。

大多数病毒防治软件能够检测和清除已知的引导型病毒。通过监测磁盘的引导扇区,包括硬盘的(MBR),可以自动检测出病毒,并准确识别病毒,包括病毒的类型和名称;然后自动修复被感染的引导扇区。

(2)文件型病毒的清除

覆盖型文件病毒是一种破坏型病毒,由于该病毒硬性地覆盖掉了一部分宿主程序,使宿主程序被破坏,即使把病毒杀掉,程序也已经不能修复。对覆盖型的文件只能将其彻底删除,没有挽救原来文件的余地。如果没有备份,将造成很大的损失。

除了覆盖型的文件型病毒之外,其他感染 COM 型和 EXE 型的文件型病毒都可以被清除干净。因为病毒是在基本保持原文件功能的基础上进行传染的,既然病毒能在内存中恢复被感染文件的代码并予以执行,则也可以仿照病毒的方法进行传染的逆过程,即将病毒清除出被感染文件,并保持其原来的功能。

如果已中毒的文件有备份,则只要把备份的文件复制回去即可;如果没有,则比较麻烦。执行文件如果加上免疫疫苗,遇到病毒时,则程序可以自行复原;如果文件没有加上任何防护,则就只能够靠杀毒软件来清除,但是,用杀毒软件来清除病毒也不能保证完全复原有的程序功能,甚至有可能出现越清除越糟糕,以至于在清除病毒之后文件反而不能执行的情况。因此,用户必须平时勤备份自己的资料。

由于某些病毒会破坏系统数据,例如,破坏目录和文件分配表 FAT,因此,在清除完计算机病毒之后,系统要进行维护工作。病毒的清除工作与系统的维护工作往往是分不开的。

(3)清除交叉感染病毒

有时一台计算机内同时潜伏着几种病毒,当一个健康程序在这个计算机上运行时,会感染多种病毒,引起交叉感染。

如果在多种病毒在一个宿主程序中形成交叉感染的情况下杀毒,一定要十分小心,因为杀毒时必须分清病毒感染的先后顺序,先清除感染的病毒,否则虽然病毒被杀死了,但程序也不能使用了。

2. 染毒后采取的措施

当系统感染病毒后,应立即采取以下措施进行处理,以恢复系统或受损部分。

(1)隔离

当计算机感染病毒后,可将其与其他计算机进行隔离,避免相互复制和通信。当网络中某节点感染病毒后,网络管理员必须立即切断该节点与网络的连接,以避免病毒扩散到整个网络。

(2)报警

病毒感染点被隔离后,要立即向网络系统安全管理人员报警。

(3)查毒源

接到报警后,系统安全管理人员可使用相应的防病毒系统鉴别受感染的机器和用户,检查那些经常引起病毒感染的节点和用户,并查找病毒的来源。

(4)采取应对方法和对策

系统安全管理人员要对病毒的破坏程度进行分析检查,并根据需要采取有效的病毒清除方法和对策。若被感染的大部分是系统文件和应用程序文件,且感染程度较深,则可采取重装系统的方法来清除病毒;若感染的是关键数据文件,或破坏较为严重,则可请防病毒专家进行清除病毒和恢复数据的工作。

(5)修复前备份数据

在对病毒进行清除前,尽可能将重要的数据文件备份,以防在使用防病毒软件或其他清除工具查杀病毒时,破坏重要数据文件。

(6)清除病毒

重要数据备份后,运行查杀病毒软件,并对相关系统进行扫描。发现有病毒,立即清除。若可执行文件中的病毒不能清除,应将其删除,然后再安装相应的程序。

(7)重启和恢复

病毒被清除后,重新启动计算机,再次用防病毒软件检测系统中是否还有病毒,并将被破坏的数据进行恢复。

9.4.2　计算机病毒的防范

计算机病毒的防范是网络安全体系的一部分,应该与防黑客和灾难恢复等方面综合考虑形成一整套安全体制。防病毒软件、防火墙技术、入侵检测技术等相互协调形成一整套的解决方案,才是最有效的网络安全。

1. 用户病毒防范措施

(1)安装杀毒软件和个人防火墙

安装正版的杀毒软件,并注意及时升级病毒库,定期对计算机进行查毒杀毒,每次使用外来磁盘前也应对磁盘进行杀毒。正确设置防火墙规则,预防黑客入侵,防止木马盗取机密信息。

(2)禁用预览窗口功能

电子邮件客户端程序大都允许用户不打开邮件直接预览。由于预览窗口具有执行脚本的能力,某些病毒只需预览就能够发作,所以应该禁用预览窗口功能。

如果将 Word 当作电子邮件编辑器使用,就需要将 Normal. dot 设置成只读文件。许多病毒通过更改 Normal. dot 文件进行自我传播,采取上述措施至少可具有一定的阻止作用。

(3)不要随便下载文件

不要随便登录不明网站,有些网站缺乏正规管理,很容易成为病毒传播的源头。下载软件应选择正规的网站,下载后应立即进行病毒检测。

对收到的包含 Word 文档的电子邮件,应立即用能清除宏病毒的软件进行检测,或者是用"取消宏"的方式打开文档。对于 QQ、MSN 等聊天软件发送过来的链接和文件,不要随便点击和下载,应该首先确认对方身份是否真实可靠。

(4)备好启动盘,并设置写保护

在对计算机系统进行检查、修复和手工杀毒时,通常要使用无毒的启动盘,使设备在较为干净的环境下进行操作。同时,尽量不用 U 盘、移动硬盘或其他移动存储设备启动计算机,而用本地硬盘启动。

(5)安装防病毒工具和软件

为了防止病毒的入侵,一定要在计算机中安装防病毒软件,并选择公认质量最好、升级服务最及时、能够最迅速有效地响应和跟踪新病毒的防病毒软件。

由于病毒的层出不穷及不断更新,要有效地扫描病毒,防病毒产品就必须适应病毒的发展,及时升级,这样才能保证所安装的防病毒软件中的病毒库是最新的,也只有这样才能识别和杀灭新病毒,为系统提供真正的安全环境。防病毒软件的升级就是因为厂商增加了查杀若干新类型病毒的功能,及时升级将使用户的计算机系统增强对这些病毒的防御能力。

防病毒软件一般都提供实时监控功能,这样无论是在使用外来软件还是在连接到网络时,都可以先对其进行扫描,如果有病毒,防病毒软件会立即报警。

(6)经常备份系统中的文件

备份工作应该定期或不定期地进行,确保每一过程和细节的准确、可靠,以便在系统崩溃时最大限度地恢复系统,减少可能出现的损失。

系统数据,例如分区表、DOS 引导扇区等,需要用 BOOT_SAFE 等实用程序或 Debug 编程手段做好备份,作为系统维护和修复时的参考。重要的用户数据也应当及时备份。

备份时,尽可能地将数据和系统程序分别存放。可以通过比照文件大小、检查文件个数、核对文件名来及时发现病毒。

(7)不要设置过于简单的密码、定期更改密码

有许多网络病毒是通过猜测简单密码的方式攻击系统的,因此使用复杂的密码可大大提高计算机的安全系数。

用户一般都有好几个密码,如系统密码、邮箱密码、网上银行密码、QQ 密码等。密码不要一样,设置要尽可能复杂,大小写英文字母和数字综合使用,减少被破译的可能性。密码要定期更改,最好几个月更改一次。

在遭受木马的入侵之后,用户密码很可能被泄露,因此,必须在清除木马后立即更改密码,以确保安全。网络诈骗邮件标题通常为"账户需要更新",内容是一个仿冒网上银行的诈骗网站的链接,诱骗消费者提供密码、银行账户等信息,千万不要轻信。

(8)删除可疑的电子邮件

通过电子邮件传播的病毒特征较为鲜明,信件内容为空或者有简短的英文,并附有带毒的附件。千万不要打开可疑电子邮件中的附件。

如果系统不采用基于服务器的电子邮件内容过滤方式,终端用户可以使用电子邮件收件箱规则自动删除可疑信息或将其移到专门的文件夹中。

计算机病毒都是有源头的,能造成广泛的危害的原因是,它能进行广泛的传播。因此,对于普通的计算机用户来说,只要平时多注意些,还是可以在一定程度上避免病毒入侵的。

(9)注意自己的计算机最近有无异常

计算机病毒出现什么样的表现症状,是由计算机病毒的设计者决定的。而计算机病毒设计者的思想又是不可判定的,因此,计算机病毒的具体表现形式也是不可判定的。然而可以肯定的是,病毒症状是在计算机系统的资源上表现出来的,具体出现哪些异常现象和所感染病毒的种类直接相关。

由于在技术上防杀病毒尚无法达到完美的境地,难免有新病毒会突破防护系统的保护,传染到计算机中。因此,为能够及时发现异常情况,不使病毒传染到整个磁盘,传染到相邻的计算机,应对病毒发作时的症状予以注意。

(10)新购置的计算机软件或硬件也要先查毒再使用

由于新购置的计算机软件和硬件中都可能会携带病毒,因此都需要先进行病毒检测或查杀,证实无病毒后再使用。

虽然在由著名厂商发售的正版软件中也曾经发现了病毒的存在,但总的来说,正版软件还是可靠得多。而新购置的硬盘中也可能会含有病毒。由于对硬盘只做 DOS 的 FORMAT 格式化是不能去除主引导区和分区表扇区中的病毒的,因此可能需要对硬盘进行低级格式化。

(11)尽量专机专用

不要随意让别人使用自己的计算机。尤其是重要部门的计算机,尽量专机专用且与外界隔绝。至少要保证不让别人在自己的机器上使用曾经在别的机器上使用过的 U 盘等移动存储设备。除非先进行查毒,在确认无病毒的情况下才可以使用。

同时,应尽量避免在无防病毒措施的机器上使用 U 盘、移动硬盘、可擦写光盘等可移动的存储设备。不要随意借入和借出这些移动存储设备。在使用借入或返还的这些设备时,一定要先使用杀毒软件查毒,避免感染病毒。对返还的设备,若有干净备份,应重新格式化后再使用。

(12)多了解病毒知识

了解一些病毒知识,可以及时发现新病毒并采取相应措施,在关键时刻使自己的计算机免受病毒的破坏。一旦发现病毒,应迅速隔离受感染的计算机,避免病毒继续扩散,并使用可靠的查杀工具进行查杀。

对于计算机病毒的防治,不仅要有完善的规章制度,还要有健全的管理体制。因此,只有提高认识、加强管理、做到措施到位,才能防患于未然,减少病毒入侵后所造成的损失。

2. 服务器病毒防范措施

(1)安装正版杀毒软件

局域网要安装企业版产品,根据自身要求进行合理配置,经常升级并启动"实时监控"系统,充分发挥安全产品的功效。在杀毒过程中要全网同时进行,确保彻底清除。

(2)拦截受感染的附件

电子邮件是计算机病毒最主要的传播媒介,许多病毒经常利用在大多数计算机中都能找到的可执行文件来传播。实际上,大多数电子邮件用户并不需要接收这类文件,因此,当它们进入电子邮件服务器时可以将其拦截下来。

(3)合理设置权限

系统管理员要为其他用户合理设置权限,在可能的情况下,将用户的权限设置为最低。这样,即使某台计算机被病毒感染,对整个网络的影响也会相对降低。

(4)取消不必要的共享

取消局域网内一切不必要的共享,共享的部分要设置复杂的密码,最大程度地降低被黑客木马程序破译的可能性,同时也可以减少病毒传播的途径,提高系统的安全性。

(5)重要数据定期存档

每月应该至少进行一次数据存档,这样便可以利用存档文件,成功地恢复受感染文件。

9.4.3 常用的反病毒软件

我们对病毒的破坏性要有充分的认识,但不必恐慌。常言说得好:魔高一尺,道高一丈。计算机病毒既然是一种人为编制的具有破坏性的程序,人们也就一定可以编制出识别它并制服它的相应程序,这就是杀毒软件。因此,必须有一款好的杀毒软件。下面介绍几种功能较强、可以信赖的杀毒软件。

1. 瑞星杀毒软件

瑞星杀毒软件提供中文简体、繁体、英文、日文的多语言版本,拥有全部自有知识产权的六项核心技术(已申请欧洲、美国、日本及中国专利):病毒行为分析判断技术、文件增量技术分析技术、自动高效数据拯救技术、共享冲突文件杀毒技术、实时内存监控技术、NTFS 格式

DOS 支持技术；六项前沿研究项目：手机病毒防治技术、PDA 病毒防治技术、超宽带网信息安全技术、网络漏洞嗅探核心技术、企业级防火墙核心技术、网络入侵检测核心技术，是国内反病毒软件中被多家计算机厂商共同选为 OEM 产品的著名杀毒软件。

2. 江民杀毒软件

江民杀毒软件——KV2004 分项检测指针综合性能国内第一。KV2004 既承传了江民十年来与计算机病毒斗争中积累下来的庞大的病毒库，又体现了杀毒软件 SAK（简单化、自动化、杀毒能力）研发三原则。

3. 金山杀毒软件

金山毒霸是世界首款应用"可信云查杀"的杀毒软件。金山毒霸 2015 是金山公司推出了一款最新杀毒软件，软件又名新毒霸"悟空"，引入蓝芯 II 云引擎，国内唯一一个连续 N 次通过世界顶级杀毒软件认证的杀毒软件，其主要特色如下：

①全平台首创电脑、手机双平台杀毒。

②全引擎全新 KVM、火眼，病毒无所遁形。

③全面网购保护独家 PICC 承保敢赔险，最高 48360 元。

④不到 10MB 全面体系重构，更加轻巧快速。

第 10 章　网络安全管理与评审

10.1　网络安全管理概述

10.1.1　网络安全管理背景

机构和商业组织的信息系统绝大多数都是通过网络连接着的,并且遍及全球的现代网络应用(例如电子政务和电子商务)一直在不断增长。这些网络连接可能在组织内部、不同组织之间或组织与公众之间。

公众可用的网络技术的迅猛发展,特别是互联网和建立在其上的 Web,的确为商业和在线公共服务带来了极大的机会,但同时也带来了新的安全风险。当一个组织极大地依赖于信息与网络进行业务活动时,信息的保密性、完整性、可用性、不可否认性、可核查性、真实性和可靠性的丧失或网络服务的中断可能对业务运行造成不可忽视的负面影响。因此,保护好信息和网络,管理好组织内信息系统的安全是一项迫切的关键要求。

图 10-1 给出了一个在许多组织中都能看到的典型网络构造场景,包括内联网(Intranet)、外联网(Extranet)、互联网(Internet)、电话网(Phone Network)、无线网(Wireless Network)和非军事化区(Demilitarized Zone,DMZ)。

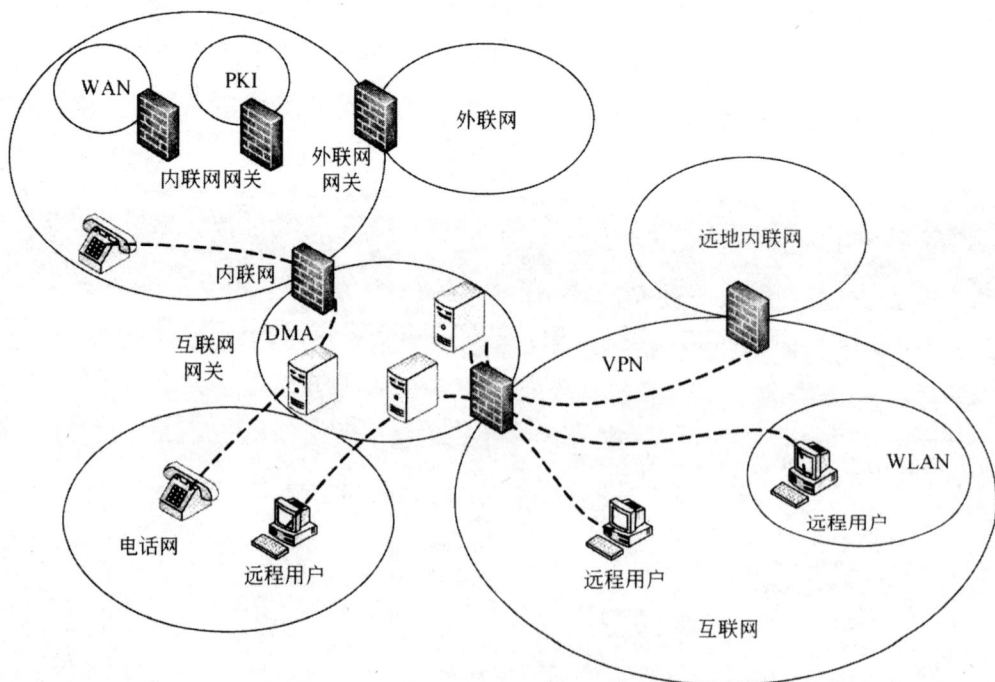

图 10-1　典型的网络环境

内联网是一个组织在其内部使用和维护的网络。由于内联网位于组织的场所之内,而且一般只有组织的内部工作人员才能在物理上访问到内联网,所以比较容易对内联网进行物理保护。多数情况下,由于采用的技术不同及各组成部分的安全要求不同,内联网不是同构的。一方面,有些关键基础设施,例如 PKI(Public Key Infrastructure),需要比内联网自身更高保护级别,因此可能放在内联网的一个专门网段中来运行。另一方面,某些技术如 WLAN(Wireless Local Area Network)会引入新的风险,因此需要进行某种隔离。对于这两种情况,均可采用内部安全网关来实现上述分割。

当今多数组织的业务都需要与外部合作伙伴或其他组织进行通信和数据交换。对于最重要的业务合作伙伴,通常将内联网直接扩展到对方组织的网络,这种扩展一般被称为外联网。在绝大多数情况下,对所连接的外部合作伙伴的信任度低于组织内部,因此需要使用外联网安全网关来降低这种连接带来的风险。

如今公共网络(主要指互联网)被用来在组织与合作伙伴和客户(包括公众)之间提供高性价比的通信和数据交换,提供各种形式的内联网扩展。由于公共网络的信任度低,特别是互联网,因此需要更为复杂的安全网关来管理相关风险。这种安全网关含有特定模块来处理在各种形式的内联网扩展和与合作伙伴及客户连接中的安全需求。

远程用户可采用有线方式或无线方式(例如公共 WLAN)经由互联网接入,也可采用电话拨号经由电话网连接到通常位于互联网防火墙 DMZ 内的远程访问服务器(remote access server)。对于这些接入可采用 VPN(Virtual Private Network)技术实现安全连接。

当一个组织决定使用 VoIP(Voice over IP)技术实现内部电话网时,最好也部署适当的电话网安全网关。

这种典型的网络环境中,所采用的技术在许多方面为组织业务提供了扩展的机会和利益,例如减少或优化成本,但同时也使网络环境变得复杂,并常常引入新的信息安全风险。因此,这种风险应得到适当评价,并通过适当的安全控制措施来减轻。也就是说,应平衡新环境带来的机会和新技术引入的风险。

总之,政府机构和商业组织能否成功利用现代网络环境带来的机会,取决于在多大程度上管理和控制这种开放环境中的运行风险。

10.1.2　网络安全管理的概念及内容

1. 网络安全管理的概念

安全管理(Security Management)是指以管理对象的安全为任务和目标,所进行的各种管理活动。

2. 网络安全管理的内容

现代网络管理的内容一般可以用 OAM&P(Operation,Administration,Maintenance and Provisioning,运行、管理、维护和提供)来概括,主要指一组系统或网络管理功能,其中包括:故障指示、性能监控、安全管理、诊断功能、网络和用户配置等。

OSI/RM 的安全管理包括：系统安全管理、安全服务管理和安全机制管理，如图 10-2 所示。

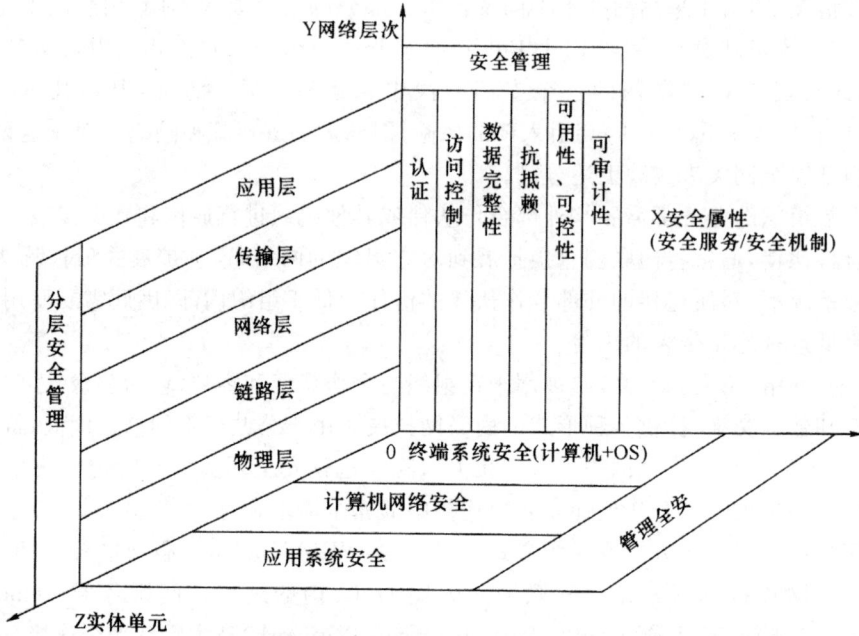

图 10-2　网络安全管理体系结构

安全管理的内容包括：硬件资源的安全管理，分为硬件设备的使用管理和常用硬件设备的维护和保养；信息资源的安全与管理，分为信息存储的安全管理和信息的使用管理；其他管理，分为鉴别管理、访问控制管理和密钥管理等。

网络安全管理、安全策略、安全技术的内容和关系如图 10-3 所示。

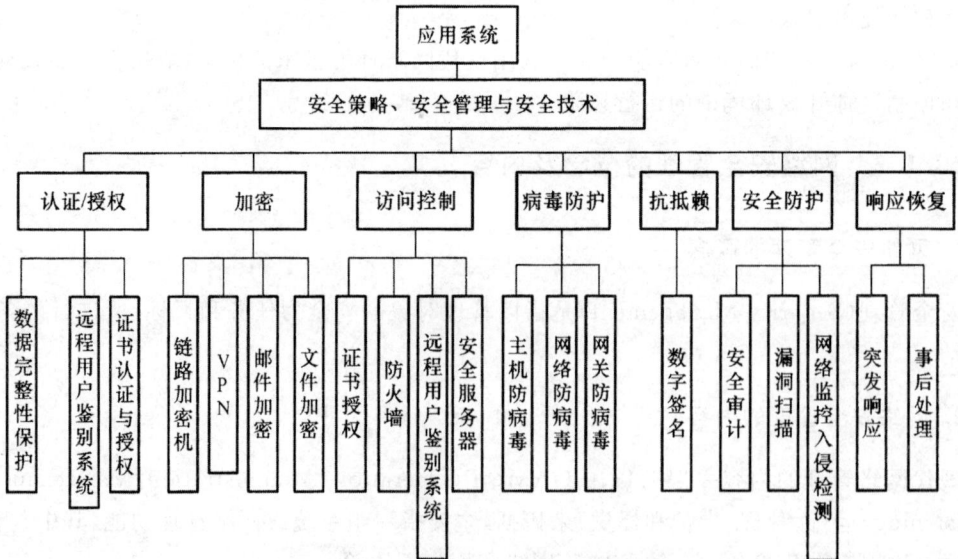

图 10-3　网络安全管理策略技术内容关系图

10.1.3　网络安全管理的方法和手段

管理方法是管理活动中为实现管理目标,保证管理活动顺利进行所采取的工作方式;是实现管理目标的途径和手段;是管理理论、原理和原则的自然延伸和具体化。可以从不同的角度将管理方法分为多种不同类型。其中较常用的网络安全管理方法的分类依据,是按照管理方法的机制特征进行分类。因此,网络安全管理的一般方法由四种方法组成,即法律方法、行政方法、经济方法和宣传教育方法。四者相互结合,构成管理方法体系。

随着现代科技,特别是计算机与通信工程技术的发展,可以借助技术手段来实现许多管理职能。例如,对网络安全服务和安全机制的管理,其大部分管理过程是通过一个高度自动化、具有多种功能的综合管理系统——网络管理系统来完成的,由此可以使得安全管理工作的及时性和效率得到很大水平的提高,也在一定程度上增强了网络安全管理的能力和水平。再如,网络中广泛使用的各类保密设备,也是一种保证网络安全的技术手段。显然,对此类现代化技术手段的有效利用,也属于安全管理方法的重要组成部分。从另一角度看,此类技术手段作为网络安全设施,其本身也是安全管理的对象。

1. 安全管理的一般方法

（1）安全管理的法律方法

法律方法是指通过国家制定和实施各种法规来进行管理的方法。安全管理法律方法的内容,不仅包括建立和健全各种法规,而且包括相应的司法工作和仲裁工作,以保证法规切实有效地施行。这两个环节是相辅相成、缺一不可的。

网络的安全保障涉及国家的政治、经济、文化、科技等社会生活的诸多方面,涉及全社会十分广泛的行业、部门、系统和人群。因此,亟需从国家整体利益的高度制定对全社会具有约束力的相关法律,进而形成相应的法规体系,并贯彻实施,才能使一切有关部门、系统和人群依法履行各自的职责,循章处理各自的事务,才能使网络的安全管理在统一的目标下规范、有效地进行。实际情况也表明,当前我国网络安全管理还不够完善,其原因正在于无法可依、无章可循,或有法不依、有章不循,导致某些单位和个人有害于网络安全的行为得不到及时有效的制止。由于法律方法具有高度的权威性、强制性、严肃性和规范性等特点,并考虑到我国当前的实际情况,应该将其视为网络安全管理具有首要意义的一种方法。

（2）安全管理的行政方法

行政方法是指行政组织机构和领导者运用权力,通过强制性的行政命令、规定、指示等行政手段,按照行政系统和层次,直接指挥下属工作以实施管理的方法。虽然行政命令原则上应该以法规作为依据和限度,但管理的行政方法也仍然具有相当程度的权威性和强制性,同时又具有很大的直接性、具体性,能够及时地针对任何个别的具体问题发出命令和指示,从而更为恰当地处理特殊问题和新出现的情况。

行政方法是一种最基本、最常用的网络安全管理方法。在网络安全管理中能完成大量安全管理控制职能、发挥重大作用的军事通信系统管理网络,以及若干其他的技术手段,大部分都可看成是安全管理行政方法在某些范围、某些环节、某种程度上达到自动化的技术,是运用行政方法进行安全管理的有力辅助手段。

（3）安全管理的经济方法

经济方法是根据客观经济规律，运用各种经济手段，调节各种不同方面经济利益之间的关系，以获取较高的社会效益与经济效益的管理方法。这里的各种经济手段，主要包括价格、税收、信贷、工资、利润、奖金、罚款及经济合同等。经济方法具有经济利益的直接关联性、具体方式的灵活性及执行上的平等性等特点。

网络的安全管理活动，特别是微观层次的安全管理活动，其范围基本上限于单位内部，经济方法采用甚少。虽然如此，网络安全管理作为一个整体，其所处的外部社会环境仍然是社会主义市场经济，因而特别在其宏观层次，在诸如安全技术发展、安全标准制定、安全产品采办、安全设施建设、安全经费保障、安全人才延揽与保留及军内外信息资源共享等问题上，都难免涉及社会上诸多行业、部门、系统和人群的经济利益。在这些问题上，经济方法就是一种不可避免且十分重要的方法，应该对其保证足够的关注度。

（4）安全管理的宣传教育方法

宣传教育方法是指通过教育全面提高被管理者的素质，使其在行动的自觉性、积极性、创造性及知识素养和业务能力等方面都能满足要求的管理方法。宣传教育方法是贯彻以人为本原则的必然要求和基本方式。它具有根本性、过程与效果的长期性、对象的广泛性及方式的多样性等特点。

对于网络安全管理而言，宣传教育方法的必要性与重要性尤为突出。事实证明，网络安全事故的出现，常常跟人的思想因素有关。有的是由于网络使用者或安全管理人员思想麻痹、行为违章；有的是内部个别人员政治上变质、故意犯罪；还有的是外部少数人员出于对法律的无知而危害网络安全；个别坏人则故意对网络实施犯罪。从技术角度看，计算机网络本身的技术极其复杂，而许多硬件、软件又不可避免地存在各种安全漏洞。这种情况不仅意味着安全风险存在的必然性与严重性，同时还意味着防止安全事故，以及一旦发生事故迅速处置使危害最小的重要性与艰巨性，也就是说必须对网络使用者和安全管理人员的安全技术业务知识与能力提出很高的要求。

网络安全管理宣传教育的主要内容应该包括正确的人生观及公民道德教育，爱国主义思想、国家安全意识教育，遵纪守法教育，计算机网络安全知识及一般科学文化教育等诸多方面。首先为安全管理行为提供坚实的统一的思想基础，同时为安全管理人员提供必要的、不断更新的知识与能力。宣传教育的对象，不仅各级安全管理人员包括在内，还应包括网络的所有管理人员与使用人员，以及整个社会可能与网络建设及运行发生关系的人员。

2. 安全管理的技术手段

对于网络安全管理而言，一种规模大、功能全的技术手段是网络管理系统必不可少的。所谓网络管理系统是一个以确保网络安全、可靠、高效地运行，从而不间断地向用户提供优质服务为目的，用于收集、处理、传送和存储有关网络的维护、操作和管理信息，可以实现网络配置管理、故障管理、性能管理、安全管理和计费管理五大基本管理功能，由若干在网络环境中实现网络管理功能的计算机应用系统所组成的标准化网络。从管理功能和管理业务的角度，它可以看成是一个可以实现网络各种基本管理功能，并在此基础上提供各种以网络管理为特点的管理型业务的专业网，可供用户按其业务方式来管理现有的和将来的各种其他专业网，也包括其自身。

　　网络管理系统是一个对网络进行全面管理,具有安全管理功能,高度自动化的系统网络,它对最大限度地利用网络资源、确保其安全具有重要意义。显然,正确掌握并充分运用这一现代化技术手段,是安全管理方法的重要组成部分。

　　一般来说,为了管理广域、复杂的网络,使其可靠、高效、安全地运行,在长期实践经验和科技发展的基础上,网络管理的技术手段经历了由简单到复杂、由单一到综合、由小规模到大规模、由单网到多网、由非标准化到标准化的发展过程,且目前已经达到了相当成熟的水平。这主要由"网""管""网"的概念来充分体现,就是说,对网络的管理功能是由多个系统联合构成的网络来完成的。在这一概念的基础上,发展形成了网络管理系统,并成为网络管理(包括安全管理)的最主要、最基本、最有效的技术手段。

　　性能管理是对管理对象(即网络及其各组成部分)的性能和有效性进行规划,并通过对管理对象行为和效果进行监测、分析、评估和控制,一旦出现性能的有效性下降现象需及时加以纠正,保证网络质量和服务质量满足要求的一系列有关的管理活动。其具体工作内容主要有:对管理对象性能的有关统计数据进行搜集;对上述统计数据进行全面分析;对管理对象的性能做出科学评价并提出评估报告;采取改善管理对象性能的措施等。

　　所谓配置是指网络中各种工作设备、备份设备及设备之间关系的状态。配置管理就是根据网络管理的目的、要求,对网络的配置包括技术状态、业务状况等,给予恰当的、确定的和适时的调整与控制,并将相应的报告提出来。

　　故障管理指当网络的运行或网络设备所处的环境发生异常情况(即故障)时,对故障进行检测、定位、隔离、诊断和纠正(或称为恢复)等一系列有关的管理活动。其具体工作内容主要有:建立差错记录,并以日志形式保存;对故障情况进行监视、跟踪和告警;执行一系列诊断测试并完成对故障的定位;通过隔离故障部位并启动备用设备或系统及人工维修等方法排除故障,使网络恢复正常运行,并提出相应的报告。

　　计费管理主要提供网络中各种业务的使用情况,必要时提供有关费用的资料,并提出相应的报告。

　　机制管理功能实现对各项安全机制的功能、参数和协议的安全管理。

　　保密设备可以说是网络安全管理的另一种重要的技术手段。所谓保密设备,包括生成密钥素材的设备密钥生成器、密钥枪等密钥注入设备,以及通信保密机在通信中对语音、文字、图像、数据等信号加密和对加密信号解密的设备等。对这些技术手段的运用,当然也属于安全管理方法的范畴。

10.2　网络设备安全管理

　　整个计算机网络系统安全的前提是网络设施安全。网络设施安全是保护计算机网络设备、设施及其他媒体免遭地震、水灾和火灾等环境事故、人为操作失误或各种计算机犯罪行为导致的破坏过程。网络设施安全主要考虑的问题是环境、场地和设备的安全,以及物理访问控制和应急处置计划等。网络设施安全技术主要是指对计算机及网络系统的环境、场地、设备和人员等采取的安全技术措施。网络设施安全在整个计算机网络信息系统安全中占据着举足轻重的作用,它主要包括以下几个方面。

• 机房环境安全:计算机网络系统机房环境的安全特点是可控性强,损失也大。对计算机网络系统所在环境的安全保护(如区域保护和灾难保护)的相关标准,可参见国家标准 GB 50174—1993《电子计算机机房设计规范》、GB 2887—1989《计算站场地技术条件》和 GB 9361—1988《计算站场地安全要求》。机房防火与防盗、防雷与接地、防尘与防静电以及防地震等自然灾害是其重要内容组成部分。

• 通信线路安全:主要包含通信线路的防窃听技术。

• 设备安全:主要包括防电磁信息辐射泄漏、防止线路截获、抗电磁干扰及电源保护等。硬盘损坏、设备使用寿命到期等物理损坏,以及停电、电磁干扰和意外事故等引起的设备故障,也是保障设备安全的重要内容。

• 电源安全:电源是机房内所有电子设备正常工作的能量源泉,在机房安全中占有重要地位。电源安全主要包括电力能源供应、输电线路安全和保持电源的稳定性等。

10.2.1 机房的安全管理

1. 机房安全技术

机房安全技术的涵盖面非常广,机房从里到外,从设备设施到管理制度,都属于机房安全技术研究的范围。从这个意义上讲,以下内容都是机房安全技术在某些方面的具体实现。

机房的安全等级分为 A 类、B 类和 C 类三个基本类别。计算机机房安全要求的详细情况如表 10-1 所示。

表 10-1　计算机机房的安全要求

安全项目 / 安全类别	A 类机房	B 类机房	C 类机房
场地选择	−	−	
防火	−	−	−
内部装修	+	−	
供配电系统	+	−	−
空调系统	+	−	
火灾报警和消防设施	+	−	
防水	+	−	
防静电	+	−	
防雷击	+	−	
防鼠害	+	−	
防电磁泄漏	−	−	

（1）机房的安全要求

如何减少无关人员进入机房的机会是计算机机房设计时首先要考虑的问题。为此,机房在选址时应避免靠近公共区域,避免窗户直接邻街,此外,在机房布局上应使工作区在内生活辅助区域在外。

（2）机房的防盗要求

对重要的设备和存储媒体(磁盘等)应采取严格的防盗措施。

（3）机房的三度要求

温度、湿度和洁净度并称为三度,为保证计算机网络系统的正常运行,要明确要求机房内的三度。为使机房内的三度达到规定的要求,空调系统、去湿机和除尘器都是需要具备的设备。重要的计算机系统安放处还应配备专用的空调系统,它比公用的空调系统在加湿、除尘等方面有更高的要求。

（4）防静电措施

静电会因为不同物体间的相互摩擦、接触而产生。如果静电不能及时释放掉而保留在物体内,就可以产生能量不大但非常高的电位,而且静电在放电时还可能发生火花,容易造成火灾或损坏芯片等意外事故。

（5）接地与防雷要求

接地与防雷是保护计算机网络系统和工作场所安全的重要安全措施。

（6）机房的防火、防水措施

机房内应有防火、防水措施。如机房内应有火灾、水灾自动报警系统,如果机房上层有用水设施需加防水层;机房内应放置适用于计算机机房的灭火器,也需要完善应急计划和防火制度等。

2. 机房安全技术标准

与机房安全相关的国家标准主要有 GB/T 2887—2000《计算机场地通用规范》、GB 50174—93《电子计算机机房设计规范》和 GB 9361—88《计算站场地安全要求》。在此不再对机房安全技术标准做详细介绍。

10.2.2　通信线路的安全管理

如果所有的计算机系统都锁在室内,并且所有连接计算机系统的网络设备和接到计算机系统上的终端设备也都锁在同一室内,则通信与计算机系统的安全性能是一样的(假定不存在对外连接的 Modem)。但是当有计算机网络系统的通信线路连接到室外时,问题就产生了。

尽管从网络通信线路上提取信息所需要的技术比直接从通信终端获取数据的技术要高几个数量级,以目前的技术水平实现起来也不是不可能。

10.2.3　设备的安全管理

设备安全是一个比较宽泛的概念,包括设备的维护与管理、设备的电磁兼容和电磁辐射防护,以及信息存储媒体的安全管理等内容。

1. 硬件设备的维护和管理

计算机网络系统的硬件设备一般价格昂贵,一旦被损坏而又不能及时修复,不仅会造成经济损失,而且可能导致整个网络系统瘫痪,产生恶劣影响。因此,必须加强对计算机网络系统硬件设备的使用管理,坚持做好硬件设备的日常维护和保养工作。

常用硬件设备的维护和保养,包括主机、显示器、软盘、软驱、打印机及硬盘的维护保养;网络设备(如 HUB、交换机、路由器、Modem、RJ-45 接头和网络线缆等)的维护保养;还要定期检查供电系统的各种保护装置及地线是否正常。

所有的计算机网络设备都应当置于上锁且有空调的房间里。同时还要注意,在电源插座附近清扫的工作人员或者是粗心的使用人员都可能使设备掉电,还要将对设备的物理访问权限限制在最小。

2. 电磁兼容和电磁辐射的防护

(1)电磁兼容和电磁辐射

计算机网络系统的各种设备都属于电子设备,在工作时都向外辐射电磁波这点是无法避免的,同时也会受到其他电子设备的电磁波干扰,当电磁干扰达到一定的程度就会影响设备的正常工作。

电磁干扰可通过电磁辐射和传导两条途径影响电子设备的工作。一条是电子设备辐射的电磁波通过电路耦合到另一台电子设备中引起干扰;另一条是通过连接的导线、电源线、信号线等耦合而引起相互之间的干扰。

电子设备及其元器件都不是孤立存在的,而是在一定电磁干扰的环境下工作。电磁兼容性就是电子设备或系统在一定的电磁环境下互相兼顾、相容的能力。

美、俄等发达国家对电磁辐射泄密问题进行了多年研究,并逐渐形成了一种专门的技术——抑制信息处理设备的噪声泄漏技术,简称信息泄漏防护技术(Tempest 技术)。

Tempest 技术是一项综合性非常强的技术,主要涉及泄漏信息的分析、预测、接收、识别、复原、防护、测试和安全评估等技术,牵涉到多个学科领域。一般认为显示器的视频信号、打印机打印头的驱动信号、磁头读/写信号、键盘输入信号及信号线上的输入/输出信号等为需要重点防护的对象。美国政府规定,凡属高度机密部门所使用的计算机等信息处理设备,其电磁泄漏发射必须达到 Tempest 标准规定的要求。

(2)电磁辐射防护的措施

为了防止计算机系统中的数据信息在空间中扩散,通常在物理上采取一定的防护措施,以减少或干扰扩散到空间中电磁信号,故重要的政府、军队、金融机构在构建信息中心时都将成为首先要解决的问题。

为提高电子设备的抗干扰能力,除在芯片、部件上提高抗干扰能力外,屏蔽、隔离、滤波、吸波及接地等也是常用措施,其中屏蔽是应用最多的方法。

3. 信息存储媒体的安全管理

计算机网络系统的信息要存储在某种媒体上,常用的存储媒体有硬盘、磁盘、磁带、打印纸和光盘等。不同的存储媒体,其安全管理也各不相同。

10.2.4　电源系统的安全管理

电源系统电压的波动、浪涌电流和突然断电等意外情况的发生,很可能引起计算机系统存储信息的丢失、存储设备的损坏等情况的发生,电源系统的安全是计算机网络安全的一个重要组成部分。

10.3　网络信息安全管理

这里所说的网络信息有三种不同层次的内容:①作为网络采集、传递、处理、存储对象的信息,它们不言而喻应是网络安全管理的保护对象;②作为网络组成部分的信息,主要是网络的各种软件,它们和硬件设施一起,同属网络完成自身功能所必需的资源,因此也应当是安全管理的对象;③作为网络安全管理手段的信息,主要是密钥和口令等信息,它们是网络实现安全管理功能极为重要的资源,显然它们更是网络安全管理的重要内容。

10.3.1　密钥管理与口令管理

1. 密钥管理

密钥是加密算法的一组可变参数,改变密钥,即可改变加密算法。密钥是用密钥产生器产生,并利用密钥枪注入的。密钥管理就是对密钥的生成、检验、分配、保存、使用、更换、注入和销毁等过程进行管理。除了上述网络中所用的保密机及其密钥之外,网络中用于存储信息的数据库通常也采用密钥技术保证信息安全,因而也存在密钥管理问题。

密钥管理通常应遵循以下原则:最少特权的原则、特权分割的原则、最少公用设备原则、不影响系统正常工作和用户满意的原则、对违约者拒绝执行的原则、完善协调的原则、经济合理原则。

2. 口令管理

口令是用户和网络之间相互认可的一组秘密字符,是鉴别用户是否有权访问和使用网络的一种手段。口令管理包括以下环节:

①口令的产生。一般应集中进行,并应力求达到口令不可猜测。口令的长度根据网络处理信息的密级决定。通常,绝密级信息的口令不应少于 12 个字符(或 6 个汉字);机密级信息的口令不应少于 10 个字符(或 5 个汉字);秘密级信息的口令不应少于 8 个字符(或 4 个汉字)。

②口令的传送。必须预先加密,并与用户身份识别标志一一对应。

③口令的使用。若采用人工输入口令字方式,用户应牢记自己的口令字,并且不得记载在不保密的介质上。在输入口令字时,在显示器上不应有相应的显示。

④口令的存储。口令表必须加密存储,对口令表的访问、修改、删除必须由专门授权者执行,口令表必须有备份。

⑤口令的更换。一般由系统管理员掌握实施,口令变更的频率通常根据访问等级确定。强度特别高的访问控制应使用一次性口令机制,还可考虑使用生物特征识别认证。

10.3.2 软件设施的安全管理

组成网络的软件设施主要有操作系统(包括计算机操作系统和网络操作系统)、通用应用软件、网络管理软件及网络通信协议等。

(1)计算机操作系统

操作系统安全是网络安全的最基本、最基础的要素,操作系统的任何安全脆弱性和安全漏洞都必然导致网络整体的安全脆弱性,操作系统的任何功能性变化都可能导致网络安全脆弱性分布情况的变化。因此从软件角度来看,确保网络安全的首要任务便是保证操作系统的安全。目前,常见的操作系统有 UNIX、DOS、Windows/NT、Linux 以及其他一些通用的计算机操作系统。

操作系统的管理对象,即保护目标,是计算机系统的处理器、存储器、I/O 设备及文件(程序或信息)四大类资源。威胁这些资源安全的因素,除设备部件故障外,还有以下 4 种:①用户的误操作或不合理地使用了系统提供的命令;②恶意用户设法获取了未经授予的资源访问权;③系统资源或系统的正常运行状态遭到恶意破坏;④多个用户程序执行过程中相互间的干扰。操作系统主要通过隔离控制和访问控制等安全措施,为上述资源提供不同安全级别的保护。

安全级别可分为 6 个等级,按其实现的难度和对目标保护的强度,由低至高依次为:①无保护方式;②隔离保护方式;③共享或独占保护方式;④受限共享保护方式;⑤按能力共享保护方式;⑥限制对目标的使用。比较理想的操作系统应该能够对不同的目标、不同的用户和不同的情况提供不同安全级别的保护功能。

(2)网络操作系统

网络操作系统和各层通信协议一起,用于支持网络中不同主机内的操作系统进程互相通信,对用户而言,面对计算机网络系统就像面对一个扩大了的单机系统一样。因此,在讨论计算机网络安全时,许多问题与前面讨论的操作系统安全问题是类似的。为了保护数据和网络资源,网络安全有 5 个基本目标,它们是保密性、完整性、可用性、可控性和可认证性。破坏网络安全目标的网络安全威胁有 4 种攻击形式:拒绝服务、信息篡改、信息截获和伪造。为了对抗上述 4 种攻击,可采用 6 种网络安全服务:访问控制、认证、保密性、数据完整性、信息流完整性和可用性。

目前,常见的网络操作系统有 IOS 和 Novell Netware 等,为了提高网络的安全性,一些重要的系统应选用专用的网络操作系统。

(3)网络通信协议

网络通信协议是网络中设备之间交换信息所必须共同遵守的数据格式和规则的集合。目前,应用最广泛的网络通信协议是 TCP/IP 协议,国际互联网 Internet 正是基于该协议进行网络互联通信的,该协议由于多方面的原因,存在许多安全缺陷。但由于该协议已经得到广泛应用,成了事实上的国际标准,在不得不采用该协议的情况下,更应该特别关注、大力研究加强网络安全防护的对策。除 TCP/IP 协议之外,还有如 X.25、DDN、帧中继、ISDN 等常见协议,此外还有 IBM 公司的 SNA 等专用网络体系结构,进行网间互联所采用的一些专用通信协议。

(4)通用应用软件和数据库管理系统软件

通用应用软件一般指介于操作系统与应用业务之间的软件,为网络的业务处理提供应用的工作平台。通用应用软件的安全性仅次于操作系统,它所包含的任何安全脆弱性和安全漏洞也都可能导致应用业务乃至信息系统的整体安全受损。例如,微软公司的 Office 办公软件包是目前较常见的信息处理软件,它本身就存在不少的安全漏洞,故在采用此类软件时必须充分注意。

在各种通用应用软件中,有一种十分重要,就是数据库管理系统。随着人类社会生活包括军事活动越来越依赖数据库技术,数据库中信息的价值越来越高,数据库的安全问题也显得越来越重要。而数据库文件的保护主要是由数据库管理系统完成的。对数据库的主要安全要求是数据库的完整性、可靠性、保密性、可用性。在满足这些要求方面,数据库管理系统发挥了十分重要的作用。例如,为了保证数据库的完整性,要求数据库管理系统除了提供访问控制机制外,还应提供中心共享数据的维护、分立重复数据一致性的维护,以及从错误数据恢复的功能,同时还要求数据库管理系统具有数据库日志功能。

虽然操作系统具有用户认证功能,数据库管理系统还必须建立自己的用户认证机制,在操作系统认证之后,由数据库管理系统再一次进行用户认证,从而对一个用户进行两次认证,以增加数据库的安全性。为了满足数据库的保密性要求,数据库管理系统除了通过访问控制机制对数据库中的敏感数据加强防护外,还能够通过加密技术对敏感数据加密。

(5)网络管理软件

网络管理软件是网络的重要组成部分,其安全问题一般不直接扩散和危及网络整体安全,但可通过管理信息对网络产生重大安全影响。常见的网络管理软件有 HP 公司的 OlaenView、IBM 公司的 NetView、SUN 公司的 NetManager 等。由于一般的网络管理软件所使用的通信协议并不是安全协议,因此需要额外的安全措施。

10.3.3　存储介质的安全管理

存储介质在网络安全中对系统的恢复、信息的保密,甚至在防治病毒方面都起着十分关键的作用,因此必须十分重视对它们的安全管理。存储介质本是物质,但对存储介质的管理,本质上是对其中存储信息的管理。

1. 网络的主要存储介质及其安全需求

网络的主要存储介质有纸介质、磁盘(包括软盘、硬盘)、光盘、磁带、录音/录像带等。其中纸介质用于存放通过打孔机、打印机输出的信息。上述这些介质的安全需求主要是防止保管不当和废弃处理不当而导致信息泄露,以及防止损坏变形。

除以上存储介质外,还有磁鼓、IC 卡、可擦写芯片存储器等介质都可用于存储网络中的数据。这些介质的安全需求除了防止保管不当、损坏变形之外,还要考虑可能存在设计缺陷等威胁。

2. 存储介质安全管理的主要环节

(1)存储管理

对存储网络的各类存储介质,必须有专门的存储介质库。介质库必须符合防火、防水、防震、防潮、防腐蚀、防鼠害、防虫蛀、防静电、防电磁辐射等安全要求。第一、二、三类介质应有多份备份和异地存储库。介质库应设立库管理员,负责库的管理工作,并核查使用人员的身份与权限。库内所有介质应统一编目,集中分类管理。

(2)使用管理

凡购置或系统生成的介质,应造册登记、编制目录、制作备份,送介质库集中分类管理。

目录清单应有完整的控制信息,包括介质类别、信息类别、文件所有者、卷宗系列号、文件名称及其主要内容,以及重要性等级、密级、建立日期、保存期限等。

所有介质的出/入库,均由介质库管理员负责。介质发出前,必须先对申请领用清单进行核实,确认有效。内容重要或涉密介质的外借与传递,必须经专门审批手续,并予以记录。借出的介质必须按规定时限归还介质库,若逾期未还,应由介质库管理员负责收回。一切存储介质借出与归还的日期、借出理由和批准手续等,都必须保存完整的记录,通过交通工具传递或人员携带的介质,应放置于金属箱内并采取必要的保安措施。

(3)复制和销毁管理

介质要根据需要与存储环境情况,定期进行循环复制备份。介质在销毁前,需要清除所记录的信息。

(4)涉密介质的管理

内容涉密的存储介质,应根据信息的最高密级决定介质的密级。涉密介质应按照同密级纸制文件的管理要求,进行登记、审批、收发、传递、存放,有专人负责保管。

发现涉密介质遗失,应立即向本单位及上级保密部门报告,并及时组织查处并将结果报告上级保密部门。涉密介质失窃后,自发现之日起,在规定时限之内查无下落者,按泄密事件处理。

10.3.4 技术文档的安全管理

技术文档指对系统设计、研制、开发、运行、维护中所有技术问题的文字描述。技术文档按其内容的涉密程度进行密级管理,分为绝密级、机密级、秘密级和一般级。技术文档安全管理的主要内容如下:①传阅和复制技术文档,必须履行申请、审批、登记、归档等相应手续,并明确各环节当事人的责任和义务;②对秘密级以上的重要技术文档,应考虑双份以上的备份,并存放于异地;③对报废的技术文档,要有严格的销毁、监视销毁的措施;④各级安全管理机构应制定技术文档的管理制度,并明确执行上述制度的责任人。

10.4 网络安全运行管理

10.4.1 安全运行管理系统框架

安全运行管理系统可以解决许多单位人员少且技术水平参差不齐,设备多且分布广,管理效率低及成本高的问题,实现网络安全层面集中监控与管理,如统一安全策略的定义、颁布和更改,以及入侵检测、安全审计、漏洞扫描、安全事件报告、应急处理、灾难恢复等。

1. 设计原则

网络化、信息化及开放共享是今后任何网络组织管理机构的发展方向。如果内部业务系统一直停留在简单物理隔离的原始安全层次上,不得不说其实这就是信息化、网络化的一种倒退。

目前,多数情况是,各个部门的业务系统重要等级不一,从需求上决定了不能由任何一个部门或人员来实现对所有业务系统的统管。这使得完全的分散与完全的统一都不可取,必须将看似矛盾的两者有效地融合起来。为此,所采用的信息技术与管理机制必须做到在分散中要统一,在统一中有分散。

首先,必须通过安全平台的统一运行来为整个内部业务系统、办公系统,提供安全、高效的信息共享与交流环境。为确保安全平台的整合与统一,必须在全网内进行安全平台的统一建设、统一运行、统一维护。其次,必须分散管理不同的信息运行管理系统。单位内部的应用与管理现状决定了各级机构的系统中心不能统一配置、统一管理,而必须采用"谁拥有、谁授权"的机制,由各机构负责所属系统的具体控制权限。

2. 管理框架

目前,针对许多单位地域分布比较广的情况,安全运行管理系统设计为多层树状结构。各级运行管理中心除了独立监管所辖网络设备外,还必须维持各级之间的交互,一级运行管理中心可以查看二级运行管理中心的运行情况,同时,二级中心要把监管信息上传到一级中心,实现统一管理。对于报警信息,下级中心通过加密通道直接将信息上报给上级中心,而对于其他信息,管理员可以根据实际需要,配置需要上传的内容,避免传输不必要的数据,浪费网络带宽。另外,考虑到二级中心管理员的技术水平和管理能力较弱,一级中心管理员可以在一级中心制定策略,统一发放到二级中心执行,实现安全策略的统一和安全水平的整体提高。

3. 运行框架

为了保证各级运行管理中心的性能和扩展性,各级中心均采用三级架构。其中每一个服务都以独立的进程方式运行,由统一的管理模块集中控制。数据库采用企业级数据库,以保证对大量数据的处理能力。在控制端,各种功能的实现都是以 COM 组件的方式集成到系统中,使系统的灵活性和扩展性得到有效保证。

10.4.2　网络安全审计

一个系统的安全审计就是对系统中有关安全的活动进行记录、检查及审核。它的主要目的就是检测和阻止非法用户对计算机系统的入侵,并显示合法用户的误操作。

审计涉及日志和审计两个概念。日志是安全事件及行为的记录,审计则是对日志的分析。

信息系统的审计技术来源于对访问的跟踪,这些访问包括对保存在计算机系统中的敏感及重要信息的访问和对计算机系统资源的访问。使用审计跟踪可以监测入侵威胁。已有一些简单工具用于分析审计记录,这些工具能检查对于系统及文件的未授权访问。这些工具工作的前提——日志机制是及时的而且是活跃的,要求许多额外的信息都在日志中记录下来。

日志就是记录的事件或统计数据,这些事件或统计数据能提供关于系统使用及性能方面的信息;审计就是对日志记录的分析,并以清晰的、能理解的方式表述系统信息。

审计机制的作用,主要是对日志进行分析,审计使得系统分析员可以评审资源的使用模式,以便评价保护机制的有效性。这些模式能用于建立资源使用的预期模式,对于一些入侵检测系统,这些预期模式至关重要。审计机制必须记录权限的任何使用情况,可以限制普通用户的安全控制,也许并不能限制特权用户。最后,因为有了这些记录和分析,审计机制能够阻止攻击,因此能确保检测到任何对安全策略的破坏。

日志与审计是两个截然不同但相互联系的问题:日志应记录哪些信息? 应该审计哪些信息? 要决定哪些事件和行为应该被审计,就需要知道系统安全方案相关的知识,知道哪些尝试入侵是所允许的,知道如何检测这些尝试。如何检测这些尝试就引出了这个问题,日志要记录哪些信息:入侵者一定会使用哪些命令来(尝试)入侵,入侵者一定会产生哪些系统调用,他们会用何种顺序发出这些命令和系统调用,哪些客体是需要注意的。所有事件的日志提供了信息,问题是如何辨别信息的哪些部分是相关的,需要审计的关键问题是什么。

1. 安全审计的目的

安全审计的目的具体如图 10-4 所示。

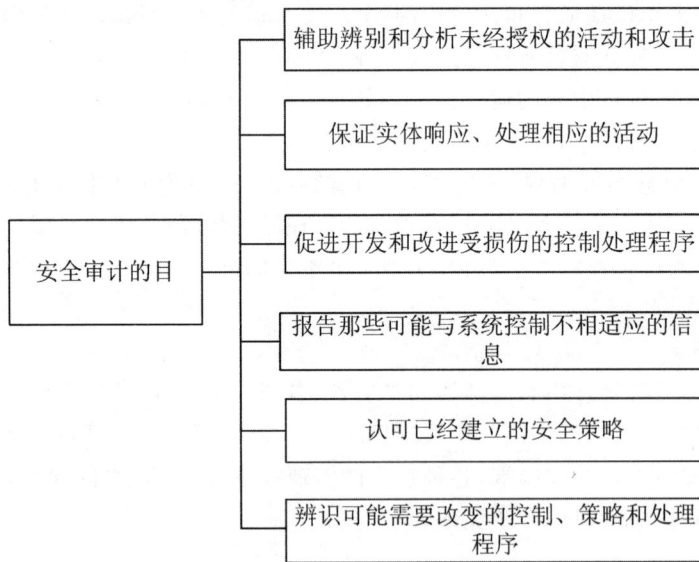

图 10-4 安全审计的目的

2. 安全审计的一般要求

在安全审计中包括以下的要求:

- 安全审计自动响应:在检测到的事件表明可能有安全侵害时做出响应并告警;
- 安全审计数据产生:定义可审计事件的级别并记录,同时将审计事件与单个用户相关联；
- 安全审计分析：通过建立和维护事件的子集，设定门限等方法对潜在侵害的分析；
- 安全审计查阅：为授权用户查阅审计数据提供审计工具；
- 安全审计事件选择：定义向可审计事件集中加入或排除审计事件的要求；
- 安全审计事件存储：定义了创建并维护安全审计迹的要求。

每个审计记录中至少包括以下信息：
- 事件的日期和时间、事件类型、主体身份、事件的结果（成功或失败）；
- 对每个审计事件类型，根据 PP/ST 中功能组件的可审计事件的定义，将其他审计相关信息一一进行说明。

CC 的审计类定义这样的要求以监控用户活动，以及在某些情况下检测对 TSP 真实的、潜在的或即将发生的侵害。信息系统的安全审计功能用于帮助监控与安全有关的事件，并能对安全侵害起到威慑作用。审计类的要求涉及包括审计数据保护、记录格式和事件选择，以及分析工具、侵害报警和实时分析等功能。审计迹应以人们可以直接（例如，以人们可读的格式存储）或间接读取（例如：使用审计归纳工具）的格式加以提供，或以这两种格式提供。

CC 指出：当考虑安全审计要求时，必须对审计类中各要素之间的相互关系加以研究，可能会存在一些相互冲突的审计要求。因此，设计良好的审计策略，需要系统自带相应的审计功能，如果这些自带的审计功能不能很好地支持审计策略，就应该安装独立的审计工具。

3. 分布式环境中的审计要求

对网络和其他大系统的审计要求，实现上可能跟那些独立系统是有明显区别。对于更大、更复杂和更活跃的系统而言，由于对所收集的审计数据进行解释（甚至存储）在灵活性方面有所欠缺，所以必须更多地考虑收集哪些审计数据以及如何进行管理的问题。在一个随时可能发生许多事件的多时区全球网络中，被审计事件按时间排序表示"跟踪"的传统记法可能不适用。

此外，在分布式的信息系统中，不同主机和服务器将有不同的命名策略和赋值。对于审计查阅而言，符号表示名称可能需要在整个网络范围内约定，以避免重复和"命名冲突"。

如果审计存储库服务于分布式系统，则可能需要一个多客体审计存储库，其每部分都可以接受潜在的大量授权用户的访问。

在分布式环境中设置审计点时注意到，该审计点确实包含了所有要审计的事件的全部操作，如果这些操作不能被记录，则审计数据将不完整。

最后，应通过系统地避免本地存储与管理员活动有关的审计数据，解决授权用户对权限的滥用。

4. 审计事件

系统审计用户操作的最基本单位就是审计事件。系统将所有要求审计或可以审计的用户动作都归纳成一个可区分、可识别、可标志用户行为和可记录的审计单位，即审计事件。

比如创建一个名为"file 1"的文件，这一动作是通过系统调用 create("file 1",mode) 或

open("file 1",CREATE,mode)实现的,为了将用户的这一动作都反映出来,系统可以设置事件 create,这个事件就在用户调用上述系统调用时被记录下来。

审计机制对系统、用户主体、对象(包括文件、消息、信号量、共享区等)都可以定义为要求被审计的事件集。

一般将要审计的事件分成注册事件、使用系统的事件及利用隐蔽通道的事件3类。即标识和鉴别机制的使用,把客体引入到用户的地址空间(如创建文件、启动程序),从地址空间删除客体、特权用户所发生的动作以及利用隐蔽存储通道的事件等。第一类属于系统外部事件,即准备进入系统的用户产生的事件;后两类属于系统内部事件,即已经进入系统的用户产生的事件。

5. 审计实现的一般方法

(1)审计系统的基本构成

一个审计系统必须包含三个部分:日志记录器、分析器和通告器,它们分别用于收集数据、分析数据及通报结果。

日志记录器:日志机制记录信息。系统或程序的配置参数表明了信息的类型和数量。日志机制可以把信息记录成二进制形式或可读的形式,或者直接把收集的信息传送给分析机制。假如日志是二进制形式的记录,系统会提供一个日志浏览工具。用户能使用工具检查原始数据或用文本处理工具来编辑数据。

分析器:分析器以日志作为输入,然后分析日志数据。分析的结果可能会改变正在记录的数据,也可能只是检测一些事件或问题,或者两者都可能。

数据库查询控制机制包括日志记录器和分析器,日志记录器记录查询,当用户发出数据时,分析器就查询现有的查询集,假如这个集合与任何一个以前查询对应的查询集有交集,分析器就确定交接可以接受的范围。

通告器:分析器把分析结果传送到通告器。通告器把审计的结果通知系统管理员和其他实体,这时实体可能执行一些操作来响应通告结果。

(2)审计与报警系统

安全审计允许安全策略的充分性受到评价,帮助检测安全违规,促使每个人对自己的(或代表他们行为的实体)行为负责,协助检测滥用资源,以及阻止那些可能企图毁坏系统的安全审计机制并不直接参与阻止安全违规,它们只是参与对安全事件的检测、记录和分析。这就允许对被执行的操作程序进行修改,这些程序是用来响应诸如安全违规这类非正常事件的。

安全报警的产生是检测到任何符合已定义报警条件的安全相关事件的结果,这可能包括门限(阈值)的情况。有些事件也许需要立即采取矫正行动,另一些事件则可能需要进一步调查研究,以便确定是否需要采取行动。

1)模型和功能

下面介绍的模型说明了提供安全审计和报警服务时使用的功能。

①安全审计和报警功能。支持安全审计和报警服务需要多种功能,它们是:事件甄别器、事件记录器、报警处理器、审计分析器、审计跟踪审查器、审计提供器、审计归档器。

支持分布式跟踪和报警的附加功能也是必需的。这包括审计跟踪收集器和审计调度器。
②安全审计和报警模型。安全审计和报警模型如图 10-5 所示。

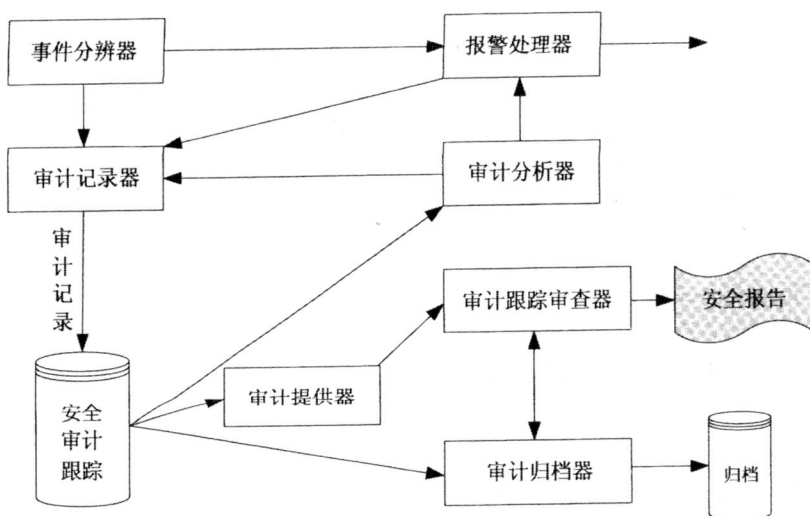

图 10-5 安全审计和报警模型

下面描述安全审计和报警模型包括的几个阶段。在事件检测后，必须做出决定，该事件是否是安全相关事件。事件甄别器对该事件进行评估，确定是否要产生安全审计消息和/或安全报警消息。安全审计消息被转交到审计记录器，安全报警消息被转交到报警处理器进行评估和进一步采取行动，然后安全审计消息被格式化并变换成该安全审计线索里的安全审计记录。该安全审计线索中的旧消息部分也许被归档，并且按照一定的准则，通过选择特定的安全跟踪记录，该安全审计线索及安全审计跟踪档案都可用来构建审计报告。即可分析处理安全审计线索，并且可以生成安全审计报告和/或安全报警。

③安全审计和报警功能编组。在模型里描述的功能可以集中在系统的一个组件里，或分布在系统的几个组件中。这些功能也可以配置在不同的端系统，还可以被复制。在一些情况下，例如从性能考虑，将功能进行编组将是有益的。特别是当审计记录器、审计调度器、审计提供器和审计分析器都对同一审计跟踪服务时，可以构成一个不引起注意的端系统的一部分。

另一种编组可以是审计跟踪审查器和审计分析器，它们对安全审计员很有用。

用层次方式，特别是在分布式安全审计跟踪中，可以安排一个功能链。此处，一个组件的审计跟踪收集器从另一个组件的审计调度器收集审计消息。当一个组件不再支持审计调度时，这个功能链就结束了，此时该组件必须支持审计归档器以便能够对它的安全审计线索归档。

至于决定什么功能应该编组，是一个实现的问题，上面的例子仅仅是示意而已。

2）安全审计和报警过程的几个阶段

①检测阶段。检测阶段包括确定已发生了可能与安全相关的事件。如果必要，还要确定应该采取什么行动以响应该事件。这项任务属于事件甄别器的任务，但是，在某些情况下，例

如根据安全策略的规定,可能会产生一个立即报警。

②甄别阶段。当检测到一个安全相关事件后,部件甄别器将确定适当的初始行动过程。该行动是下列行动之一:

a. 什么也不做;

b. 产生一个安全审计消息;

c. 既产生一个安全报警,又产生一个安全审计消息。

对每一具体事件决定采取什么行动过程,取决于起作用的安全策略。

③报警处理阶段。在报警处理过程,报警处理器分析报警消息,以便确定正确的行动过程。该行动将是下列行动之一:

a. 什么也不做;

b. 启动矫正行动;

c. 启动矫正行动,并产生一个安全审计消息。

对每个事件决定采取什么行动,取决于操作中的安全策略。

④分析阶段。在分析阶段,处理一个安全相关事件,以确定合适的行动过程。这个处理可能也要使用早些时候安全相关事件的信息,例如,安全审计跟踪里记录的事件。该行动将是下列行动之一:

a. 什么也不做;

b. 产生一个安全报警;

c. 产生一个安全审计记录;

d. 产生一个安全报警,又产生一个安全审计记录。

对每一个事件决定采取 4 个行动中的什么行动,取决于起作用的安全策略。

分析处理的一部分,可能通过审查安全审计跟踪记录和安全审计跟踪档案,找出过去的参考事件。

⑤聚集阶段。每个分布式审计跟踪的各个记录必须定期地收集到单一审计跟踪线索里。包括(在收集点)使用审计跟踪收集器和(在远程系统)使用审计调度器功能的这个过程,称作聚集(此过程可能是分层次的)。

⑥报告生成阶段。在需要的时候或安全策略要求的时候,可以处理安全审计线索。这个过程包括把安全审计跟踪记录整理成合适的格式。安全审计跟踪分析的输出是安全报告。它可以指明发生一个破坏系统安全的企图,在这种情况下,可能简要地采取安全矫正,安全审计跟踪分析可用来评估攻击的程度和确定合适的事故控制过程。

安全报告可被安全矫正服务用来识别一个安全问题造成的破坏程度。特别是,它可以用授权用户以不正当方式利用其权力使用过的那些资源进行评估,它还可以用于评估事故,以便尝试必要的矫正行动。

⑦归档阶段。安全审计跟踪记录可能需要保持很长的时间周期。在归档阶段,安全审计跟踪的一部分将被转移到长期存储的介质中。用作归档的这个存储器必须维护该原始记录的完整性。安全审计跟踪归档可以在原始审计跟踪源本地进行,也可以在远离跟踪源的地方完成,也许还应实现远程归档。

10.5　网络安全评估与测评

网络安全标准是确保网络信息安全的产品和系统，在设计、建设、生产、实施、使用、测评和管理维护过程中，解决产品和系统的一致性、可靠性、可控性、先进性和符合性的技术规范、技术依据。

10.5.1　国外网络安全评估标准

(1)美国 TCSEC(橙皮书)

1983 年由美国国防部制定的 5200.28 安全标准——可信计算系统评价准则 TCSEC，即网络安全橙皮书或橘皮书，主要利用计算机安全级别评价计算机系统的安全性。它将安全分为 4 个方面(类别)：安全政策、可说明性、安全保障和文档。将这 4 个方面(类别)又分为 7 个安全级别，从低到高为 D、C1、C2、B1、B2、B3 和 A 级。

数据库和网络其他子系统也一直用橙皮书来进行评估。橙皮书将安全的级别从低到高分成 4 个类别：D 类、C 类、B 类和 A 类，并分为 7 个级别，如表 10-2 所示。

表 10-2　安全级别分类

类别	级别	名称	主要特征
D	D	低级保护	没有安全保护
C	C1	自主安全保护	自主存储控制
	C2	受控存储控制	单独的可查性，安全标识
B	B1	标识的安全保护	强制存取控制，安全标识
	B2	结构化保护	面向安全的体系结构，较好的抗渗透能力
	B3	安全区域	存取监控、高抗渗透能力
A	A	验证设计	形式化的最高级描述和验证

(2)欧洲 ITSEC

信息技术安全评估标准 ITSEC，俗称欧洲的白皮书，将保密作为安全增强功能，仅限于阐述技术安全要求，并未将保密措施直接与计算机功能相结合。ITSEC 是欧洲的英国、法国、德国和荷兰等四国在借鉴橙皮书的基础上联合提出的。橙皮书将保密作为安全重点，而 ITSEC 则将首次提出的完整性、可用性与保密性作为同等重要的因素，并将可信计算机的概念提高到可信信息技术的高度。

(3)ISO 安全体系结构标准

国际标准 ISO7498-2-1989《信息处理系统—开放系统互连、基本模型第 2 部分安全体结构》，为开放系统标准建立框架。主要用于提供网络安全服务与有关机制的一般描述，确定在参考模型内部可提供这些服务与机制。如图 10-6 所示。

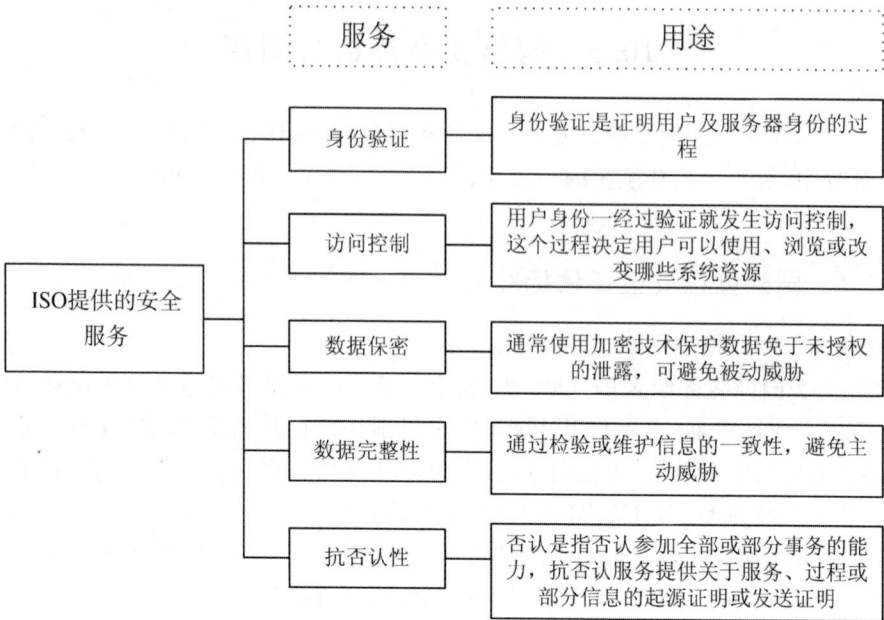

图 10-6　ISO 提供的安全服务

目前,国际上通行的与网络信息安全有关的标准可分为 3 类,如图 10-7 所示。

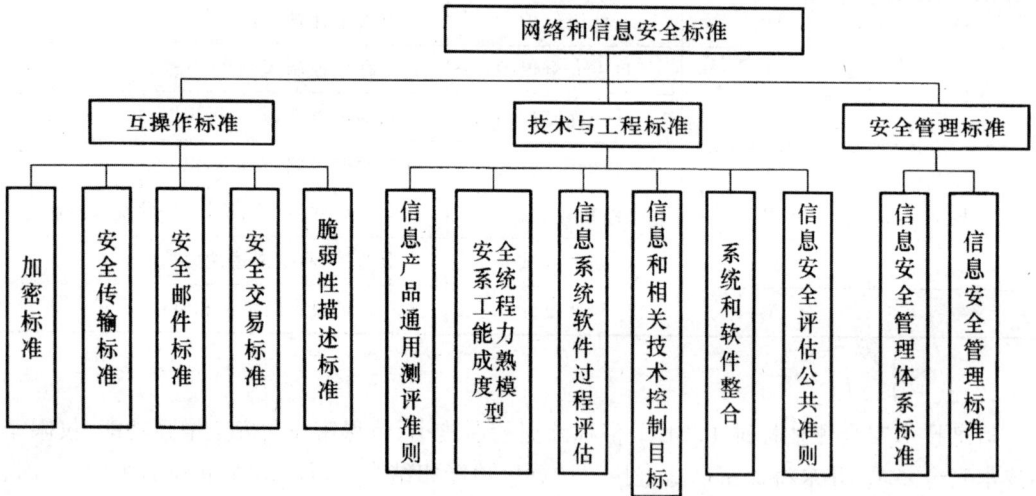

图 10-7　有关网络和信息安全标准种类

10.5.2　国内网络安全评估通用准则

(1)系统安全保护等级划分准则

1999 年,国家质量技术监督局批准发布系统安全保护等级划分准则,依据 GB—17859《计算机信息系统安全保护等级划分准则》和 GA-163《计算机信息系统安全专用产品分类原则》等文件,将系统安全保护划分为 5 个级别,如图 10-8 所示。

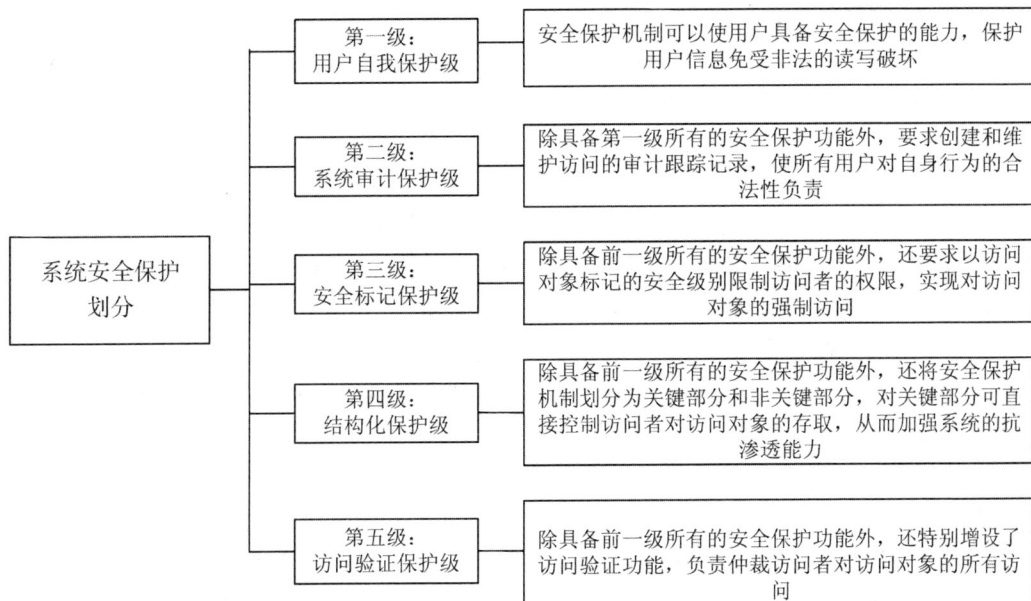

图 10-8　系统安全保护划分

2006 年,公安部修改制订并实施《信息安全等级保护管理办法(试行)》。将我国信息安全分五级防护,第一至五级分别为:自主保护级、指导保护级、监督保护级、强制保护级和专控保护级。

(2)我国信息安全标准化现状

中国信息安全标准化建设主要按照国务院授权,在国家质量监督检验检疫总局管理下,由国家标准化管理委员会统一管理标准化工作,下设有 255 个专业技术委员会。

从 20 世纪 80 年代开始,积极借鉴国际标准,制定了一批中国信息安全标准和行业标准。从 1985 年发布第一个有关信息安全方面的标准以来,已制定、报批和发布近百个有关信息安全技术、产品、测评和管理的国家标准,并正在制定和完善新的标准。

10.5.3　网络安全的测评

(1)网络安全测评目的

搞清企事业机构具体信息资产的实际价值及状况;确定机构具体信息资源的安全风险程度;通过调研分析搞清网络系统存在的漏洞隐患及状况;明确与该机构信息资产有关的风险和需要改进之处;提出改变现状的建议和方案,使风险降到可最低;为构建合适的安全计划和策略做好准备。

(2)网络安全测评类型

一般通用的测评类型分为 5 个:系统级漏洞测评;网络级风险测评;机构的风险测评;实际入侵测试;审计。

(3)调研与测评方法

收集信息有 3 个基本信息源:调研对象、文本查阅和物理检验。调研对象主要是与现有系统安全和组织实施相关人员,重点是熟悉情况和管理者。

测评方法:网络安全威胁隐患与态势测评方法、模糊综合风险测评法、基于弱点关联和安全需求的网络安全测评方法、基于失效树分析法的网络安全风险状态测评方法、贝叶斯网络安全测评方法等,具体方法可以通过网络进行查阅。

10.5.4 网络安全策略及规划

网络安全策略是在指定安全区域内,与安全活动有关的一系列规则和条例,包括对企业各种网络服务的安全层次和权限的分类,确定管理员的安全职责,主要涉及 4 个方面:实体安全策略、访问控制策略、信息加密策略和网络安全管理策略。

(1)网络安全策略总则

网络安全策略包括总体安全策略和具体安全管理实施细则,包括:均衡性原则、时效性原则、最小限度原则。

保护网络安全的一种方法是最小权限,根据职责给用户分配相应的最小权限。这个方法被称为最小权限概念(least-privilege concept),它有助于减少因用户权限过大而具有的系统漏洞。最小权限概念还可加速系统安全缺陷的识别。

然而,在实际应用中,最小权限概念给具体实现带来了挑战。例如,用户有时需要一个许可级别,而这个级别不是其当前合法任务所具有的。这种"例外"可导致管理者的日常配置中出现不能接受的级别,以及导致运营效率的全面下降。

理解最小权限的概念如图 10-9 所示。防火墙只允许用户通过 SMTP 和/或 POP3 与E-mail 服务器进行通信。若添加了基于 Web 的 E-mail 访问,则需讨论此处的最小权限。此例中,用户可尝试使用 HTTP 的 E-mail 服务器以连接最新配置的基于 Web 的 E-mail 特性。然而,由于防火墙只允许 SMTP 和 POP3 访问 E-mail 服务器,则可能会拒绝该用户的访问。管理员可要求附加的防火墙配置以启用基于 Web 的 E-mail 访问。

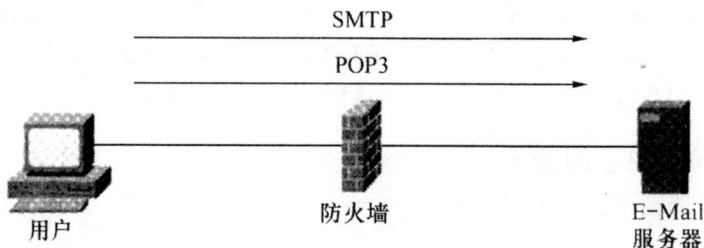

图 10-9 最小权限概念

(2)安全策略的内容

根据不同的安全需求和对象,可以确定不同的安全策略。主要包括入网访问控制策略、操作权限控制策略、目录安全控制策略、属性安全控制策略、网络服务器安全控制策略、网络监测、锁定控制策略和防火墙控制策略等,此外还包括:实体与运行环境安全;网络连接安全;操作系统安全;网络服务安全;数据安全;安全管理责任;网络用户安全责任;网络安全策略的制定与实施。

(3)网络安全策略的制定及实施

安全策略是网络安全管理过程的重要内容和方法。网络安全策略包括 3 个重要组成部分：安全立法、安全管理、安全技术。安全策略的实施包括：存储重要数据和文件，及时更新加固系统，加强系统检测与监控，做好系统日志和审计。

（4）网络安全规划基本原则

网络安全规划的主要内容：规划基本原则、安全管理控制策略、安全组网、安全防御措施、审计和规划实施等。规划种类较多，其中，网络安全建设规划可以包括：指导思想、基本原则、现状及需求分析、建设政策依据、实体安全建设、运行安全策略、应用安全建设和规划实施等。

制定网络安全规划的基本原则，重点考虑 6 个方面：统筹兼顾；全面考虑；整体防御与优化；强化管理；兼顾性能；分步制定与实施。

（5）网络安全管理原则及制度

为了加强网络系统安全，网络安全管理应坚持基本原则：多人负责原则；有限任期原则；职责分离原则；严格操作规程；系统安全监测和审计制度；建立健全系统维护制度；完善应急措施。

将网络安全指导原则概括为 4 个方面：适度公开原则、动态更新与逐步完善原则、通用性原则、合规性原则。

（6）网络安全管理机构和制度

网络安全管理的制度：人事资源管理、资产物业管理、教育培训、资格认证、人事考核鉴定制度、动态运行机制、日常工作规范、岗位责任制度等。

安全审计员监视系统运行情况，收集对系统资源的各种非法访问事件，并进行记录、分析、处理和上报。保安人员负责非技术性常规安全工作，如系统场所的警卫、办公安全、出入门验证等。

坚持合作交流制度互联网安全人责任，网络运营商更负有重要责任。应加强与相关业务往来单全机构的合作与交流，密切配合共同维护网络安全，及时获得必要的安全管理信息和专业技术支持与更新。国内外也应当进一步加强交流与合作，拓宽国际合作渠道，建立政府、网络安全机构、行业组织及企业之间多层次、多渠道、齐抓共管的合作机制。

参考文献

[1]刘永华.计算机网络信息安全[M].北京:清华大学出版社,2014.

[2]张殿明.计算机网络安全[M].2版.北京:清华大学出版社,2014.

[3]田俊峰,杜瑞忠等.网络攻防原理与实践[M].北京:高等教育出版社,2012.

[4]彭飞,龙敏.计算机网络安全[M].北京:清华大学出版社,2013.

[5]任伟.现代密码学[M].北京:北京邮电大学出版社,2011.

[6]王倍昌.计算机病毒揭秘与对抗[M].北京:电子工业出版社,2011.

[7](美)William Stallings 著.网络安全基础:应用与标准[M].5版.白国强等译.北京:清华大学出版社,2014.

[8]廉龙颖.网络安全技术理论与实践[M].北京:清华大学出版社,2012.

[9]田庚林,田华等.计算机网络安全与管理[M].2版.北京:清华大学出版社,2013.

[10]雷渭侣.计算机网络安全技术与应用[M].北京:清华大学出版社,2010.

[11]李双.访问控制与加密[M].北京:电子工业出版社,2012.

[12]徐守志,陈怀玉等.网络与信息安全[M].北京:中国商务出版社,2009.

[13]杨佩璐,白皓等.网络信息安全与防护[M].北京:北京航空航天大学出版社,2009.

[14]刘远生.计算机网络安全[M].北京:清华大学出版社,2006.

[15]闫宏生等.计算机网络安全与防护[M].北京:电子工业出版社,2010.

[16]杨富国.网络操作系统安全[M].北京:清华大学出版社,2007.

[17]曹元大.入侵检测技术[M].北京:人民邮电出版社,2007.

[18]周广学等.信息安全学[M].2版.北京:机械工业出版社,2008.

[19]贾铁军.网络安全技术及应用[M].北京:清华大学出版社,2009.

[20]蔡立军.计算机网络安全技术[M].2版.北京:中国水利水电出版社,2007.

[21]朱宏峰,朱丹等.基于案例的网络安全技术与实践[M].北京:清华大学出版社,2012.

[22]王群.计算机网络安全技术[M].北京:清华大学出版社,2008.

[23](美)王杰.计算机网络安全的理论与实践[M].2版.北京:清华大学出版社,2011.

[24]陈伟,李频等.网络安全原理与实践[M].北京:清华大学出版社,2014.

[25]叶忠杰.计算机网络安全技术[M].3版.北京:清华大学出版社,2013.

[26]李剑.入侵检测技术[M].北京:高等教育出版社,2008.

[27]唐正军,李建华.入侵检测技术[M].北京:清华大学出版社,2004.